“十三五”高等职业教育核心课程规划教材·信息大类

数据库应用技术案例教程

（基于SQL Server 2008）

主　编 张凌雪 胡　冰
副主编 隋庆茹 于海涛 杜林钰
主　审 林长青

西安交通大学出版社
XI'AN JIAOTONG UNIVERSITY PRESS

内容简介

本书以"Library图书管理"数据库为主线，介绍了应用SQL Server 2008数据库管理系统进行数据库管理的各种操作。主要内容包括：数据库技术基础、数据库操作、表操作、查询操作、视图操作、索引操作、T-SQL编程和存储过程操作、游标、数据安全操作、数据管理操作，将知识讲解和技能训练有机融合。

本书可作为高职高专，计算机及相关专业的教材，也可作为计算机培训班教材及SQL Server 2008数据库的自学参考书。

图书在版编目(CIP)数据

数据库应用技术案例教程：基于SQL Server 2008/
张凌雪，胡冰主编. —西安：西安交通大学出版社，
2017.1
ISBN 978-7-5605-9327-2

Ⅰ. ①数… Ⅱ. ①张… ②胡… Ⅲ. ①关系数据库系
统—教材 Ⅳ. ①TP311.138

中国版本图书馆CIP数据核字(2016)第324177号

书　　名 数据库应用技术案例教程：基于SQL Server 2008
主　　编 张凌雪　胡　冰
责任编辑 雷萧屹

出版发行 西安交通大学出版社
(西安市兴庆南路10号　邮政编码710049)
网　　址 http://www.xjtupress.com
电　　话 (029)82668357　82667874(发行中心)
(029)82668315(总编办)
传　　真 (029)82668280
印　　刷 虎彩印艺股份有限公司

开　　本 787mm×1092mm　1/16　**印张** 13.5　**字数** 323千字
版次印次 2017年6月第1版　2017年6月第1次印刷
书　　号 ISBN 978-7-5605-9327-2
定　　价 40.50元

读者购书、书店添货如发现印装质量问题，请与本社发行中心联系、调换。
订购热线：(029)82665248　(029)82665249
投稿QQ：850905347
电子信箱：850905347@qq.com

前言

Foreword

数据库技术是计算机应用技术中使用最广泛的技术之一，几乎遍及计算机应用的各个方面。如管理信息系统、企业资源计划、供应管理系统、电子商务系统、智能信息系统等，都离不开数据库技术的强有力支持。

依据《中华人民共和国职业教育法》中关于"专科教育应当是学生掌握本专业必备的基础理论、专业知识，具有从事计算机相关专业实际工作的基本技能和初步能力"的指导思想，以及《关于加强高职高专教育人才培养工作的意见》等文件精神，分析数据库管理员岗位能力需求，以高职学生理论知识够用为尺度，编写了《数据库应用技术案例教程(基于 SQL Server 2008)》教材。

Microsoft SQL Server 是一个典型的关系数据库。随着版本的不断升级，功能越来越强大。本书将 SQL Server 2008 作为教学的主要内容，以后台管理数据库案例——"Library"为主线，完成数据库应用案例的设计。全书共 12 章，内容包括数据库基础知识、SQL Server 2008 简介，T-SQL 语言，数据库的创建与管理，数据表的创建与管理，数据查询，索引和视图，存储过程与触发器，游标，数据库系统的安全管理，数据库的维护。尽量把枯燥的理论知识融合到案例中，从而激发学生学习兴趣。

本书由张凌雪，胡冰主编，副主编有隋庆茹、于海涛、杜林钰。由林长青负责全书审稿。在此一并表示感谢。

由于编者水平有限，加之时间仓促，书中难免存在错误和不妥之处，敬请广大读者批评指正。

编　者

2016 年 12 月

目　录

第1章　数据库基础知识

SHUJUKUJICHUZHISHI

【知识目标】

(1)了解数据管理技术的3个阶段。

(2)了解数据库技术以及数据库技术的发展趋势。

【能力目标】

(1)理解数据库系统的组成。

(2)了解数据管理技术的发展经历。

(3)能分析数据库技术发展趋势。

【相关知识】

1.1　数据管理技术的发展

数据管理是指收集数据、组织数据、存储数据和维护数据等几个方面。随着计算机技术的发展，计算机管理技术也在不断改进。数据库管理大致经历这样几个阶段：人工管理阶段、文件系统阶段和数据库系统阶段。在学习数据管理技术之前，先介绍一下数据和数据处理的相关概念。

1.1.1　数据与信息

信息是指现实世界事物存在方式或运动状态的反映。具体地说，信息是一种已经被加工为特定形式的数据。而数据是将现实世界中的各种信息记录下来的、可以识别的符号，是信息的载体，是信息的具体表现形式。可用多种不同的数据形式来表示一种同样的信息，而信息不随它的数据形式不同而改变。数据的表现形式可以是数字、文字、图形、图像、声音等。

数据与信息是密切相关联的，信息是各种数据所包括的意义，数据则是载荷信息的物理符号。

1.1.2　数据处理

数据处理是指将数据转换成信息的过程，如对数据的收集、存储、传播、检索、分类、加工或计算、打印各类报表或输出各种需要的图形。在数据处理的一系列活动中，数据收存储、传播、检索、分类等操作是基本环节，这些基本环节统称为数据管理。

1.2 计算机数据管理的三个阶段

计算机数据管理经历了人工管理、文件系统和数据库系统三个阶段。

1.2.1 人工管理阶段

20 世纪 50 年代中期以前,计算机主要应用于科学计算。在这一阶段,计算机除硬件管理外,没有数据管理的软件。使用计算机对数据进行管理时,设计人员除考虑应用程序、数据的逻辑定义和组织外,还必须考虑数据在存储设备内的存储方式和地址。这一阶段的数据管理的特点如下:

(1)数据不保存

计算机主要用于科学计算,不要求保存数据。每次计算机现将程序和数据输入主存,计算结束后,将结果输出,计算机不保存程序和数据。

(2)编写程序时要确定数据的物理存储

程序员编写应用程序时,还要安排数据的物理存储。程序和数据混为一体,一旦数据的物理存储改变,必须要重新编程,程序员的工作量大,繁琐,程序难以维护。

(3)数据面向程序

每个程序都有属于自己的一组数据,程序与数据相结合成为一体,相互依赖。各程序之间的数据不能共享,因此数据就会重复存储(冗余度大)。

1.2.2 文件系统阶段

在 20 世纪 50 年代后期至 20 世纪 60 年代中期,计算机外存已有了磁鼓、磁盘等存储设备,软件有了操作系统。人们在操作系统的支持下,设计开发了一种专门管理数据的计算机软件,称之为文件系统。这时,计算机不仅用于科学计算,而且已大量用于数据处理,其特点如下:

(1)数据以文件的形式长期保存

由于计算机大量用于数据处理,数据需要长期保留在外存上反复处置,即经常对其进行查询、修改、插入和删除等操作。因此,在文件系统中,按一定的规则将数据组织为一个个文件,存放在外存储器中长期保存。

(2)文件形式多样化

为了方便数据的存储和查找,人们研究了许多文件类型,如索引文件、链接文件、顺序文件和倒排文件等。数据的存取基本上是以记录为单位的。

(3)程序与数据之间有一定的独立性

应用程序通过文件系统对数据文件中的数据进行存取和加工,因此,处理数据时,程序不必过多的考虑数据的物理存储的细节,文件系统充当应用程序和数据之间的一种接口,这样可使应用程序和数据都有一定的独立性。

虽然这一阶段较人工管理阶段有了很大的改进,但是,这些数据在数据文件中只是简单地存放,文件中的数据没有数据结构,文件之间并没有有机的联系,仍不能表示复杂的数据结构;数据的存放仍依赖于应用程序的使用方法,基本上是一个数据文件对应一个或几个应用程序;

数据是为特定要求设计的，相互依赖，独立性较差，仍然出现数据重复存储、冗余度大，一致性差等问题。

1.2.3　数据库系统阶段

20 世纪 60 年代末期开始，随着计算机技术的发展，数据管理的规模越来越大，数据量急剧增加，数据共享的要求越来越高。同时期，磁盘技术取得了重要进展，为数据库技术的发展提供了条件。在此背景下，为解决多用户、多应用共享数据的需求，使数据尽可能多的应用服务，数据库技术应运而生。数据库系统管理方式具有如下特点：

(1)数据共享

这是数据库系统区别于文件系统的最大特点之一，也是数据库系统技术先进性的重要体现。共享是指多用户、多种应用程序、多种语言互相覆盖地共享数据集合。

(2)数据结构化

数据库系统不再像文件系统那样从属于特定的应用，而是面向整个组织来组织数据，常常是按照某种数据类型，将整个组织的全部数据组织为一个结构化的数据整体。不仅描述了数据本身的特性，而且也描述了数据与数据之间的种种联系，这是数据库能够描述复杂的数据结构。全组织的数据结构化，有利于数据共享。

(3)数据独立性

数据与程序相互独立，互不依赖，不因一方的改变而使另一方随之改变。这大大简化了应用程序的设计与维护的工作量。

(4)统一数据控制功能

数据库系统的共享是并发的共享，即多个用户同时使用数据库。系统必须提供数据安全性控制、数据完整性控制、并发控制和数据恢复等数据控制功能。

1.3　数据库系统

数据库系统在今天的信息社会中有着广泛的应用，它是信息技术的核心。数据库系统一般由数据库、数据库管理系统、数据库管理员、硬件平台及软件平台组成。下面将对相关概念进行简要介绍。

(1)数据

数据(Date)实际上就是描述事物的符号记录，如文字、图形图像、声音、学生的档案记录等，这些都是数据。数据形式本身并不能完全表达其内容，需要经过语义解释，数据与其语义是不可分的。

(2)用户

存在一组使用数据库的用户，即指存储、维护和检索数据的各类请求。

(3)数据库

数据库(Data Base，DB)是长期存储在计算机内的、有组织的、可共享的数据集合。数据库中的数据按一定的数据模型组织、描述和存储，具有较小的冗余度、较高的数据独立性和扩展性，并可为各种用户共享。

(4)数据管理系统

数据库管理系统(Data Base Management System,DBMS)是管理数据库的系统软件,位于用户与操作系统之间,负责数据库中的数据组织、数据操纵、数据维护,并保护控制数据不受破坏。DBMS 的主要功能是维持数据库系统的正常活动,接受并响应用户对数据库中的一切访问要求,包括建立及删除数据库文件,检索、统计、修改和组织数据库中的数据及为用户提供对数据库的维护手段。用户不必关心这些数据在计算机中存放以及计算机处理数据的过程细节,把一切处理数据具体而繁杂的工作交给 DBMS 去完成。

(5)数据库系统

数据库系统(Data Base System,DBS)是指在计算机系统中应用数据库后的系统构成。一般由数据库、数据库管理系统、计算机系统和用户构成。

(6)数据库管理员

数据库管理员(Data Base Administrator,DBA)是负责数据库的建立、使用和维护的专门人员。

1.4 数据模型

在现实世界中有许多模型,这些模型都是对现实世界中某个对象特征的模拟和抽象,如飞机模型、汽车模型就是对现实世界的飞机和汽车的模拟和抽象。数据模型也是一种模型,只不过它是对现实世界的数据特征的抽象。由于计算机不能直接处理现实世界的具体事物,因此人们必须先把具体事物转换成计算机能处理的数据,即把现实世界中具体的人、物、活动等用数据模型来抽象、表示和处理,即先进行数字化,这些就需要我们建立一个数据模型。例如,图书馆管理系统,人们通常应该了解在该系统中有哪些数据,这些数据之间有什么联系,以及如何组织这些数据并将其合理地存放在数据库中,以便有效地对其进行管理。

目前的大多数数据库系统是基于某一数据模型的,数据模型是数据库的核心和基础。因此,我们必须掌握数据模型的相关概念和知识。

数据模型按不同的应用层次分为 3 种类型,分别是概念模型、逻辑模型、物理模型。

1.4.1 概念模型

概念模型是对客观事物及其联系的抽象,用于信息世界的建模,它强调其语义表达的能力,以及能够较方便、直接地表达应用中各种语义知识。这类模型概念简单、清晰、易于被用户理解,是用户和数据库设计人员之间进行交流的语言。它是现实世界的第一层抽象,是现实世界到机器世界的一个过渡的中间层。概念模型的主要概念如下:

(1)实体

现实世界中客观存在并可相互区分的事物叫做实体。实体可以是人,可以是物;可以指实际的对象,也可以指某些概念;可以指事物和事物之间的联系。

(2)属性

实体所具有的某一方面的特性称为属性。一个实体可由若干个属性来刻画。如学生实体有学号、姓名和性别等属性。

(3)关键字

实体的某一属性或属性组合,其取用的值能唯一标识出某一实体,称为关键字,也称为码。

如学号是学生实体的关键字。

(4)域

属性值的取值范围称为该属性的域。如姓名的域为字符串集合，性别的域为男、女等。

(5)实体型

具有相同属性的实体必须具有共同的特性。用实体名及其属性名集合来抽象和刻画同类实体，称为实体型。如，学生(学号，姓名，性别，班号)就是实体型。

(6)联系

现实世界的事物之间总是存在某种联系的，这种联系必然要在信息世界中加以反映。一般存在两类联系：一是实体内部的联系，如组成实体的属性之间的联系；二是实体之间的联系。两个实体之间的联系又可分为如下 3 类：

①一对一联系(1∶1)。如一个部门有一个经理，而每个经理只在一个部门任职。这样部门和经理之间就具有一对一联系。

②一对多联系(1∶n)。如一个部门有多个职工，这样部门和职工之间就存在着一对多的联系。

③多对多联系(m∶n)。如学校中的课程与学生之间就存在着多对多的联系。每个课程可以供多个学生选修，而每个学生又都会选修多种课程。这种关系有很多种处理的办法。概念模型的表示方法很多，其中最著名的是 E－R 方法(实体联系方法)，它用 E－R 图来描述现实世界的概念模型。E－R 图的主要成分是实体，联系和属性。E－R 图通用的表现方式如下：

(a)矩形框，表示实体类型(研究问题的对象)，在框内写上实体名。

(b)菱形块，表示实体之间的联系，菱形框内写上联系名。用无向边分别把菱形与有关实体相连接，在无向边旁标上联系的类型。如实体之间的联系也具有属性，则把属性和菱形也用无向边连接上。

(c)椭圆形框，表示实体的属性，并用无向边把实体与属性连接起来。

1.4.2　作 E－R 图

通过实体联系图(E－R 图)可以将实体以及实体之间的联系刻画出来，为客观事物建立概念模型。作 E－R 图大致分为以下几步：

①确定实体和实体的属性。

②确定实体之间的联系及联系的类型。

③给实体和联系加上属性。

【例 1－1】分析高校学生与借书证之间的联系类别。

实体学生的属性有学号、姓名、性别、系、专业、班级，其中学号为码。借书证实体的属性有借书证号，其中借书证号为码，如图 1－1 所示。

E－R 方法是抽象和描述显示现实世界的有力工具。用 E－R 图表示的概念模型与具体的 DBMS 所支持的数据模型相独立，是各种数据模型的共同基础，因而比数据模型更抽象、更接近现实世界。但是 E－R 模型只能说明实体间语义的联系，还不能进一步说明详细的数据结构。一般遇到实际问题，总是先设计 E－R 模型，然后再把 E－R 模型转换成计算机已实现的数据模型。

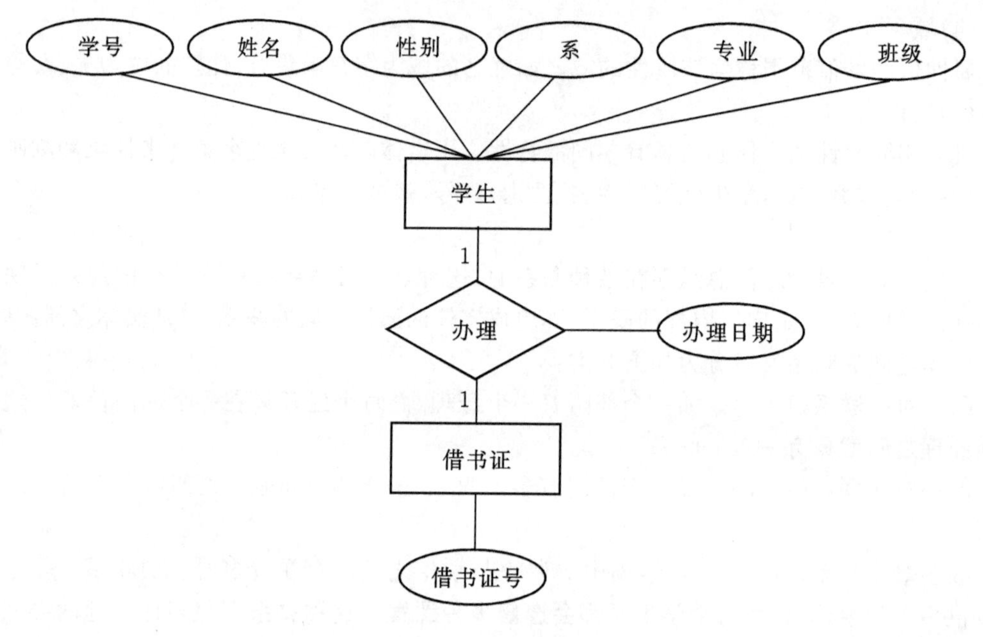

图1-1　E-R图实例

在概念设计过程中,不同的人从不不同的角度识别出不同的实体,实体又包含不同的属性,结果设计出不同的E-R图,然后将E-R图转换为数据表。那如何判断这些设计是否合理,一般的做法是通过范式来判断。规范化理论是由E.F.Godd于1969年提出,是研究如何将一个"不好的"关系模式转化为"好的"关系模式理论,同时使数据库的设计能更好的描述世界。规范化理论是围绕范式而建立的,规范化理论认为,一个关系数据库中所有的关系,都应满足一定的规范(约束条件)。规范化的目的是消除关系模式中的数据冗余,消除数据定义中不合理的部分,以解决数据插入、删除时发生异常的现象。依据规范化中属性之间的依赖情况设立了不同的规范标准,统称为范式。到目前为止,有第一范式、第二范式、第三范式、BCN范式、第四范式等。范式越高,对关系型数据库的规范程度就越高。一般的信息系统应用满足第三范式即可。

(1)第一范式(1NF)

数据表在RDBMS中是具有相同属性的数据实例的集合。这些数据实例形成了数据行(记录)和数据列(字段)的二维表。

第一范式是关系模型的最低要求,它要求数据表中每个字段不可拆分,不能有重复行。第一范式的目标是确保数据表中每列的原子性。满足第一范式就要求表中有主键(用来唯一标识一个实体,)主键取值不能为空。

(2)第二范式(2NF)

第二范式是在第一范式的基础上有了更严格的限制,它要求除了满足第一范式外,数据表中其他非主键字段必须完全依赖于主键。第二范式的目的确保数据表中非主键不存在部分依赖主键。满足第二范式就要求表首先满足1NF,其次如为单列主键,其他非主键都依赖主键即可;如为复合主键,非主键是否依赖于复合主键中的一部分,如部分依赖,则不满足2NF;如不存在部分依赖，则满足 2NF。如果表不满足 2NF，通常的做法就是拆表。

(3)第三范式(3NF)

第三范式是在第二范式的基础上有了进一步的限制，他要求除了满足 2NF 外，还要求任何非主键字段不传递依赖于主键，即非主键字段都要直接依赖于主键。第三范式的目标是要求非主键字段之间不应该有从属关系。如果表不满足 3NF，通常做法也是拆表。

规范化的基本思想是逐步消除数据依赖中不合适的部分，使模式中的各种关系模式达到某种程度的"分离"，即"一事一地"的模式设计原则。让一个关系描述一个概念、一个实体或者实体间的一种联系。如果多于一个概念，就把它分离出去。因此所谓规范化实质上是概念的单一化。

规范化的优点是明显的，它避免了大量的数据冗余，节省了空间，保持了数据的一致性，如果完全达到 3NF，用户不会在超过两个以上的地方修改同一个值，当记录经常发生改变时，这个优点很容易显现出来。但是，由于用户把信息放置在不同的表中，增加了操作的难度，同时把多个表联接在一起的花费也是巨大的，节省了时间必然付出了空间。反之，节省了空间也必然付出时间的代价，时间和空间在计算机领域中是一个矛盾统一体，它们是相互作用的、对立统一的。

1.4.3 E－R 图转换成关系数据模型

E－R 图转换成关系数据模型，就是将实体、实体的属性和联系转化成关系模式。转化过程遵循如下原则：

(1)实体的转化

一个实体转化成一个关系，实体的属性就是关系的属性，实体的码(关键字)就是关系的码。

(2)联系的转化

一个联系转化成一个关系，关系属性包含两部分：联系本身属性、与联系有关的实体主键。对于不同的联系，可以与其他关系模式合并。

①1∶1 联系的转化：将任意一端的码和联系的属性合并到另一端的关系模式。

②1∶n 联系的转化：将 1 端关系的码和联系本身的属性加入到 n 端关系模式中。

③m∶n 联系的转化：转化方法同①。

【例 1－2】将图 1－1 的 E－R 图转化成关系模式。

实体学生和借书证分别转化为关系模式：

学生(学号，姓名，性别，系，专业，班级)

借书证(借书证号)

联系办理可以转化为一个独立的关系模式：办理(学号，借书证号，办理日期)，也可以将联系合并到其中任意一端的关系模式：学生(学号，姓名，性别，系，专业，班级，办理日期，借书证号)或借书证(借书证号，办理日期，学号)

最终得到的关系模式：

学生(学号，姓名，性别，系，专业，班级，办理日期，借书证号)

借书证(借书证号)

或者

学生(学号,姓名,性别,系,专业,班级)

借书证(借书证号,办理日期,学号)

【例 1-3】将图 1-2 转化成关系。

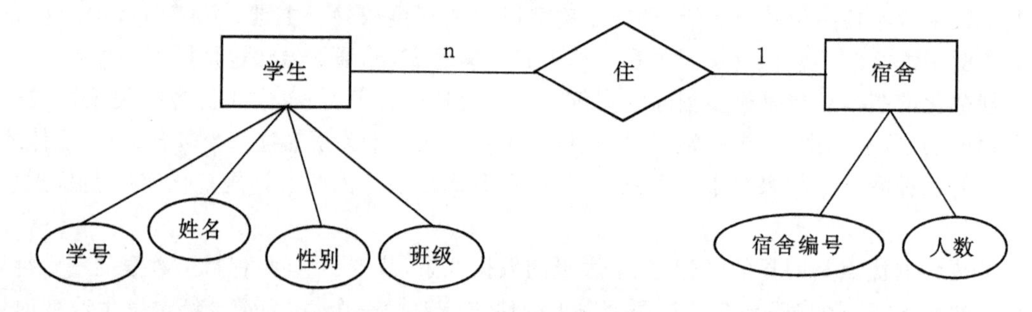

图 1-2　学生宿舍分配 E-R 图

实体学生和宿舍转化为关系模式:

学生(学号,姓名,性别,班级)

宿舍(宿舍编号,人数)

联系转化为关系模式:

采用合并到关系模式的方法,将 1 端的主键加到 n 端关系模式上,学生关系模式变为学生(学号,姓名,性别,班级,宿舍编号)

最终得到的关系模式:

学生(学号,姓名,性别,班级,宿舍编号)

宿舍(宿舍编号,人数)

【例 1-4】将图 1-3 转化为关系模式。

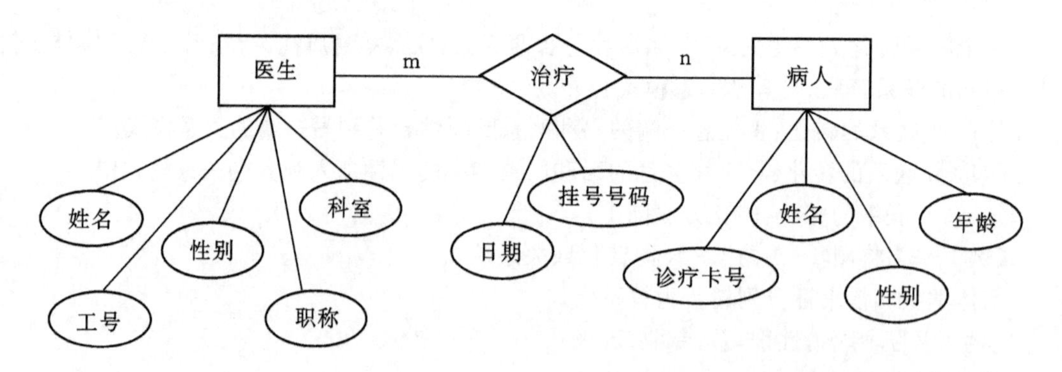

图 1-3　医生治疗病人 E-R 图

实体医生和病人转化成关系模式:

医生(工号,姓名,性别,职称,科室)

病人(诊疗卡号,姓名,性别,年龄)

联系转化为关系模式

治疗(工号,诊疗卡号,日期,挂号号码)

1.4.4 逻辑模型

逻辑模型是一种面向数据系统的模型，它是概念模型到计算机之间的中间层次。概念模型只有在转换成逻辑模型之后才能在数据库中得以表示。目前逻辑模型的种类有很多，其中比较成熟的有：层次模型、网状模型、关系模型、面向对象模型等。

（1）层次模型

层次模型是数据库系统最早使用的一种数据模型，它的数据结构是一棵“有向树”层次模型的，利用树结构来表示数据之间的联系。美国 IBM 公司 1968 年研制成功的 IMS 数据库管理系统就是这种模型的典型代表。

（2）网状模型

网状模型是用图结构来表示数据之间的关系。在现实世界中，事物之间的联系更多的是非层次关系的，用层次模型表示非树形结构是很不直接的，网状模型则可以克服这一点，而层次模型实际上是网状模型的一个特例。

（3）关系模型

关系模型是用二维表格结构来表示实体以及实体之间联系的数据模型。关系模型的数据结构是一个“二维表框架”组成的集合，每个二维表又可称为关系，因此可以说，关系模型是“关系框架”组成的集合。目前大多数数据库管理系统都是关系型的，如 SQL Server 就是一种关系数据库管理系统。

（4）面向对象模型

面向对象模型是一种新兴的数据模型，它采用面向对象的方法来设计数据库。面向对象的数据库存储对象是以对象为单位，每个对象包含对象的属性和方法，具有类和继承等特点。

1.5 数据库设计

数据库设计是指对于一个给定的应用环境，构造最优的数据库模式，建立数据库及其应用系统，使之能够有效地存储数据，满足各种用户的需求。

数据库设计分为 6 个阶段：

（1）需求分析

准确了解与分析用户需求（包括数据与处理）。

需求分析是整个数据库设计过程中最重要的步骤之一，是后继各阶段的基础。在需求分析阶段，要从多方面对整个最值进行调查，收集和分析各项应用对信息和处理两方面的需求。

①收集资料。收集资料是数据库设计人员和用户共同完成的内容。通过调研，确定由计算机完成的功能。

②分析整理。分析过程是对所收集的数据进行抽象的过程，产生求解的模型。

③数据流图。采用数据流图来描述系统的功能。

④数据字典。对数据流图中的数据流和加工等进一步定义。

⑤用户确认。需求分析得到数据流图和数据字典返回给用户，通过反复完善，最终取得用户的认可。

(2)概念结构设计

对用户需求进行综合、归纳与抽象,形成一个独立于具体 DBMS 的概念模型。

概念设计阶段的目标是产生整体数据库概念结构,即概念模式。概念模式是整个组织各个用户关心的信息结构,描述概念结构的有力工具是 E-R 图。有关 E-R 的描述见上述介绍。

(3)逻辑结构设计

将概念结构转换为某个 DBMS 所支持的数据模型,并对其进行优化。

逻辑设计就是把上述概念模型转换成为某个具体的数据库系统所支持的数据模型。把 E-R 图转换为有效的关系表。

(4)物理结构设计

为逻辑数据模型选取一个最适合应用环境的物理结构。

数据库的物理设计是指对一个给定的逻辑数据库模型选取一个最适合应用环境的物理结构的过程。物理设计通常分为两步:

①确定数据库的物理结构。

②对物理结构进行评价。

(5)数据库实施

建立数据库,编制与调试应用程序,组织数据入库,并进行试运行。实施阶段的主要工作有:

①建立数据库结构。

②数据载入。

③数据库试运行。

(6)数据库运行和维护

对数据库系统进行评价、调整与修改。

数据库系统投入正式运行后,对数据库经常性的维护工作主要由 DBA 完成,主要包括如下工作:

①数据库的转储和恢复。

②数据库的安全性、完整性控制。

③数据库性能的监督、分析和改造。

④数据库的重组值与重构造。

1.6 数据库技术发展史

数据库技术是计算机科学技术中发展最快的分支。20 世纪 70 年代以来,数据库系统从第一代的网状和层次数据库系统发展到第二代的关系数据库系统。目前现代数据库系统正向着面向独享数据库系统发展,并与网络技术、分布式计算和面向对象程序设计技术相结合。

第一代的代表是 1969 年 IBM 公司研制的层次模型的数据库管理系统 IMS 和 70 年代美国数据库系统语言协商 CODASYL 下属数据库任务组 DBTG 提议的网状模型。层次数据库的数据模型是有根的定向有序树,网状模型对应的是有向图。这两种数据库奠定了现代数据库发展的基础。

第二代数据库的主要特征是支持关系数据模型(数据结构、关系操作、数据完整性)。关系模型的概念单一,实体和实体之间的联系用关系来表示。尤其是关系数据库标准语言——结构化查询语言 SQL 的提出,使关系数据库系统得到了广泛的应用。如主流数据库产品 Oracle、DB2、Sybase、SQL Server 等,这些产品都是基于关系数据模型的。

第三代数据库产生于80年代,随着科学技术的不断进步,各个行业领域对数据库技术提出了更多的需求,关系型数据库已经不能完全满足需求,于是产生了第三代数据库。它支持数据管理、对象管理和知识管理;保持和继承了第二代数据库系统的技术;对其他系统开放,支持数据库语言标准,支持标准网络协议,有良好的可移植性、可连接性、可扩展性和互操作性等。第三代数据库支持多种数据模型(比如关系模型和面向对象的模型),并和诸多新技术相结合(比如分布处理技术、并行计算技术、人工智能技术、多媒体技术、模糊技术),广泛应用于多个领域(商业管理、GIS、计划统计等),由此也衍生出多种新的数据库技术。

小　结

初步讲解了数据库的基本概念,并通过对数据管理技术发展状况的介绍,阐述了数据库技术产生和发展的背景。

实　训

1. 实训目的

(1)会将现实世界的事物和特性抽象为信息世界的实体与关系。

(2)会使用实体关系图(E-R图)描述实体、属性和实体间的关系。

(3)会将E-R图转换为关系模型,并根据开发需要,将关系模型规范化到一定的程度。

2. 实训要求

(1)正确理解数据库设计的基本流程。

(2)正确理解数据库数据的模型。

3. 实训内容与步骤

请为某一学校的学生选课系统规划设计数据库,具体操作步骤如下。

(1)通过需求分析了解学校的选修课程设置,从而得出需要存储的数据信息和操作需要。

(2)通过数据库概念设计得出系统数据的E-R模型图。

(3)通过数据库的逻辑结构设计,将逻辑结构设计得出的E-R模型图转换为构成学生选课数据库的数据表;根据范式理论对其进行性能优化,然后为各数据表中的字段设置参数和说明。

第2章 SQL Server 2008基础

SQL Server 2008 JICHU

【知识目标】

(1)掌握 SQL Server 2008 的安装

(2)了解 SQL Server 2008 工具及其应用程序

【能力目标】

(1)熟练安装 SQL Server 2008

(2)能够使用 SQL Server 2008 工具及实用程序

【相关知识】

2.1 SQL Server 2008 简介

Microsoft SQL Server 2008 系统是由微软公司研和发布的分布式关系型数据库管理系统,可以支持企业、部门以及个人等各种用户完成信息系统、电子商务、决策支持、商业智能等工作。SQL Server 2008 是 Microsoft 新一代的数据库管理产品,与 SQL Server 2005 相比,在性能、稳定性、易用性等方面都有相当大的改进。SQL Server 2008 已经成为微软旗下目前最强大、全面的 SQL Server 版本。

Microsoft 数据平台提供一个解决方案来存储和管理许多数据类型,包括 XML、E－mail、时间/日历、文件、文档、地理等信息。同时提供一个丰富的服务集合来与数据交换作用,实现搜索、查询、数据分析、报表、数据整合和同步功能。

SQL Server 2008 允许使用 Microsoft .NET 和 Visual Studio 开发的自定义应用程序中使用数据,在面向服务架构(SOA)和通过 Microsoft BizTalk Server 进行的业务流程中使用数据。信息工作人员可以通过日常使用的工具直接访问数据。

2.1.1 SQL Server 2008 新增功能特性

SQL Server 2008 包含了多项新功能,这使它成为大规模联机事物处理、数据仓库和电子商务应用程序的数据库平台。新增功能如表 2-1 所示。

表 2-1 SQL Server 2008 的新增功能

功能名称	功能描述
SQL Server 集成服务	是一个用于提取、转换和加载(ETL)操作的全面的平台,使得能够对你的数据仓库进行操作和与其同步,数据仓库里的数据是从你的企业中的商业应用所使用的孤立数据源获得的
SQL Server 分析服务	提供了用于联机分析处理(Online Analytical Processing,OLAP)的分析引擎,包括在多维度的商业量值聚集和关键绩效指标(KPI),和使用特定的算法来辨别模式、趋势和与商业数据的关联的数据挖掘解决方案
SQL Server 报表服务	是一个广泛的报表解决方案,使得很容易在企业内外创建、发布和发送详细的商业报表
Microsoft Office 2007	SQL Server 2008 能够与 Microsoft Office 2007 完美地结合。例如,SSRS 能够直接把报表导出成为 Word 文档。而且使用 Report Authoring 工具,Word 和 Excel 都可以作为 SSRS 报表的模板。Excel SSAS 新添了一个数据挖掘插件,提高了其性能

2.1.2 SQL Server 2008 的版本

SQL Server 2008 分为 SQL Server 2008 企业版、标准版、工作组版、Web 版、开发者版、免费版、移动版,其功能和作用也各不相同,具体功能如表 2-2 所示。

表 2-2 SQL Server 2008 产品系列

类型	版本	描述
服务器版	企业版(Enterprise Edition)	是一个全面的数据管理和业务智能平台,为关键业务应用提供了企业级的可扩展性、数据仓库、安全、高级分析和报表支持
	标准版(Standard Edition)	是一个提供易用性和可管理性的完整数据平台。它的内置业务智能功能可用于运行部门应用程序,包含中小型企业需要的大多数特性
专业版	开发版(Developer Edition)	支持开发人员构建基于 SQL Server 的任一种类型的应用程序。它包括 SQL Server 2008 Enterprise 的所有功能,但只限于在开发、测试和演示中使用
	工作组版(Workgroup Edition)	提供一个可靠的数据管理和报告平台,用以实现安全的发布、远程同步和对运行分支应用的管理能力

续表 2-2

类型	版本	描述
专业版	网络版(Web Edition)	为客户提供低成本、大规模、高度可用的 Web 应用程序或主机解决方案
	移动版(Compact 3.5)	针对开发人员而设计的免费嵌入式数据库,构建独立、仅有少量连接需求的移动设备、桌面和 Web 客户端应用。
	免费版(Express)	免费提供,SQL Server Express 与 Visual Studio 集成,方便开发人员轻松开发功能丰富、存储安全且部署快速的数据驱动应用程序

2.2 SQL Server 2008 的安装

2.2.1 SQL Server 2008 安装环境需求

SQL Server 2008 数据库的安装是学习和使用数据库的前提。对于从事数据库相关工作的人员来说,必须能够根据实际应用需求,选择合适的版本在 Windows 系统平台上完整安装。下面分别从 32 位平台和 64 位平台,来说明安装 SQL Server 2008 的有哪些软件和硬件要求。

(1)硬件和软件要求(32 位)如表 2-3 所示。

表 2-3 32 位平台上 SQL Server 2008 的软硬件

组件	要求
处理器类型	Pentium III 兼容处理器或更高速度的处理器
处理器速度	最低: 1.0 GHz 建议:2.0 GHz 或更快
操作系统	Windows XP SP2 及以上版本 Windows Vista SP2 Business(Enterprise、Ultimate) Windows7 Professional (Enterprise、Ultimate) Windows Server 2003 SP2 及以上版本 Windows Server 2008 的各种版本
内存	需要至少 512MB,建议 2.0GB 或更大
硬盘	2.0G 以上
框架	SQL Server 2008 安装程序需要 Windows Installer 4.5 或更高版本 Microsoft Windows .NET Framework3.5 SP1 Microsoft SQL Server Native Client Microsoft SQL Server 安装程序支持文件

续表 2－3

组件	要求
显示器	需要 VGA，分辨率至少为 1 024×768 像素
网络	独立的命名实例和默认实例支持的网络协议：Shared Memory、Named Pipes、TCP/IP、VIA Microsoft Internet Explorer 6.0 SP1 或更高版本

（2）硬件和软件要求（64 位）如表 2－4 所示。

表 2－4　64 位平台上 SQL Server 2008 的软硬件

组件	要求
处理器类型	AMD Operon、AMD Athlon64、支持 IntelEM64T 的 Intel EM64T 的 Intel Xeon 和支持 EM64T 的 Intel Pentium IV
处理器速度	最低：1.4 GHz 建议：2.0 GHz 或更快
操作系统	Windows XP SP2 及 x64 Windows Vista SP2 x64 Business(Enterprise、Ultimate) Windows7 x64Professional (Enterprise、Ultimate) Windows Server 2003 SP2 x64(Standard、Enterprise、Datacenter) Windows Server 2008 SP2 x64(Standard、Enterprise、Datacenter)
内存	需要至少 512MB，建议 2.0GB 或更大
硬盘	2.0G 以上
框架	SQL Server 2008 安装程序需要 Windows Installer 4.5 或更高版本 Microsoft Windows .NET Framework3.5 SP1 Microsoft SQL Server Native Client Microsoft SQL Server 安装程序支持文件
显示器	需要 VGA，分辨率至少为 1 024×768 像素
网络	独立的命名实例和默认实例支持的网络协议：Shared Memory、Named Pipes、TCP/IP、VIA Microsoft Internet Explorer 6.0 SP1 或更高版本

2.2.2　SQL Server 2008 安装过程

用户的计算机满足系统环境需求后，就可以进行 SQL Server 2008 的安装。具体步骤如下：

（1）开始安装时，将 SQL Server 2008 DVD 插入 DVD 驱动器（或者运行下载的 SQL Server 2008 安装程序 setup.exe）。

(2)安装 SQL Server 2008 之前,需要先安 MicroSoft . Net Framework 并更新 Windows Installer,才能继续安装 SQL Server 2008。因此,在弹出的对话框中单击【确定】按钮进行 MicroSoft. Net Framework 的安装和 Windows Installer 的更新。

(3)经过相应组件的安装后,弹出如图 2-1 所示的. Net Framework 3.5 SP1 安装对话框,选中相应的单选按钮,接受. Net Framework 3.5 SP1 许可协议,单击【安装】按钮,安装. Net Framework 3.5 SP1。当. Net Framework 3.5 SP1 安装成功后,单击“退出”按钮以进行 Windows Installer 4.5 的更新,用户只需根据安装向导默认选择安装就可以,最后系统提示重新启动计算机,完成所有组件更新。

图 2-1 MicroSoft. Net Framework 3.5 SP1 安装

(4)重新启动计算机并再次双击 SQL Server 2008 安装文件夹中的 setup. exe 图标,系统检测组件安装成功后,安装向导会运行图 2-2 所示的 SQL Server 安装中心,要创建 SQL Server 2008 的全新安装,选择左边菜单的【安装】选项,即可看到图 2-3 所示窗口中的“全新

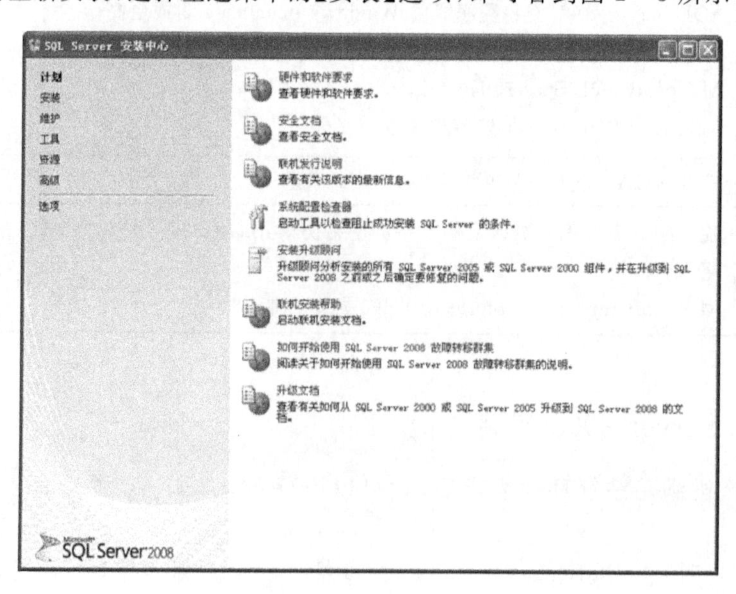

图 2-2 安装中心

独立安装或向现有安装添加功能”选项，单击即可进行 SQL Server 2008 的全新安装。

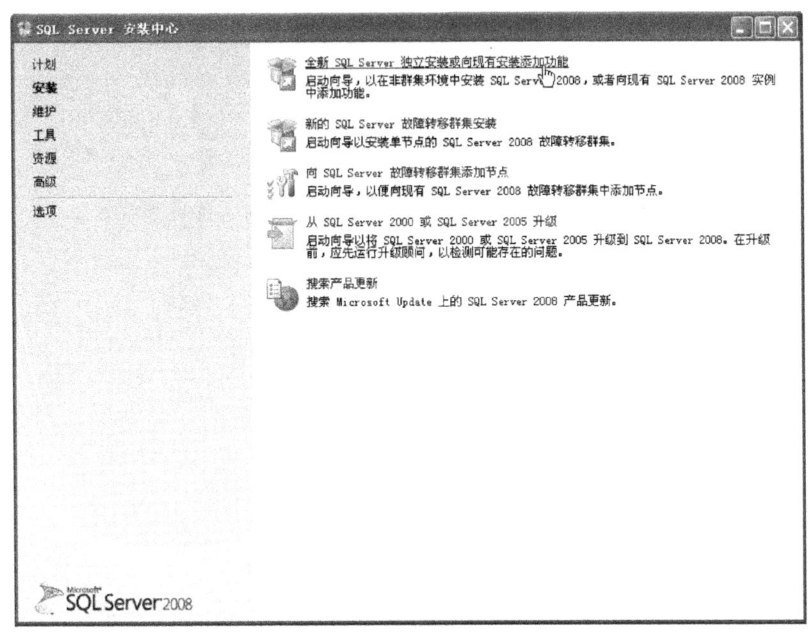

图 2-3　安装中心-安装页

(5)进入全新安装后，安装向导程序会检测 SQL Server 2008 的安装程序支持规则，进入【安装程序支持规则】进行检查界面，如图 2-4，对必要的支持规则进行检查。检查完毕后，如果部分检测失败，请根据规则的详细信息进行相应处理，保证安装程序支持规则检测成功后才能继续安装；如果检测成功，如图 2-5 所示，直接单击【下一步】按钮，进入“产品秘钥”界面。

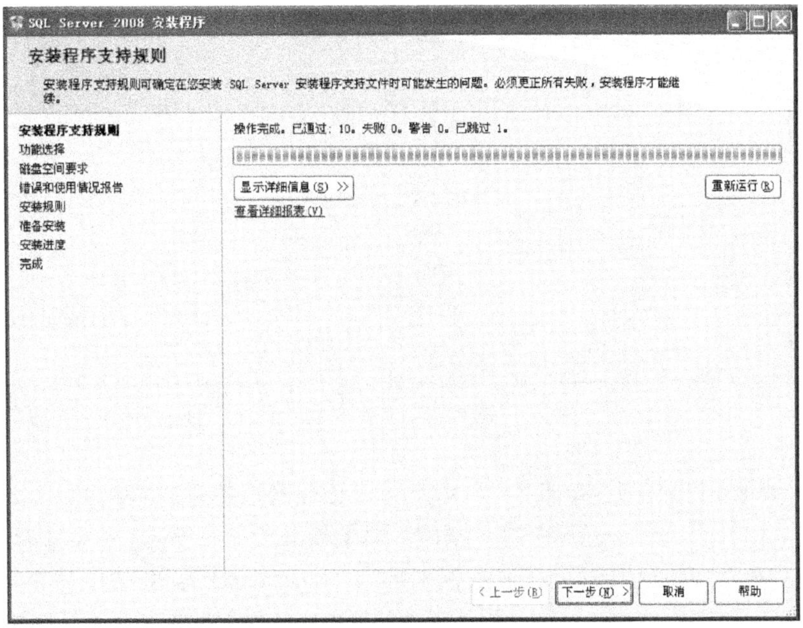

图 2-4　安装程序支持规则检测

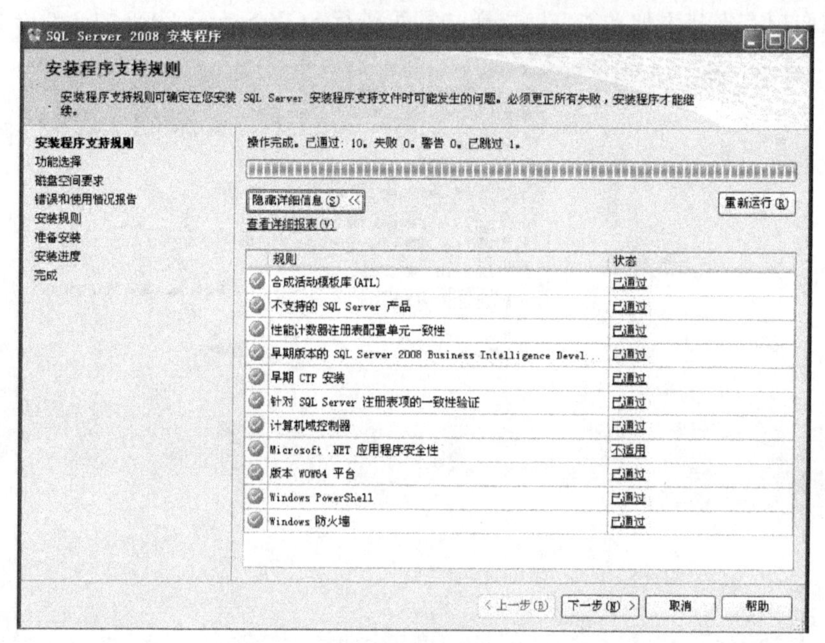

图 2-5　安装程序支持文件的安装

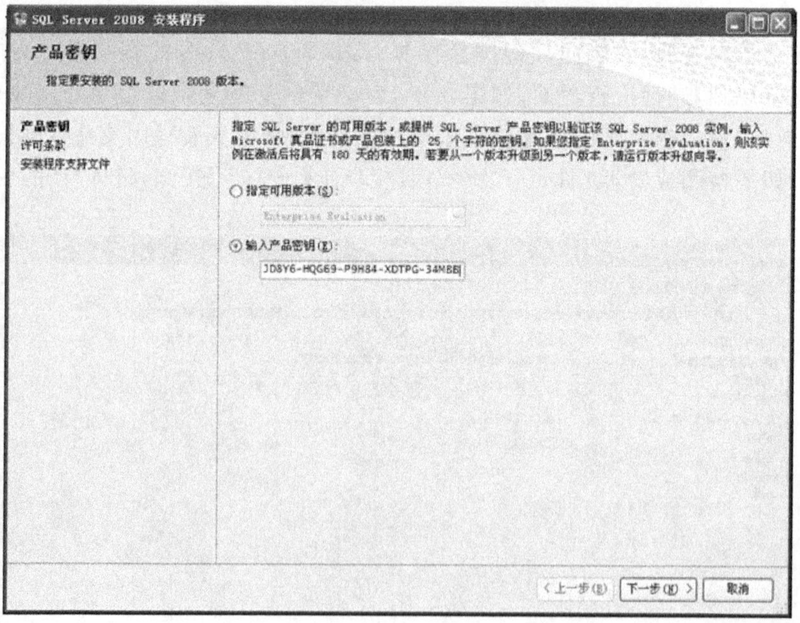

图 2-6　产品秘钥

(6)在“产品秘钥”窗口上，如图 2-7，用户可以选择安装免费版本的 SQL Server，或者输入产品秘钥。选择 Enterprise Evaluation 版本，则不需要产品密钥，如果需要安装正式版，则选定“输入产品秘钥”单选按钮后，在文本框中输入 SQL Server 2008 的产品秘钥选择安装版本或者输入秘钥完成后，在图 2-7 的界面中，单击“下一步”按钮，打开“许可条款”页，如图 2-7 所示，阅读许可条款后，选中“我接受许可条款”复选框以接受许可条款和条件。

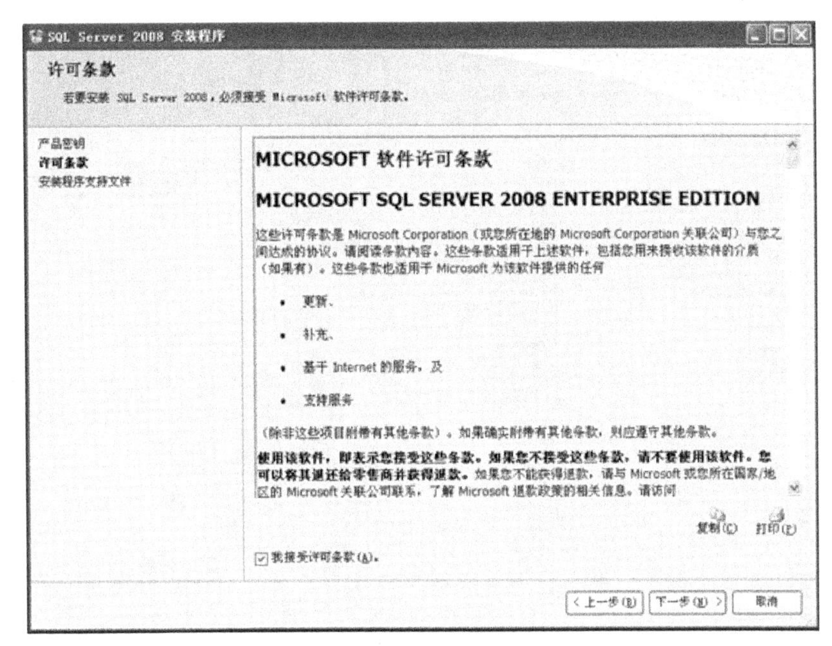

图 2-7　“许可条款”对话框

(7)单击【下一步】按钮，进入“安装程序支持文件”界面，如图 2-8 所示。

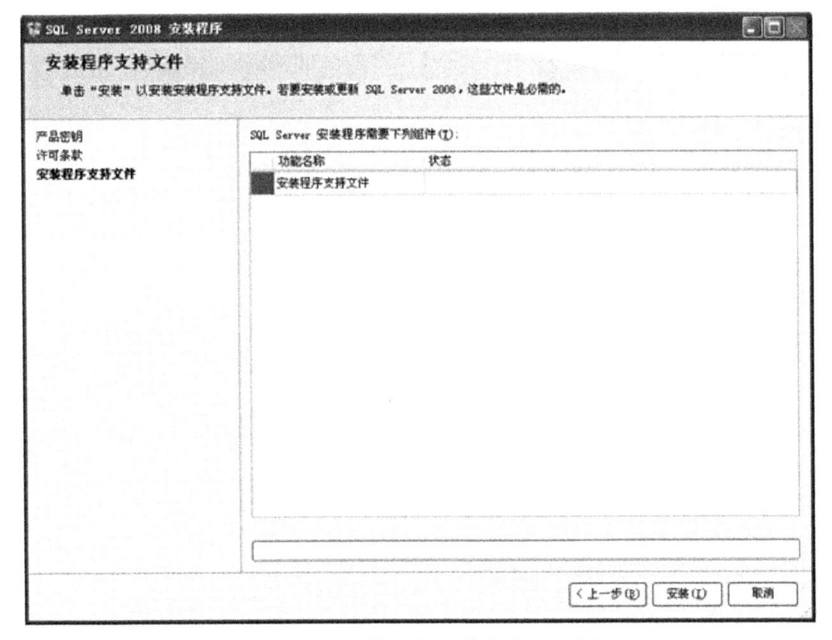

图 2-8　安装程序支持文件对话框

(8)单击【安装】按钮，安装 SQL Server 2008 或更新所需要的“安装程序支持文件”。安装完成后，单击【下一步】按钮，进入“功能选择”界面。

(9)在“功能选择”窗口上选择要安装的组件，这里选择所有功能(用户可以根据实际需要进行功能选择)，如图 2-9 所示。

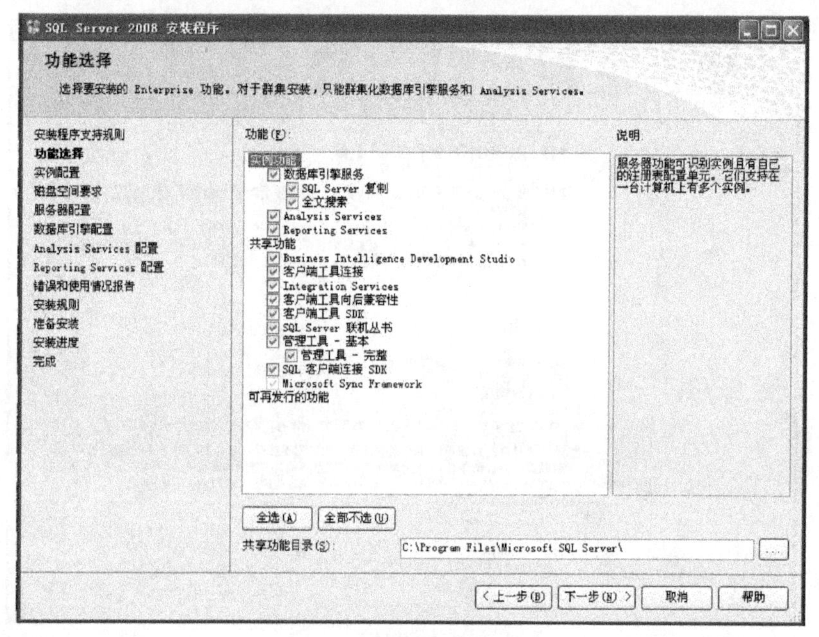

图 2-9　安装组件选择界面

(10)功能选择完成后，单击【下一步】按钮，进入“实例配置”界面，如图 2-11 所示，用户可以在这里设置数据库实例 ID、实例根目录(这里使用默认设置)。

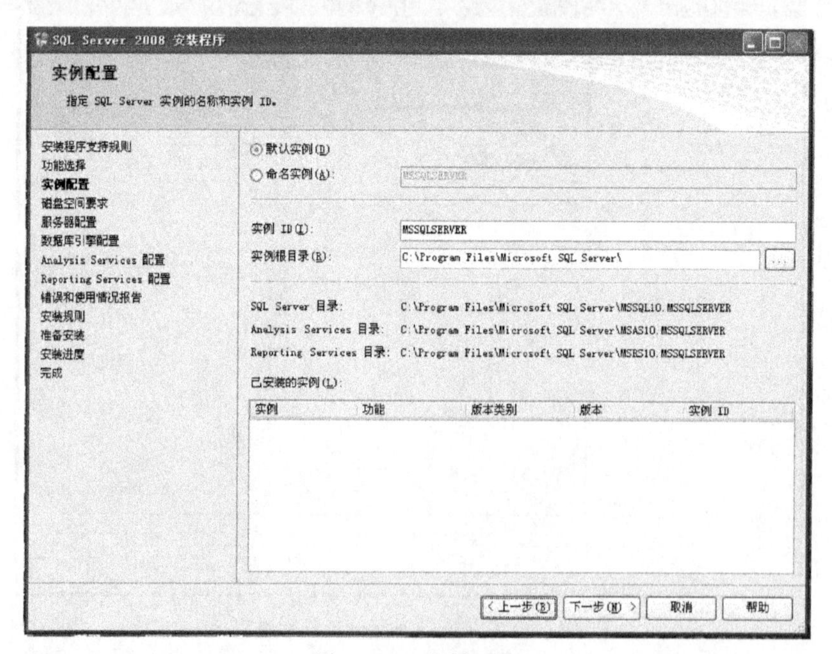

图 2-10　实例配置

(11)实例配置完成后，单击【下一步】按钮，进入“磁盘空间要求”界面，如图 2-10 所示，将所需空间与可用空间进行比较，满足安装需要即可单击【下一步】按钮进入到“服务器配置”界面。

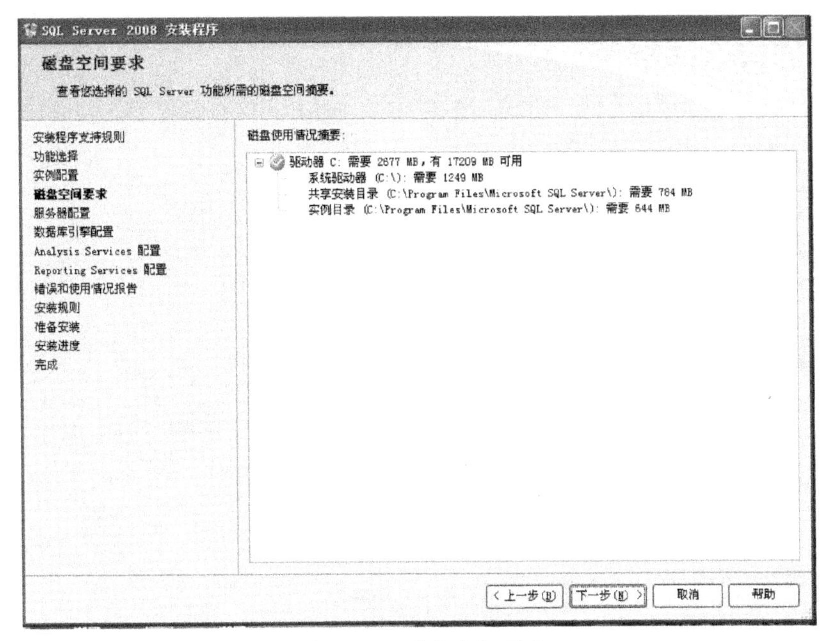

图 2 - 11　磁盘空间要求

(12)进入“服务器配置”界面，如图 2 - 12 所示。用户可以在此为 SQL Server 代理服务、SQL Server DataBase Engine 服务和 SQL Server Browser 服务等指定对应系统账户，并指定这些服务的启动方式(手动或自动)。

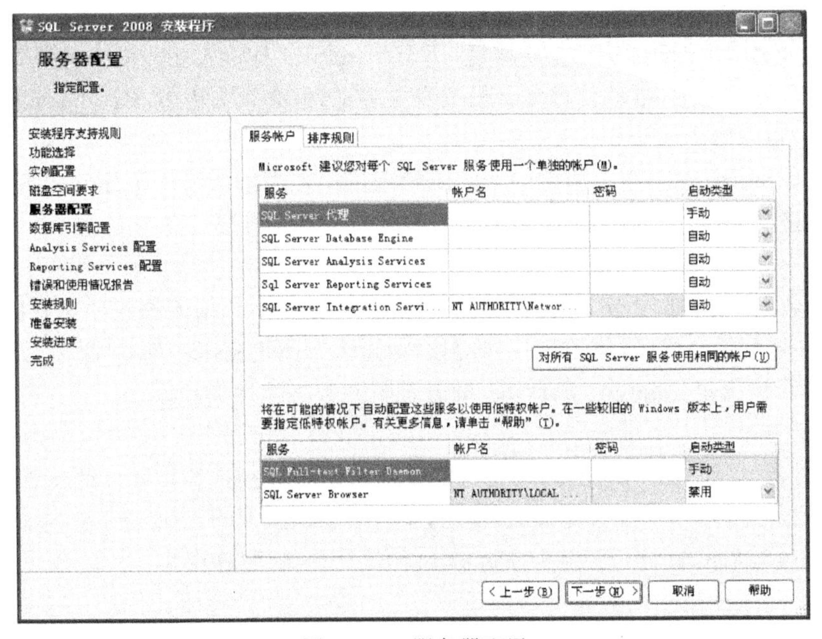

图 2 - 12　服务器配置

(13)服务器配置完成后，单击【下一步】按钮，进入“数据库引擎”界面，如图 2 - 13 所示。在此可以设置 SQL Server 的身份验证模式。

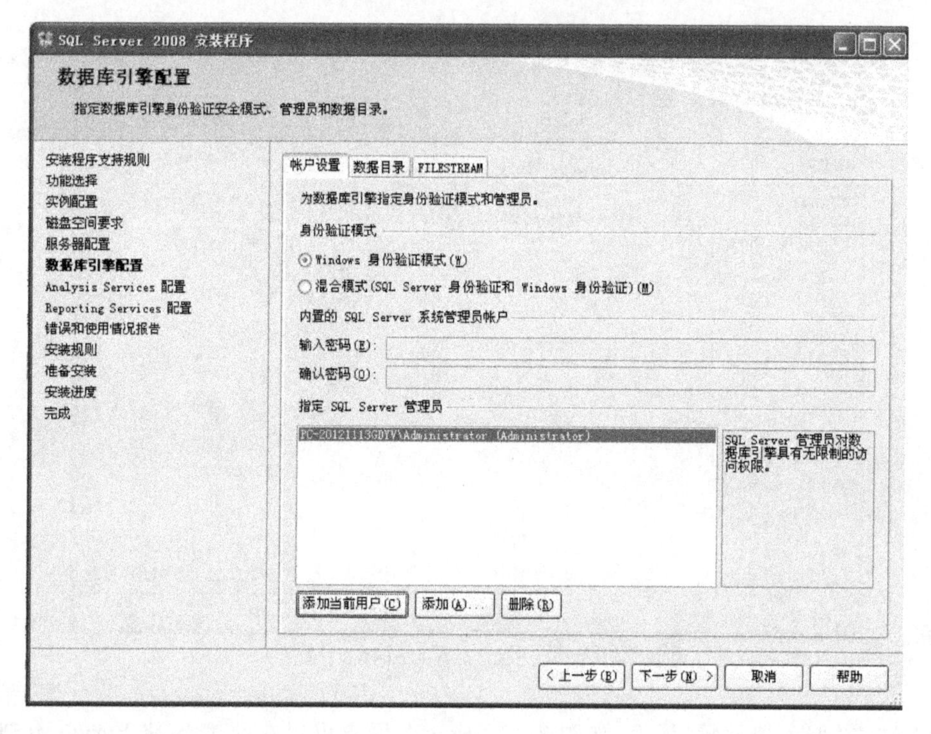

图 2-13　数据库引擎配置

【提示】

①在“账户设置”选项卡中为 SQL Server 实例选择 Windows 身份验证或混合模式身份验证,在设备与 SQL Server 成功建立连接后,用于 Windows 身份验证或混合身份验证的安全机制是相同的,就安全考虑,推荐使用混合模式身份验证,但必须为内置 SQL Server 系统管理员账户提供一个强密码。

②为 SQL Server 实例至少指定一个系统管理员。若要添加用以运行 SQL Server 安装程序的账户,直接单击【添加当前用户】按钮,也可以单击【添加】按钮选择其他 Windows 用户设置为 SQL Server 管理员。

③单击“数据目录”选项卡,可以查看和设置 SQL Server 数据库的各种安装目录。

(14)服务器配置完成后,单击【下一步】按钮,进入“Analysis Services 配置”界面,如图 2-14 所示,在此可以指定 Analysis Services 的管理员和数据文件夹。

【提示】

如果在图 2-9 所示的“功能选择”窗口中没有选择 Analysis Services,此步骤将会忽略。

(15)Analysis Services 配置完成后,单击【下一步】按钮,打开“Reporting Services”配置对话框,如图 2-15 所示,在此可以指定 Reporting Services 的配置模式。

【提示】

如果在图 2-9 所示的“功能选择”对话框中没有选择 Reporting Services,此步骤将会忽略。

(16)Reporting Services 配置完成后,单击【下一步】按钮,打开“错误和使用情况”界面,如图 2-16 所示。默认情况下,用于错误报告和功能使用情况的选项处于启用状态。

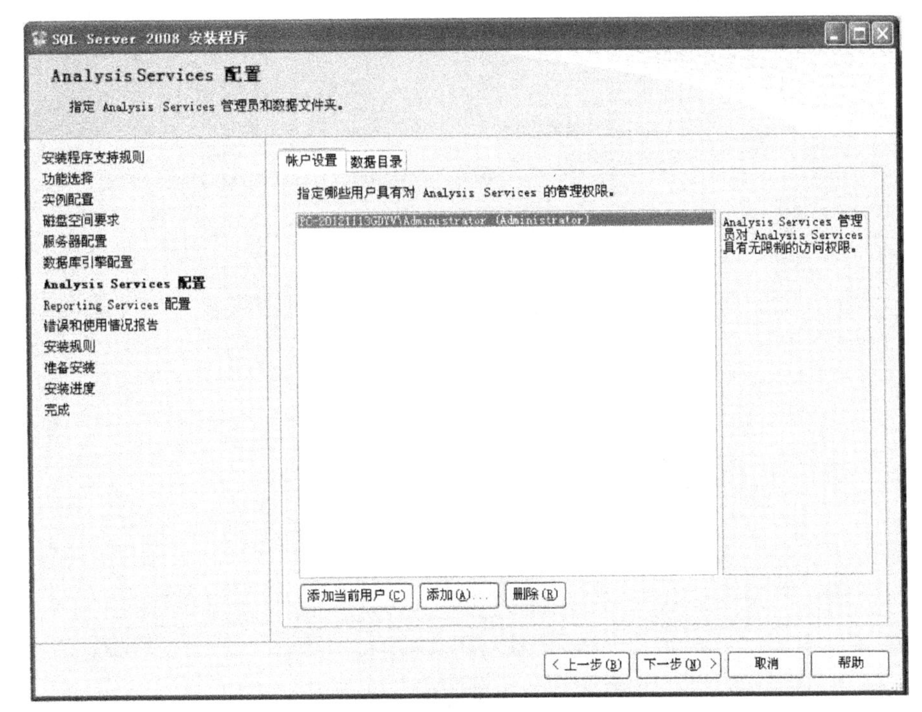

图 2-14　Analysis Services 配置

图 2-15　Reporting Services

(17)单击【下一步】按钮，进入“安装规则”界面，如图 2-16 所示，安装程序将检查当前系

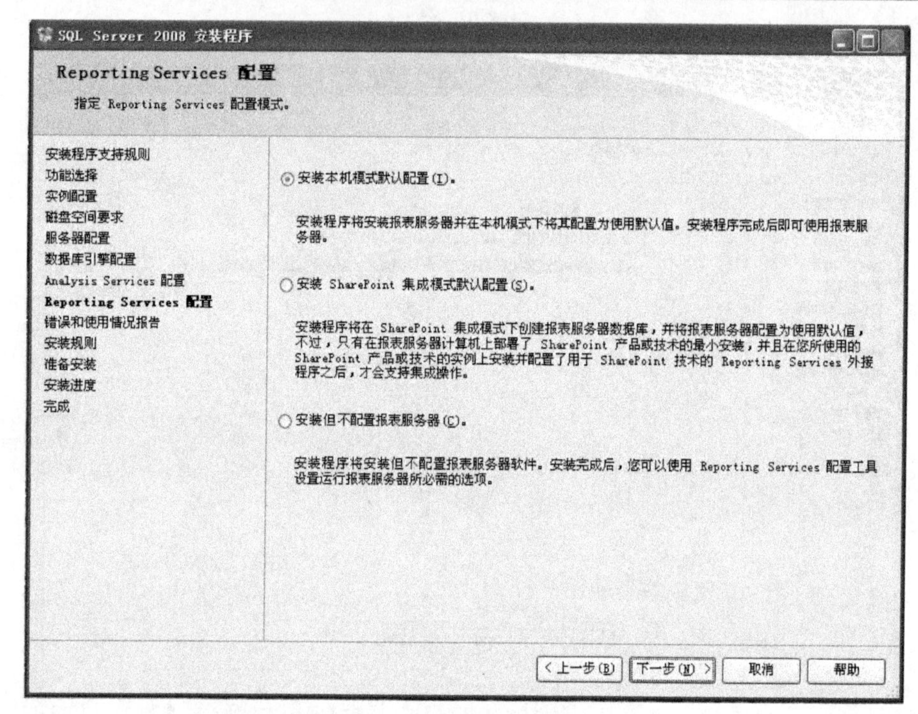

图 2-16　错误和使用情况报告

统是否满足 SQL Server 2008 的规则。

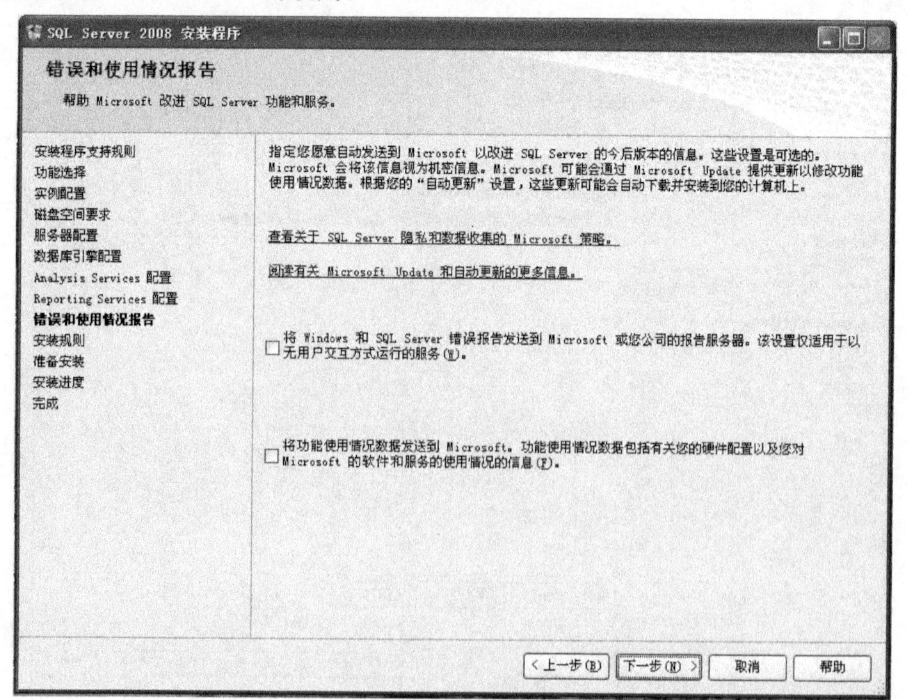

图 2-17　安装规则

(18)如果满足条件,单击【下一步】按钮,进入“准备安装”界面,如图 2-18 所示。

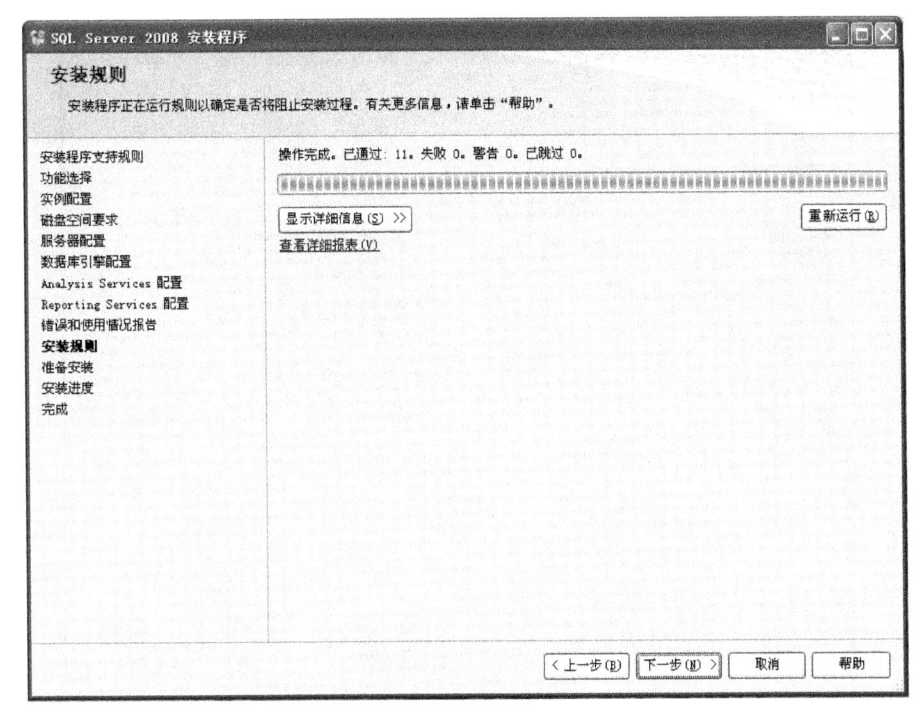

图 2-18　准备安装

(19)在"准备安装"窗口中,查看要安装的 SQL Server 功能和组件的摘要后,单击【安装】按钮,继续安装,打开"安装进度"窗口,如图 2-19 和图 2-20 所示。

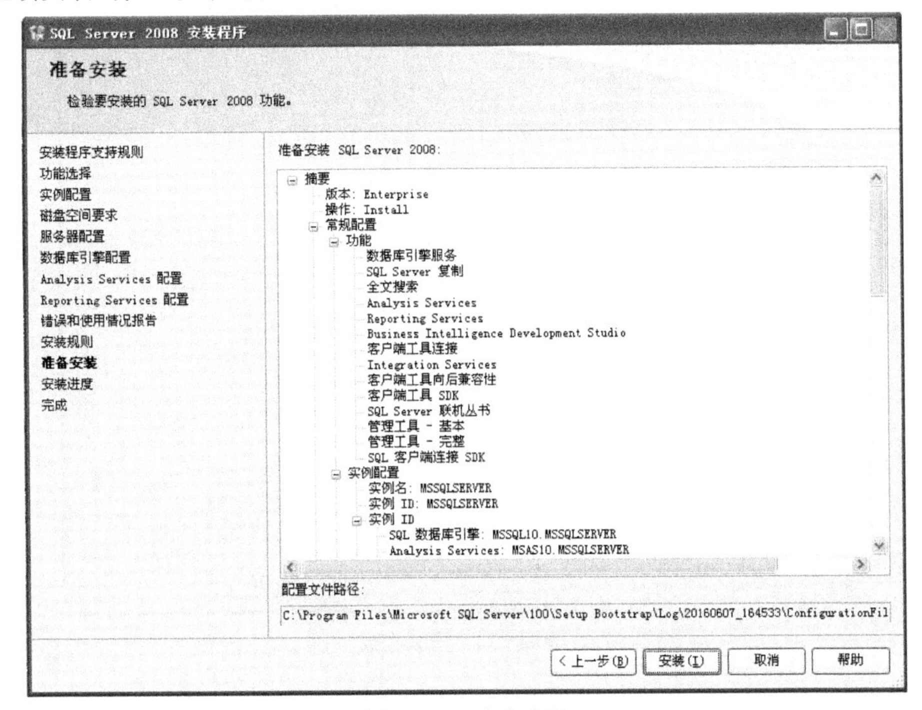

图 2-19　准备安装

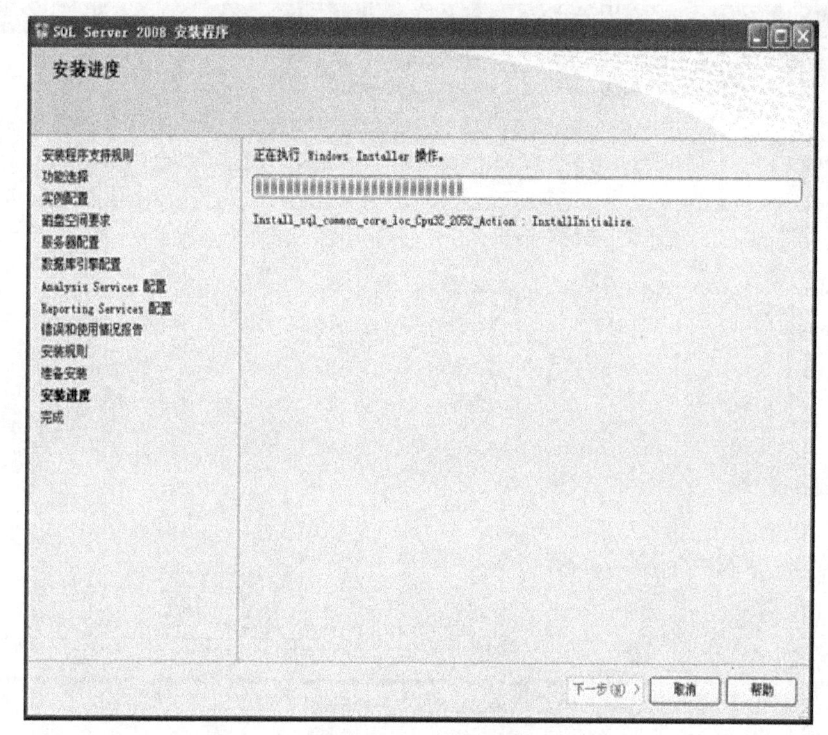

图 2-20　安装进度

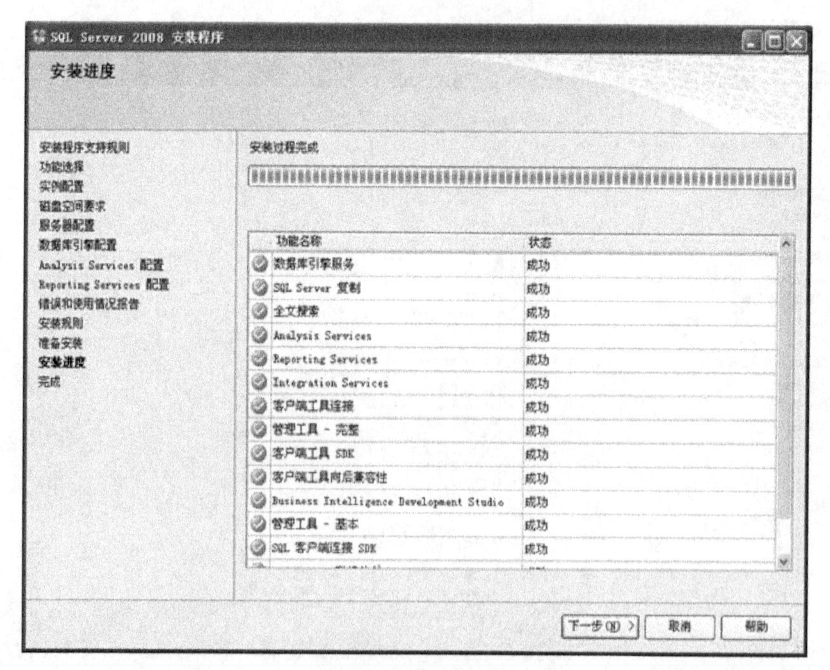

图 2-21　安装完成

(20)安装完成后,单击【下一步】按钮,打开“完成”窗口,如图 2-22 所示。

(21)得到重新启动计算机的指示后重新启动计算机完成安装。

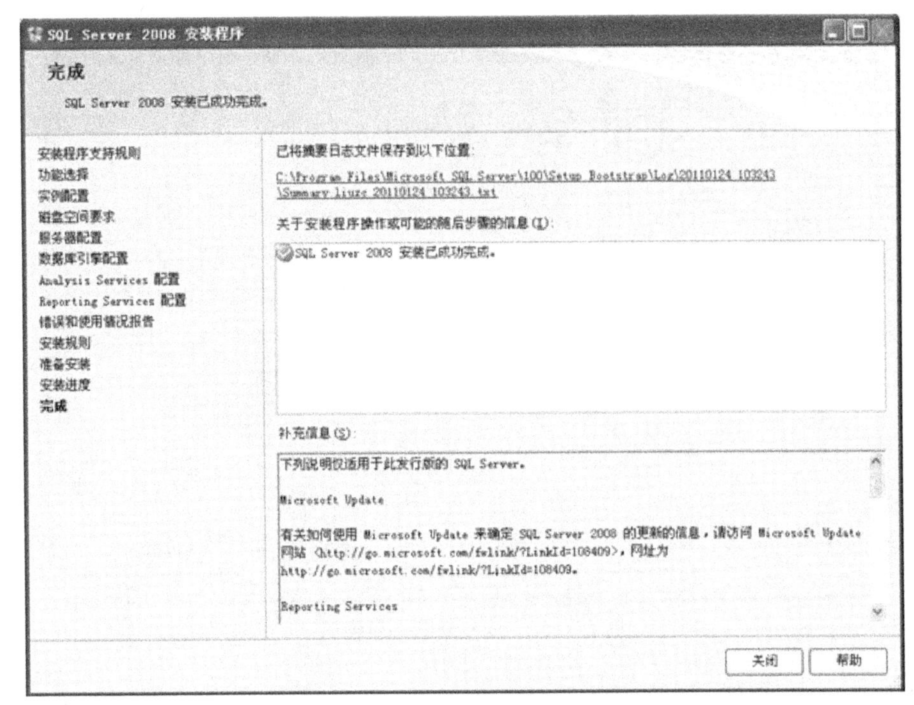

图 2-22　“完成”对话框

2.3　SQL Server 2008 的常用工具

SQL Server 2008 数据库提供了一系列的常用工具，通过这些常用工具可以实现管理数据库、优化数据库的性能和通知服务等管理。

2.3.1　SQL Server Management Studio

SQL Server Management Studio 是一个集成环境，用于访问、配置、管理和开发 SQL Server 的所有组件。SQL Server Management Studio 组合了大量图形工具和丰富的脚本编辑器，使各种技术水平的开发人员和管理人员都能访问 SQL Server 。

【例 2-1】 启动 SQL Server Management Studio

①单击【开始】菜单，依次指向【程序】→【Microsoft SQL Server 2008】选项，打开如图 2-23 所示“连接到服务器”窗口。

②根据应用需求选择合适的服务器类型，单击【连接】按钮，即可打开“SQL Server Management Studio”窗口，如图 2-24 所示。在 SQL Server Management Studio”窗口中，通常可以看到“对象资源管理器”和“对象资源管理器详细信息”窗口，在“对象资源管理器”中可以查询连接的数据库服务器名称，该服务器下列出了数据库等对象。

【例 2-2】 认识查询分析器窗口

SSMS(SQL Server Management Studio)是一个提供了图形界面的查询管理工具，用于管理 Transcat-SQL 语言，然后发送到服务器，并返回结果，该工具支持基于任何服务器的任何数据库连接。在开发和维护应用系统时，查询分析器是最常用的管理工具之一。启动过程如下。

图 2-23 “连接到服务器窗口”

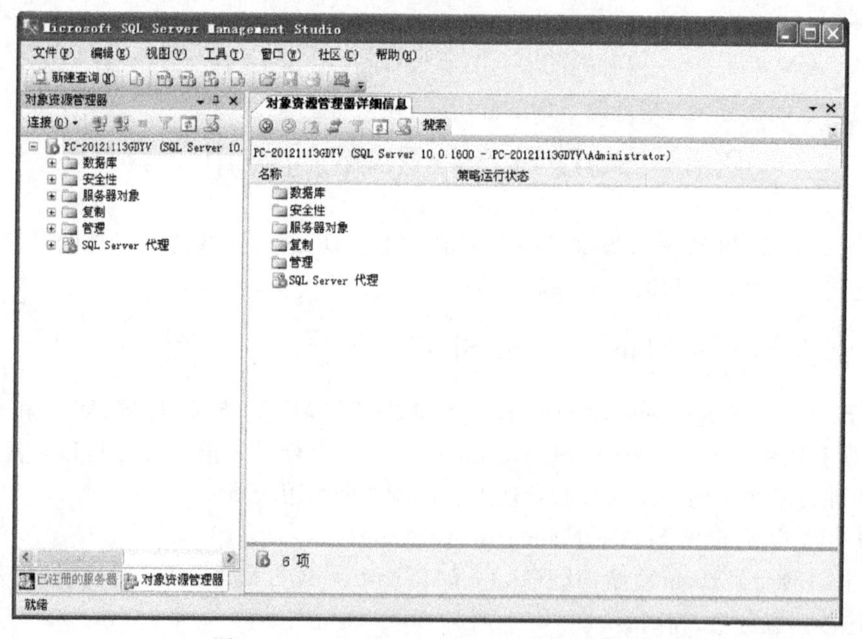

图 2-24 SQL Server Management Srudio

①在启动的 SSMS 窗口中，单击工具栏中的“新建查询”图标 新建查询(N)，系统弹出“新建查询”窗口，如图 2-25 所示。

②在该窗口中，可以将查询结果以 3 种不同的方式显示，在空白处右击，在弹出的快捷菜单中选择“将结果保存到”命令，可以看到“以文本格式显示结果”，“以网格显示结果”，“以结果保存到文件”。

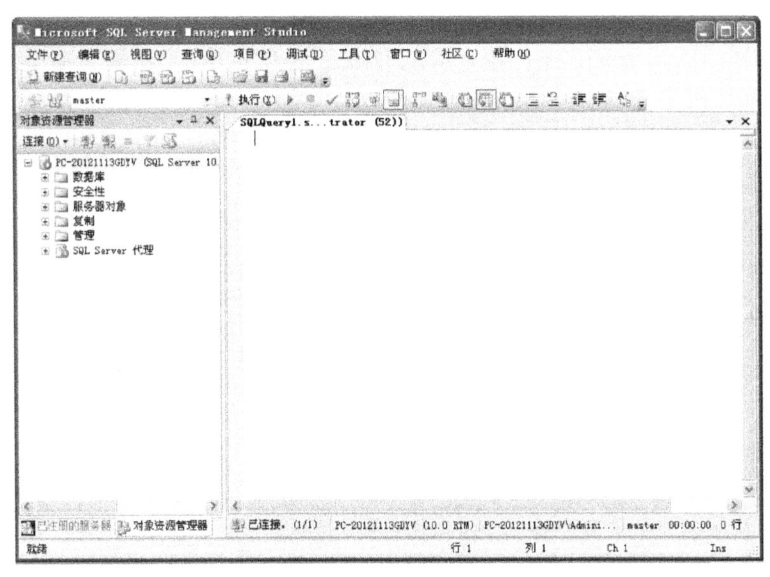

图 2-25　查询窗口

【例 2-3】查看和使用 SQL Server 配置管理器。

SQL Server 配置管理器是一种工具,用于管理与 SQL Server 相关的服务、配置 SQL Server 使用的网络协议以及从 SQL Server 客户端计算机管理网络连接配置。

在 Windows 中选择【开始】→【所有程序】→【Microsoft SQL Server 2008】→【配置工具】→【SQL Server 配置管理器】命令,打开"SQL Server 配置管理器"窗口,在左边窗口中的树形目录中,列出对 SQL Server 服务器进行管理的三大工具:服务管理、网络配置和客户端配置。如图 2-26 所示。

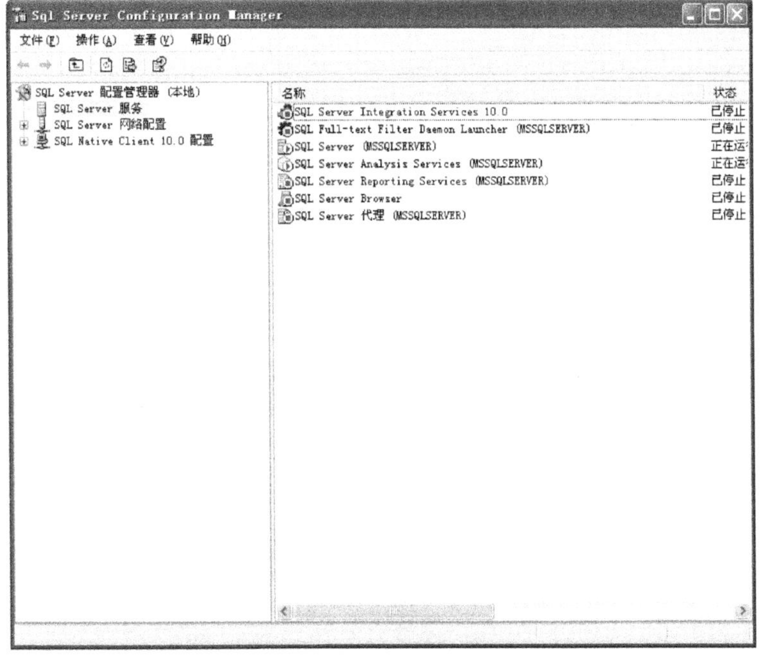

图 2-26　SQL Server 服务

SQL Server 服务,提供了在本机安装的所有与 SQL Server 服务器相关的服务,如图 2-26,用户可以通过选择右边窗口中的服务方式对服务进行管理,如果某个服务需要自动运行,可以通过右键快捷菜单的“属性”命令更改。

小　结

SQL Server2008 的发布经历了漫长的过程,SQL Server 版本的延续证明了 2008 版的成熟。本章介绍了 SQL Server2008 的安装,常用工具的使用,为读者后续学习做了铺垫。

实　训

1. 实训目的

掌握 SQL Server 2008 企业版、Express 版本的安装。

2. 实训要求

(1)使用默认实例全新安装一个 SQL Server2008 服务器。

(2)安装服务中所有功能选项。

(3)连接本地服务器实例,记录本地服务器的名称。

(4)进入系统数据库,记录服务器的系统数据库名称。

(5)选择“视图”菜单中所有命令,开启所有相关窗口。

(6)开启“新建查询”窗口。

3. 实训内容与步骤

(1)安装 SQL Server2008 准备工作。

(2)安装 SQL Server2008。

(3)配置 SQL Server2008。

第3章　数据库操作

SHUJUKUCHAOZUO

【知识目标】

(1)理解数据库的基本概念。

(2)掌握 SQL Server 数据库的创建、修改及删除操作。

(3)理解 SQL Server 数据库的构成。

【能力目标】

(1)能够熟练创建 SQL Server 数据库。

(2)能够对数据库进行有效的管理。

【相关知识】

数据库是 SQL Server 存放数据和数据对象(如表、索引、视图、存储过程、触发器)的容器，用户在使用数据库管理系统提供的功能时，首先必须将自己数据放置和保存到用户的数据库中。SQL Server 通过事务日志来记录用户对数据库进行的所有操作(如对数据库执行的添加、删除和修改等)。而管理数据库及其对象是数据库的主要任务。本章将介绍数据库的组成及数据库中的数据文件、事务日志文件及文件组成等基本概念。

3.1　系统数据库

在 SQL Server2008 中包含两类数据库：系统数据库和用户数据库。系统数据库存储有关 SQL Server 的系统信息，它们是 SQL Server2008 管理数据库的依据。如果系统数据库遭受破坏，那么 SQL Server 将不能正常启动。在安装 SQL Server 2008 时系统将创建 4 个系统数据库：Master、Model、Msdb 和 Tempdb。

3.1.1　Master 数据库

Master 数据库记录 SQL Server 系统的所有系统及信息，包括实例范围的元数据(例如登录账户)、端点、链接服务器和系统配置设置。此外，master 数据库还记录了所有数据库的存在、数据库文件的位置以及 SQL Server 的初始化信息。因此 master 数据库不可用，则 SQL Server 无法启动。从 SQL Server 2005 开始，系统对象不再存储在 master 数据库中，而是存储在 resource 数据库中，由于 resource 数据库取决于 master 数据库的位置，因此如果需要移动 master 数据库时，resource 数据库必须被同时移动。

3.1.2　Model 数据库

Model 数据库作为 SQL Server 2008 实例上创建的所有数据库模板。若对 model 数据库进行修改,都将应用于以后创建的用户数据库中。

3.1.3 Msdb 数据库

Msdb 数据库用于 SQL Server2008 代理计划报警和作业,是 SQL Server 中的一个 Windows 服务。

3.1.4 Tempdb 数据库

一个工作空间,用于保存临时对象或中间结果集。

3.1.5 Resource 数据库

Resource 数据库是一个只读和隐藏的数据库,它包含了 SQL Server2008 中的所有系统对象,对于 resource 数据库是唯一没有显示在其中的系统数据库,是因为它存在于 sys 框架中。

3.2 数据文件及文件组

在 SQL Server 2008 中,一个数据库至少需要有一个数据文件和一个事务日志文件。数据文件是用来保存与数据库相关的数据和对象,日志文件包含恢复数据库中的所有事务所需的信息。为了便于分配和管理,可以将数据文件集合起来,放到文件组中。

3.2.1 数据文件

数据文件是存放数据库数据和数据库对象的文件。一个数据库可以有一个或多个数据文件。当有多个数据文件时,有一个文件被定义为主数据文件,扩展名为. mdf。主数据文件是数据库的起点,其中包含了数据库的初始信息,并记录数据库还拥有哪些文件。每个数据库有且只有一个主要数据文件。除了主要数据文件,其他数据文件都是次要数据文件,扩展名为. ndf,次要数据文件可以将数据分散到多个磁盘上。

3.2.2 日志文件

事务日志文件保存所有事务以及每个事务对数据库所做的修改。日志文件的扩展名为. ldf。每个数据库至少有一个日志文件。

3.2.3 文件

每个数据库文件有两个名称。

(1)逻辑文件名(logical_file_name)

在所有 Transant-SQL 语句中引用物理文件时所使用的名称,在数据库中逻辑文件名必须是唯一的。

(2)物理文件名(os_file_name)

包含目录路径的物理文件名。

3.2.4　文件组

为便于分配和管理，可以将数据文件分成文件组（日志文件不包括在文件组内）。文件组分为主要文件组、用户定义文件组、默认文件组。

3.2.5　页

在 SQL Server 中，页是数据存储的基本单位。为数据库中的数据文件分配的磁盘空间可以从逻辑上划分带有连续编号的页（编号从 0 开始）。磁盘 I/O 操作在页级执行，SQL Server2008 读写或写入的是所有的数据页。

3.2.6　区

区是 SQL Server 分配给表和索引的基本单位。区有统一区、混合区两种类型。

3.3　使用 SQL Server Management Studio 管理数据库

创建数据库的过程就是为数据库确定名称、大小、存放位置、文件名和所在文件组的过程。数据库的名称（逻辑名）必须满足 SQL Server 标识符命名规则，最好使用有意义的名称命名数据库。在一台 SQL Server 服务器上，各数据库的名称是唯一的，每个数据库至少有两个文件（一个主要数据文件和一个事务日志文件）和一个文件组，可以为每个数据库指定最多 32767 个文件和 32767 个文件组。

3.3.1　创建数据库

【例 3－1】 使用 SQL Server Management Studio 创建数据库 Library。

①启动 SQL Server Management Studio，连接服务器后，展开其树形目录，右键单击"数据库"节点，在弹出的快捷菜单中，选择"新建数据库"菜单项，如图 3－1 所示。

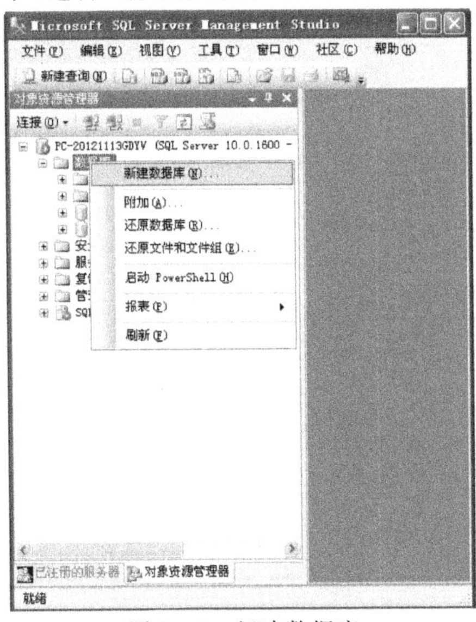

图 3－1　新建数据库

②在“新建数据库”对话框的“常规”页的“数据库名称”文本框中输入所建数据库名称 Library,数据文件大小修改如图 3-2 所示。

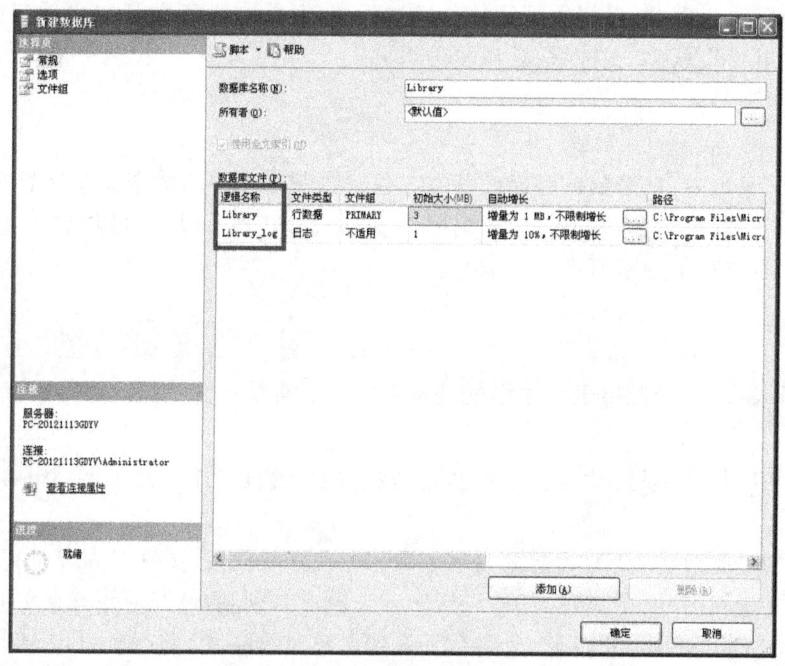

图 3-2 “新建数据库”对话框

③如果进行更多选项的设置,则单击“选择页”项下的“选项”,如图 3-3 所示,在此选项下能够设置数据库排序规则、恢复模式等。

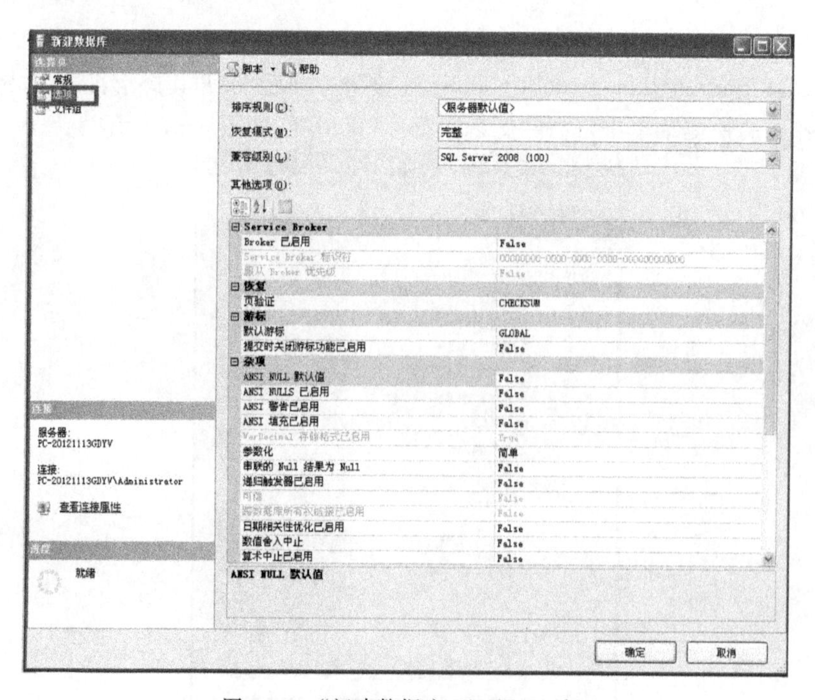

图 3-3 “新建数据库-选项”对话框

④对文件组的设定。在文件组对话框中,能够设置添加文件组或删除用户所添加的文件组,如图 3-4 所示。

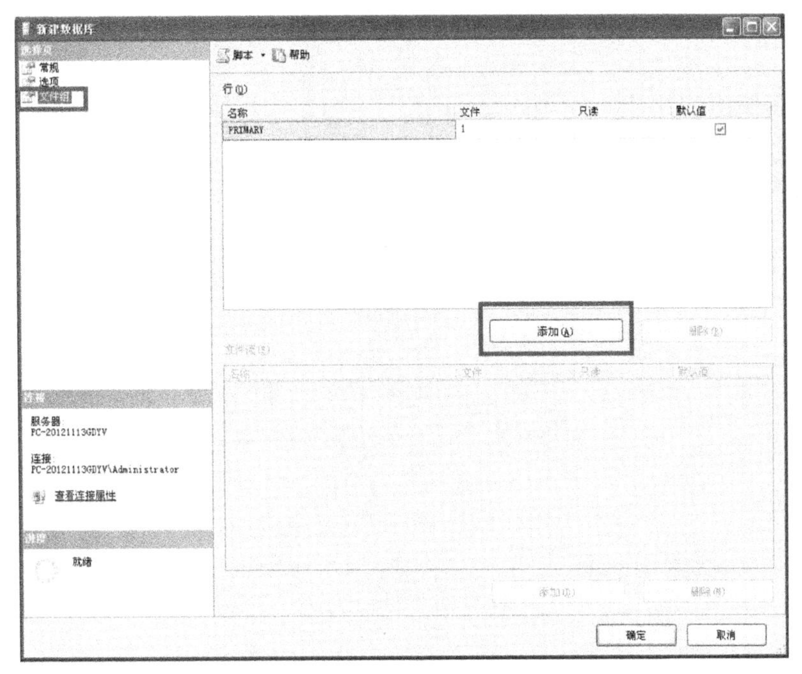

图 3-4　添加文件组

⑤单击【确定】按钮,完成对数据库的创建。创建完成后,在“对象资源管理器”中,增加了一个新建的数据库 Library,如图 3-5 所示。

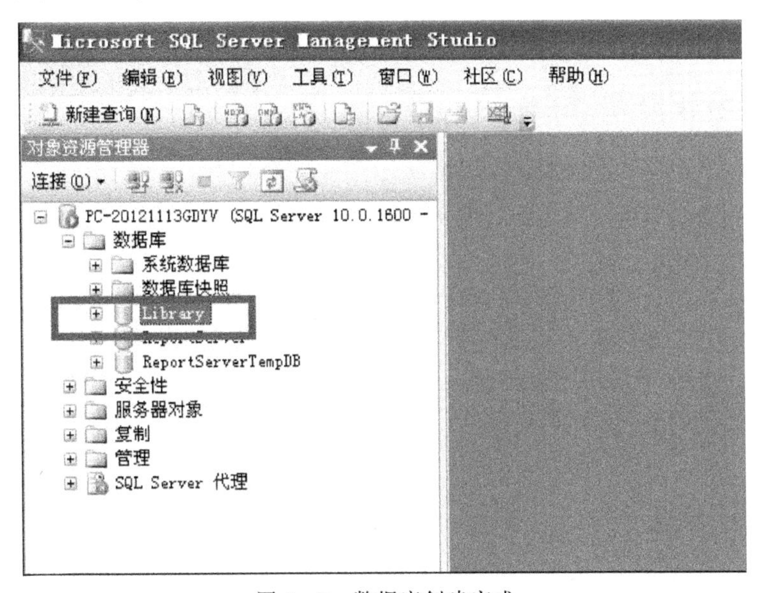

图 3-5　数据库创建完成

3.3.2 修改数据库

对于已经存在的数据库,可以对数据库的名称、大小、存放位置、文件名和所在文件组进行修改。

【例 3-2】 使用 SQL Server Management Studio 修改数据库 Library。

在图 3-5 中单击“Library”数据库节点,选择“属性”如图 3-6 所示,可以数据库的名称、大小、存放位置、文件名等进行修改。同时可以通过属性对话框来查看数据库的相关信息。

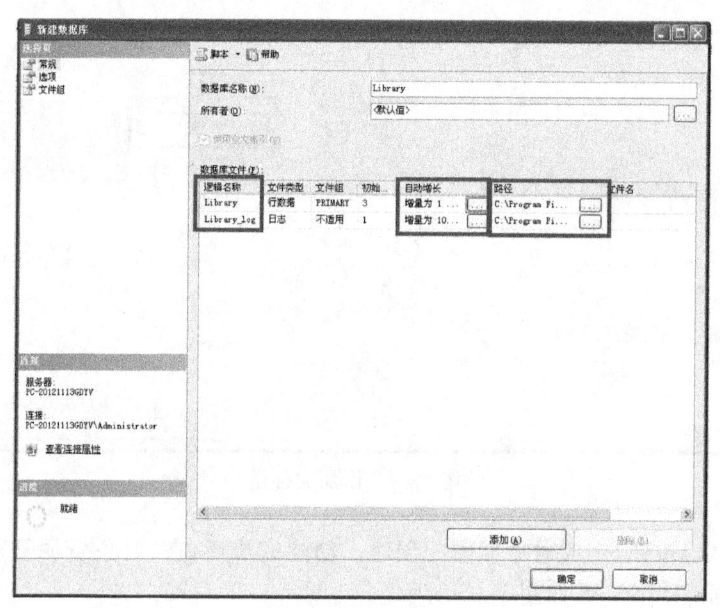

图 3-6 数据库修改信息

3.3.3 重命名数据库

实际应用中,有时需要修改数据库的名称。但在重命名前,应将数据库设置为单用户模式,并且新的名称应符合命名规则。

①启动 SQL Server Management Studio,连接服务器后,展开其树形目录,右键单击“Library”数据库节点,在弹出的快捷菜单中,选择“重命名”选项,如图 3-7 所示。

②在弹出的对话框中将数据库 Library 的名字直接修改为相应名称。

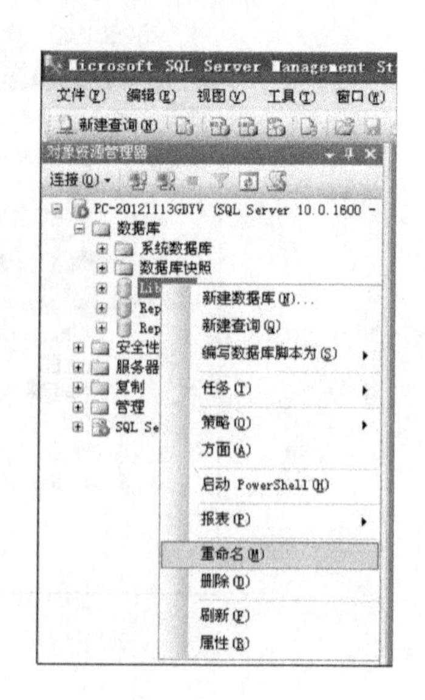

图 3-7 重命名数据库

3.3.4 收缩数据库

【例 3-3】 收缩数据库 Library。

①启动 SQL Server Management Studio,连接服务器后,展开其树形目录,右键单击“Library”数据库节点。

②若要将整个数据库进行收缩,在弹出的快捷菜单中,

选择“任务”→“收缩”→“数据库”，如图 3－8 所示。可以选择“在释放未使用的空间前重新组织文件”复选框，并指定“收缩后文件中的最大可用空间”，如图 3－9 所示。

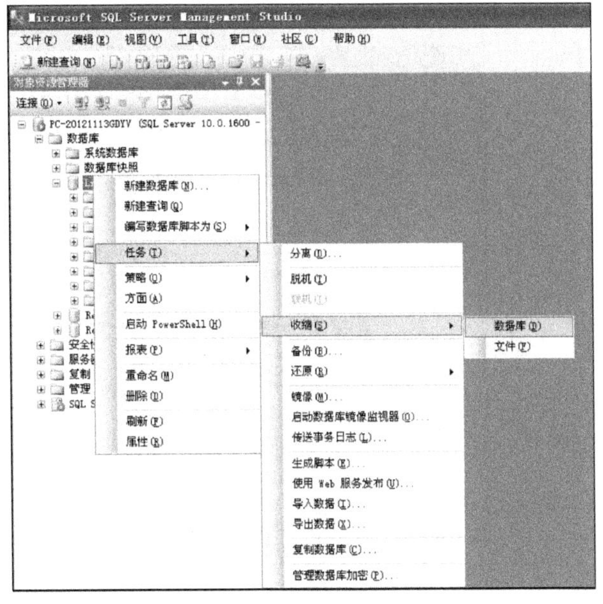

图 3－8　收缩数据库

图 3－9　“收缩数据库”对话框

③单击【确定】按钮，完成文件收缩操作。

3.3.5　删除数据库

对于不再需要的数据库，可以将其删除以释放所占用的磁盘空间。数据库删除后，文件及其数据都从服务器上的磁盘删除，数据库被永久删除。

【例 3-4】使用 SQL Server Management Studio 删除 Library 数据库。

①启动 SQL Server Management Studio,连接服务器后,展开其树形目录,右键单击“Library”数据库节点,在弹出的快捷菜单中选择【删除】命令,如图 3-10 所示。

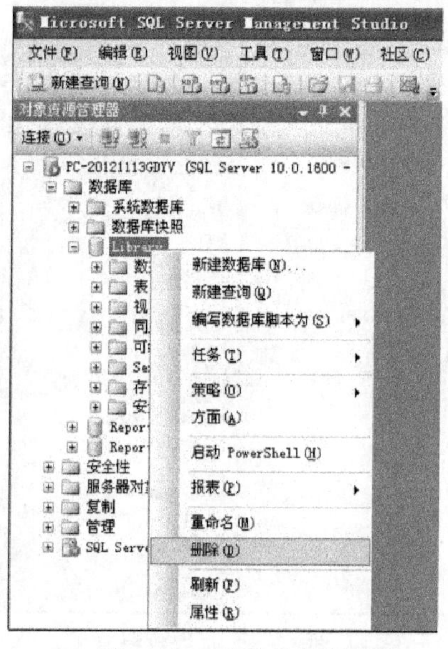

图 3-10 删除数据库

②在“删除对象”对话框中,如图 3-11,单击【确定】按钮,该数据库将被删除。

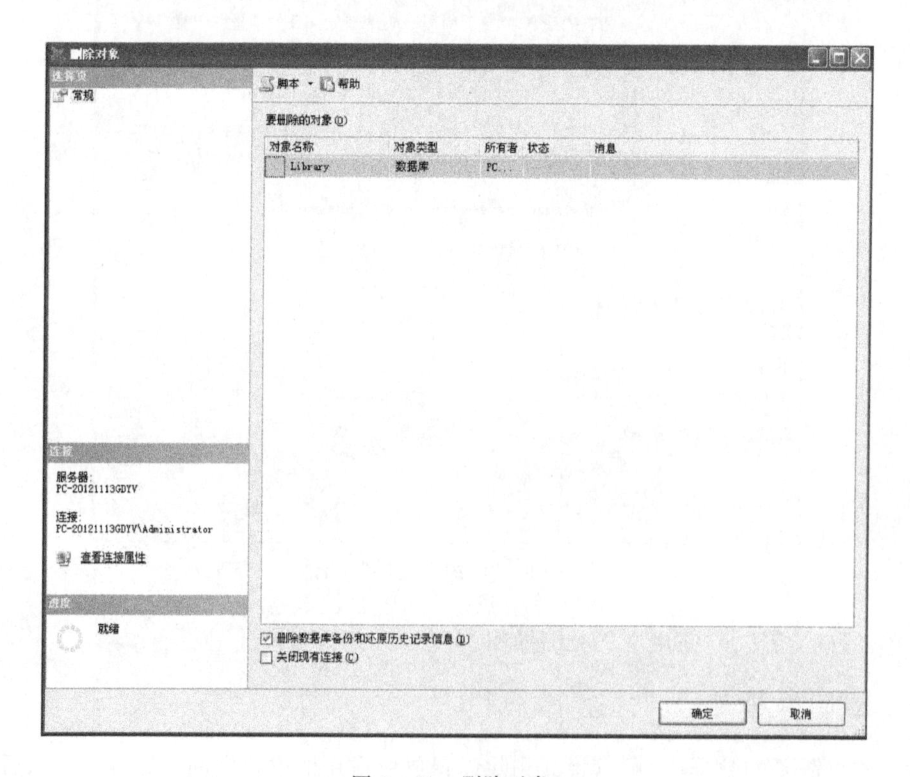

图 3-11 删除对象

3.4　使用 T-SQL 管理数据库

3.4.1　创建数据库

创建数据库的语法结构如下：

CREATE DATABASE<数据库文件名>
[ON <数据文件>]
([NAME = <逻辑文件名>，]
FILENAME = '<物理文件名>'
[，SIZE = <大小>]
[，MAXSIZE = <可增长的最大大小>]
[，FILEGROWTH = <增长比例>])
[LOG ON　<日志文件>]
([NAME = <逻辑文件名>，]
FILENAME = '<物理文件名>'
[，SIZE = <大小>]
[，MAXSIZE = <可增长的最大大小>]
[，FILEGROWTH = <增长比例>])

说明：

①T-SQL 中不区分大小写。

②[]表示括起来的内容为可选项，可以有，也可以省略。

③数据库名称最长为 128 个字符。

④PRIMARY 指定主要数据文件，一个数据库有且只能有一个主数据文件。

⑤CREATE TABLE 语句在查询窗口中输入完成后，单击工具栏上的“分析”按钮，对语句进行语法分析，如果有语法问题，在下面的结果窗口中会提示，按照提示的内容进行修改。语法全部正确后单击“执行”按钮或者【F5】键执行。

⑥当执行创建数据库的语句后，在左侧的对象资源管理器中可能会看不到新建的数据库，这时右击对象资源管理器中数据库选项，在弹出的快捷菜单中选择刷新命令即可。

⑦更详细 CREATE DATABASE 语句说明可以通过“F1”来查看帮助。

【例 3-5】使用 T-SQL 语句创建数据库 Library。

(1)单击工具栏中的“新建查询”按钮或者选择“文件”→“新建”→“使用当前连接查询”命令，然后按图 3-12 查询窗口所示，输入 T-SQL 语句，如图 3-13 所示。

(2)执行查询。在工具栏上选择 ✔ 按钮对 SQL 语句进行检查，选择 ! 执行(X) 执行指定的 SQL 语句。

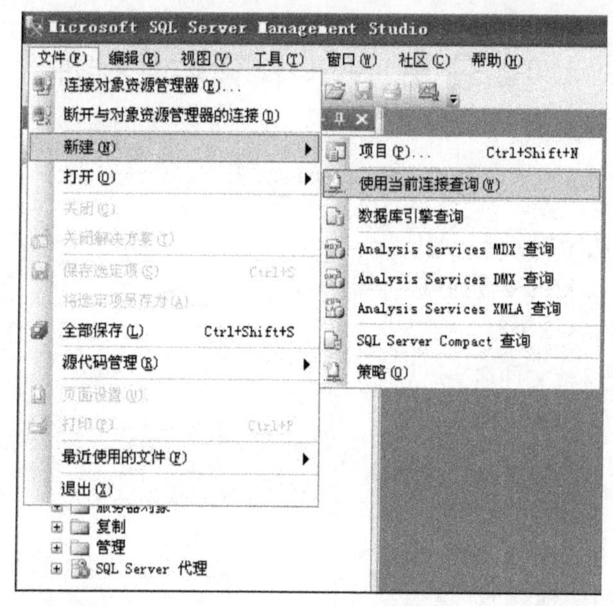

图 3-12　新建查询

```
SQLQuery2.s...rator (52))*
create  database  Library
on
(name='C:\Program Files\Microsoft SQL Server\MSSQL10.MSSQLSERVER\MSSQL\DATA\Library_data',
 filename='C:\Program Files\Microsoft SQL Server\MSSQL10.MSSQLSERVER\MSSQL\DATA\Library.mdf',
 size=3,
 maxsize=10,
 filegrowth=2
)
log on
(
  name='C:\Program Files\Microsoft SQL Server\MSSQL10.MSSQLSERVER\MSSQL\DATA\Library_log',
  filename='C:\Program Files\Microsoft SQL Server\MSSQL10.MSSQLSERVER\MSSQL\DATA\Library.ldf',
  size=3,
  maxsize=10,
  filegrowth=2
 )
```

图 3-13　T-SQL 语句

3.4.2　修改数据库

在创建数据库过程中,经常会对原来的设置进行修改,可以使用 ALTER DATABASE 表达式在数据库中添加或删除文件和文件组,也可以更改文件和文件组属性等,但不能改变数据库的存储位置。

语法结构如下:

ALTER DATABASE <数据库名称>

{ ADD FILE <数据文件>

| ADD LOG FILE <日志文件>

| REMOVE FILE <逻辑文件名>

| ADD FILEGROUP <文件组名>

```
| REMOVE FILEGROUP <文件组名>
| MODIFY FILE <文件名>
| MODIFY NAME = <新数据库名称>
| MODIFY FILEGROUP <文件组名>
| SET <选项> }
```

【例 3-6】 将一个 5M 的数据文件添加到 Library 数据库。

```
alter database Library
add file
(
name = Library1,
filename ='C:\ProgramFiles\MicrosoftSQLServer\MSSQL10.MSSQLSERVER\MSSQL\DATA\Library1.ndf',
size = 5MB,
maxsize = 100MB,
filegrowth = 5MB
)
```

【例 3-7】 更改数据文件的增长方式。

```
alter database Library
modify file
(
name = Library1,
filegrowth = 20 %
)
```

【例 3-8】 删除【例 3-7】中添加的数据库文件。

```
alter database Library
remove file Library1
```

还可以使用系统存储过程 sp_dboption 可以显示或更改数据库选项，存储过程 sp_dboption 的基本语法格式如下：

```
sp_dboption[数据库名称][,[要设置的选项的名称]][,[新设置]]
```

【例 3-9】 将 Library 数据库设置为只读。

```
execsp_dboption 'Library','readonly','true'
```

【说明】

系统存储过程是指存储在数据库内，可由应用程序调用执行的一组语句的集合，其目的是用来执行数据库的管理和信息活动。存储过程详细内容可参阅“存储过程”章节或者“SQL Server 联机丛书”。不能在 master 或 tempdb 数据库上使用 sp_dboption。

3.4.3　查看数据库

使用系统存储过程 sp_helpdb 查看指定数据库或所有数据库的信息。存储过程 sp_

helpdb 的语法结构如下：

sp_helpdb[数据库名称]

【例 3－10】 查看当前数据库服务器中 Library 数据库的信息。

```
sp_helpdb Library
```

3.4.4 重命名数据库

重命名数据库名称的语法如下：

ALTER DATABASE 数据库名称

MODIFY NAME＝新的数据库名称

或者使用存储过程 sp_renamedb 来更改数据库的名称。其语法结构如下：

sp_renamedb[当前数据库名称],[数据库新名称]

【例 3－11】 将数据库名 Library 更改为 Library1。

```
alter database Library modify name = Library1
```

或者

```
execsp_rename 'Library','Library1'
```

3.4.5 收缩数据库和数据文件

(1)自动收缩数据库。使用 ALTER DATABASE 语句可以实现用户数据库自动收缩,其语法格式如下：

```
ALTER DATABASE data_name
SET AUTO_SHRINK ON/OFF
```

(2)手动收缩数据库。使用 DBCC SHRINKDATABASE 语句可以实现用户数据库手动收缩,其语法格式如下：

```
DBCC SHRINKDATABASE
  (数据库名 | 数据库 ID | 0
    [ ,target_percent ]
    [ , { NOTRUNCATE | TRUNCATEONLY } ]
  )
  [ WITH NO_INFOMSGS ]<数据库名称>
```

(3)收缩指定数据文件：

```
DBCC SHRINKFILE
  (
  { 文件名 |文件 ID }
  { [ , EMPTYFILE ]
  | [ [ , 收缩后文件的大小 ][ , { NOTRUNCATE |TRUNCATEONLY } ]]
  }
)
[ WITH NO_INFOMSGS ]
```

【**例 3-12**】收缩 Library 数据库，剩余可用空间 10%。

```
dbcc shrinkdatabase(Library,10)
```

【**例 3-13**】将 Library 中的数据文件 Library 收缩到 10MB。

```
dbcc shrinkfile(Library,10)
```

3.4.6　删除数据库

语法结构如下：

DROP DATABASE 数据库名称[,... n]

【**例 3-14**】删除数据库 Library

```
drop database Library
```

说明：

数据库名称为指定删除的数据库，且一次可以删除多个数据库，数据库名称之间用逗号隔开。

小　结

介绍了 SQL Server2008 数据库的相关知识，包括数据库的基本概念、数据库的创建和管理。

实　训

1. 实训目的

使用资源管理器和 T-SQL 语句两种方法进行数据库的创建、修改与删除。

2. 实训要求

(1)了解数据库的作用。

(2)学会使用 Server Management Studio 创建用户数据库。

(3)学会使用查询分析器创建用户数据库。

(4)会压缩和扩充数据库。

(5)会查看和修改数据库选项。

(6)会重命名数据库和删除数据库。

3. 实训步骤

(1)用 Server Management Studio 和查询分析器创建一个数据库。数据库名称"XK"，主数据文件的逻辑名称为"XK_data"，操作系统文件的名称为"d:\XK_mdf"，大小为 30MB，最大为 60MB，以 15%的速度增长。数据库的日志文件的逻辑名称为"XK_log"，操作系统文件的名称为"d:\XK_ldf"大小为 3MB，最大为 15MB，以 1MB 的速度增长。

①直接鼠标右键单击数据库方式。选择"开始"→"Microsoft SQL Server"→"SQL Server Management Studio"命令，进入"Server Management Studio"窗口，鼠标右键单击数据

库,在弹出的快捷菜单中选择“新建数据库”命令。

②使用 T-SQL 命令创建。

(2)分别使用 Server Management Studio 和查询分析器将数据库“XK”的初始分配空间大小扩充到 45MB。

(3)分别使用 Server Management Studio 和查询分析器将数据库“XK”的空间压缩至最小容量。

(4)分别使用 Server Management Studio 和查询分析器删除“选课”数据库。

第 4 章　数据表的创建与管理

SHUJUBIAODECHANGJIANYUGUANLI

【知识目标】

(1)理解数据表的基本概念。

(2)理解数据完整性的相关概念。

(3)掌握数据表的创建、修改、删除、约束和默认操作。

【能力目标】

(1)能够使用 SQL Server Management Studio 和 T-SQL 语句创建、修改和删除表。

(2)熟练维护表数据。

(3)能够利用数据完整性对表中的数据进行有效管理。

【相关知识】

表作为数据库存储数据最基本的单位,负责存放数据信息,是数据库系统中最为核心的部分,如果没有表,数据就失去了载体,数据无法作为信息表示。下面就分别介绍表的定义和操作。

4.1　数据表的基本概念与数据类型

数据表是一个类似于表格的概念。由行和列组成,表中的行称为记录,是数据组织的单位。列被称为字段,每一列表示记录的一个属性特征。表中行代表 E-R 图中一个具体实例,列代表 E-R 图中的属性描述。

SQL Server 2008 可以存储不同类型的数据,如字符、货币、整型和日期时间等。利用数据类型来规范地存储和使用数据类型。数据类型限制了列可以存储数据的类型,在某些情况下甚至限制了该列的可能的取值范围。常用的数据类型及其存储范围如表 4-1 所示。

表 4-1　SQL Server 数据类型

数据类型分类	数据类型	描述
整数型	bigint	$-2^{63} \sim 2^{63}-1$
	int	$-2^{31} \sim 2^{31}-1$
	smallint	$-2^{15} \sim 2^{15}-1$
	tinyint	0～255
精确数值型	numeric	$-10^{38}+1 \sim 10^{38}-1$

续表 4-1

数据类型分类	数据类型	描述
浮点型	float	−1.79E+308～−2.23E−308、0 以及 2.23E−308～1.79E+308
	real	−3.40E+38～−1.18E−38、0 以及 1.18E−38～3.40E+38
货币型	money	$-2^{63}\sim2^{63}-1$
	smallmoney	$-2^{31}\sim2^{31}-1$
位型	bit	0、1、NULL(TRUE 转换为 1,FALSE 转换为 0)
日期时间型	date time	1753 年 1 月 1 日～9999 年 12 月 31 日(精确到 3.33毫秒)
	small date time	1900 年 1 月 1 日～2079 年 6 月 6 日(精确到 1 分钟)
	date	公元元年 1 月 1 日～9999 年 12 月 31 日
	time	00:00:00.000 000 0～23:59:59.999 999 9
	date time2	日期范围:公元元年 1 月 1 日～9999 年 12 月 31 日
	date time offset	取值范围同 datetime2,具有时区偏移量
字符型	char	固定长度,长度为 n 个字节,n 的取值范围为 1～8 000
	varchar	可变长度,n 的取值范围为 1～8 000
Unicode 字符型	nchar	固定长度的 Unicode 字符数据,n 值必须在 1～4 000 之间(含)
	nvarchar	可变长度 Unicode 字符数据,n 值在 1～4 000 之间(含)
文本型	text	存储较长的备注、日志信息等,最大长度为 $2^{31}-1$ 个字符
	ntext	长度可变的 Unicode 数据,最大长度为 $2^{30}-1$ 个 Unicode 字符
二进制型	binary	长度为 n 字节的固定长度二进制数据,其中 n 是从 1～8 000
	varbinary	可变长度二进制数据,n 可以取 1～8 000 之间的值
时间戳型	timestamp	反映了系统对该记录修改的相对顺序
图像类型	image	长度可变的二进制数据,0～$2^{31}-1$ 个字节之间

续表 4－1

数据类型分类	数据类型	描述
其他类型	cursor	游标的引用
	sql_variant	存储 SQL Server 支持的各种数据类型(text、ntext、timestamp 和 sql_variant 除外)值的数据类型
	table	一种特殊的数据类型,存储供以后处理的结果集
	uniqueidentifier	全局唯一标识符(GUID)
	xml	存储 Xml 数据的数据类型。可以在列中或者 Xml 类型的变量中存储 Xml 实例
	hierarchyid	表示树层次结构中的位置

4.2　表的设计

数据库 Book 创建成功后,数据库就是由一系列的表构成,数据库中的数据存储在表中。按要求需要创建图书类别表,出版社信息表,图书信息表,图书存放信息表、读者类别信息表、读者信息表,借还信息表,按照 4－2,4－3,4－4,4－5,4－6,4－7,4－8,4－9 的要求建立表的结构。

(1)图书类别表(bookkind)

图书类别表结构的详细信息如表 4－2 所示。

表 4－2　bookkind 表结构

列名	数据类型	长度	允许空值	说明	含义
bk_id	char	10	×	主键	图书类别编号
bk_name	varchar	20	×		图书类别名称
bk_description	varchar	50	√		描述信息

表 4－3　bookkind 表内容

bk_id	bk_name	bk_description
01	马、列、毛著作	null
02	哲学	关于哲学方面的书籍
03	社会科学总论	null
04	政治、法律	关于政治和法律方面的书籍
05	军事	关于军事方面的书籍
06	经济	关于宏观经济和微观经济方面
07	文化、教育、体育	null

续表 4-3

bk_id	bk_name	bk_description
08	语言、文字	null
09	文学	null
10	艺术	null
11	历史、地理	null
12	自然科学总论	null
13	数理科学和化学术	null
14	天文学、地球	null
15	医药、卫生	null
16	农业技术	null
17	工业技术	null
18	交通、运输	null
19	航空、航天	null
20	环境科学、劳动科学	null
21	综合性图书	null
22	期刊杂志	null
23	电子图书	null

(2)出版社信息表(press)

详细信息如表 4-4 所示。

表 4-4 press 表结构

列名	数据类型	长度	允许空值	说明	含义
p_id	char	4	×	主键	出版社编号
p_name	varchar	8	×		出版社名称
p_address	varchar	50	×		出版社地址
p_postcode	char	6	×		邮政编码
p_phone	char	15	×		联系电话

表 4-5 press 表内容

p_id	p_name	p_address	p_postcode	p_phone
001	电子工业出版社	北京市海淀区万寿路 173 信箱	100036	01088254577
002	高等教育出版社	北京西城区德外大街 4 号	100011	01058581001
003	清华大学出版社	北京清华大学学研大厦	100084	01062776969

续表 4-5

p_id	p_name	p_address	p_postcode	p_phone
004	人民邮电出版社	北京市崇文区夕照寺街 14 号	100061	01067170985
005	机械工业出版社	北京市西城区百万庄大街 22 号	100037	01068993821
006	西安电子科技大学出版社	西安市太白南路 2 号	710071	01088242855
007	科学出版社	北京东黄城根北街 16 号	100717	01062136131
008	中国劳动社会保障出版社	北京市惠新东街 1 号	100029	01064911190
009	中国铁道出版社	北京市宣城区右安门街 8 号	100054	01063583215
010	北京希望出版社	北京市海淀区车道沟 10 号	100089	01082702660
011	化学工业出版社	北京市朝阳区惠新里 3 号	100029	01064982530
012	中国青年出版社	北京市东四十二条 21 号	100708	01084015588
013	中国电力出版社	北京市三里河路 6 号	100044	01088515918
014	北京理工大学出版社	北京市超区平乐园 100 号	100022	01067392308
015	冶金工业出版社	北京市沙滩嵩祝院北巷 39 号	100009	01065934239

(3)图书信息表(book info)

详细信息如表 4-6 所示。

表 4-6　book info 表结构

列名	数据类型	长度	允许空值	说明	含义
b_id	varchar	16	×	主键	图书编号
b_name	varchar	50	×		图书名称
bk_id	char	10	√	外键	图书类型编号
b_author	varchar	20	×		作者
b_translator	varchar	20	√		译者
b_isbn	varchar	30	×		ISBN
p_id	char	4	×	外键	出版社编号
b_date	datetime		×		出版日期
b_edition	smallint		×		版次
b_price	money		×		图书价格
b_quantity	smallint		×		副本数量

表 4-7　book info 表内容

b_id	b_name	bk_id	b_author	b_translator	b_isbn	p_id	b_date	b_edition	b_price	b_quantity
TP3/2737	Visual Basic. net 实用教程	17	金松和	无	978—7—115—27068—9	001	2010—8—1	1	26.00	8
TP3/2739	C#程序设计	17	张东	无	978—7—113—14054—0	002	2012—8—1	1	32.00	6
TP3/2741	计算机应用项目教程	17	肖杨	无	978—7—5682—0270—1	007	2015—1—1	1	39.80	6
TP3/2742	PowerPoint2010 办公应用快易通	17	殷慧文	无	978—7—115—28905—6	003	2012—9—1	1	38.00	6
TP3/2744	SQL Server 2008 数据库开发技术与工程实践	17	求是科技	无	7—115—12305—5	006	2013—8—1	1	52.00	5
TP3/2747	SQL 必知必会	17	Ben Forta	钟鸣、刘晓霞	978—7—115—31398—0	003	2013—5—1	4	29.00	3
TP3/2752	Java 毕业设计指南与项目实践	17	孙更新	无	978—7—03—020319—9	007	2008—3—1	1	45.00	3
TP312/146	计算机文化基础教程	17	唐伟奇	无	978—7—5084—4609—7	001	2007—8—1	1	25.00	7
TP39/707	Oracle 数据库管理与开发	17	何明	无	978—7—302—30936—9	003	2013—8—1	1	49.80	3
TP39/711	基于 Oracle 的 Web 应用项目开发	17	朱亚兴	无	978—7—121—12798—4	004	2011—2—1	1	36.00	2

(4)图书存放信息表(book store)

详细信息如表 4-8 所示。

表 4－8　book stores 表结构

列名	数据类型	长度	允许空值	说明	含义
s_id	char	8	×	主键	条形码
b_id	varchar	16	×	外键	图书编号
s_in	datatime		×		入库日期
s_operator	varchar	10	×		操作员
s_position	varchar	12	×		存放位置
s_state	varchar	4	×		图书状态

表 4－9　book store 表内容

s_id	b_id	s_in	s_operator	s_position	s_state
311497	TP39/719	2010—10—20	吴风	05—03—07	借出
311498	TP39/719	2010—10—20	吴风	05—03—07	借出
311499	TP39/719	2010—10—20	吴风	05—03—07	借出
318349	TP3/2741	2011—9—20	吴风	05—03—07	在藏
318350	TP3/2741	2011—9—20	吴风	05—03—07	在藏
318351	TP3/2741	2011—9—20	吴风	05—03—01	遗失
318352	TP39/711	2012—12—4	吴风	05—03—01	借出
318353	TP39/711	2012—12—4	张欣	05—03—02	借出
318354	TP39/707	2010—3—5	张欣	05—03—02	在藏
318374	TP39/707	2010—3—5	张欣	05—03—02	借出
318375	TP3/2747	2013—7—1	张欣	05—03—02	借出

(5)读者类型信息表(readerkind)

详细信息如表 4－10 所示。

表 4－10　reader kind 表结构

列名	数据类型	长度	允许空值	说明	含义
rk_id	char	2	×	主键	读者类型编号
rk_name	varchar	10	×	唯一	读者类型名称
rk_quantity	smallint		×		限借数量
rk_long	smallint		×		限借时间
rk_times	smallint		×		续借次数
rk_fine	money		×		超期日罚金

表 4-11　readerd kind 表内容

rk_id	rk_name	rk_quantity	rk_long	rk_times	rk_fine
01	特殊读者	30	12	5	2.00
02	一般读者	20	6	3	1.00
03	管理员	25	12	3	1.00
04	教师	20	6	5	1.00
05	学生	10	6	2	0.50

(6)读者信息表(readers)

详细信息如表 4-12。

表 4-12　readers 表结构

列名	数据类型	长度	允许空值	说明	含义
r_id	char	8	×	主键	读者编号
r_name	varchar	10	×		读者姓名
r_date	datetime		×		发证日期
rk_id	char	2	×		读者类型编号
r_quantity	smallint		×		可借书数量
r_status	varchar	4	×		借书证状态

表 4-13　readers 表内容

r_id	r_name	r_date	rk_id	r_quantity	r_status
zj1433033	韩一月	2016—5—16	05	10	注销
zj1533701	谭云峰	2016—5—16	01	28	有效
zj1533702	李成洲	2016—5—16	04	20	有效
zj1533608	冷行	2016—5—16	05	10	注销
zj1533609	郭建全	2016—4—20	03	25	有效
zj1533610	越爽	2016—4—20	05	10	注销
jk1534501	丁伟	2016—4—20	05	10	挂失
jk1534502	任喆	2016—5—30	02	20	有效
jk1534503	韩阳	2016—5—30	05	10	有效

(7)借还信息表(borrowreturn)

详细信息如表 4-14。

表 4－14　borrow return 表结构

列名	数据类型	长度	允许空值	说明	含义
br_id	char	6	×	主键	借阅编号
s_id	char	8	×	外键	条形码
r_id	char	8	×	外键	借书证编号
br_outdate	datatime		×		借书日期
br_indate	datatime		√		还书日期
br_lossdate	datatime		√		挂失日期
br_times	int		√		续借次数
br_operator	varchar	10	×		操作员
br_status	varchar	4	×		图书状态

表 4－15　borrow return 表内容

br_id	s_id	r_id	br_outdate	br_indate	br_lossdate	br_times	br_operator	br_status
100001	318349	zj1433033	2016－5－16	2016－6－30		0	李萍	已还
100002	311497	zj1433033	2016－5－16			0	李萍	未还
100003	318376	zj1433033	2016－5－16			0	李萍	已还
100004	318350	jk1534501	2016－5－16			0	李萍	未还
100005	318353	jk1534502	2016－4－20			0	李萍	未还
100006	318354	zj1533608	2016－4－20			0	李萍	已还
100007	318349	zj1533608	2016－4－20			0	陈红	未还
100008	318375	jk1534503	2016－5－30			1	陈红	未还
100009	318376	jk1534503	2016－5－30			2	陈红	未还
100010	345355	jk1534503	2016－6－1			1	陈红	未还

对表的设计一般应考虑如下几点：

①首先定义表的结构，即给表的每一列取列名，并确定每一列的数据类型、数据长度、列数据是否可以为空等。

②然后为了限制某列数据的取值范围，以保证输入数据的正确性和一致性而设置的约束。

③最后当表结构和约束建立完成后向表中输入实际的数据。

4.3　使用 SQL Server Management Studio 管理表

以 Library 数据库中的表为例，说明如何在 SQL Server Management Studio 中完成数据表的创建、修改、查看、删除。

4.3.1 创建表

①启动 SQL Server Management Studio，在“SQL Server Management Studio”中依次展开“数据库”节点。

②右键单击“表”，选择“新建表”，如图 4-1 所示。也可以在“摘要页”区域单击鼠标右键，选择“新建表”。

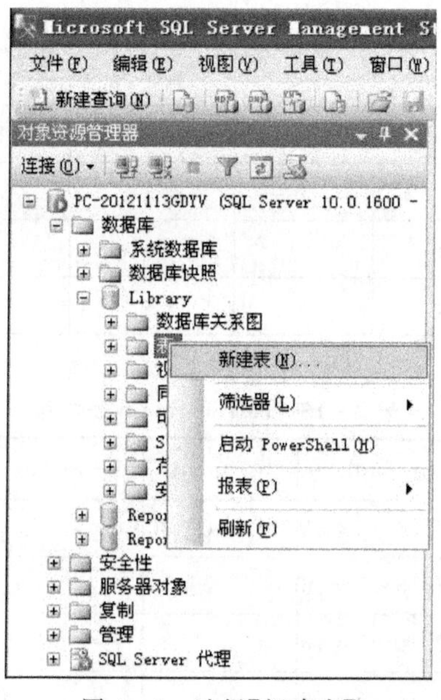

图 4-1 选择【新建表】

③如图 4-2 所示的窗口的右上部面板中输入列名、数据类型、长度和为空值等表的基本信息。

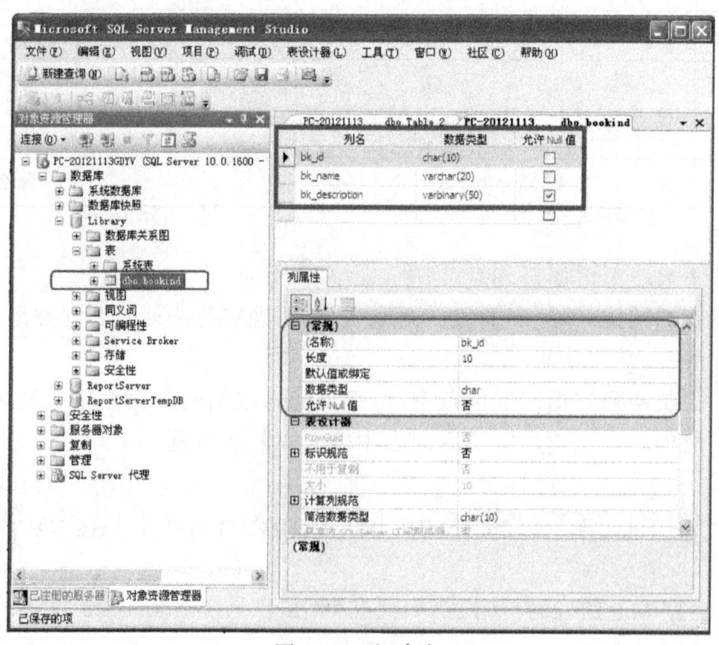

图 4-2 新建表

④所有列名输入完后，单击窗口标题栏上的【关闭】或工具栏上【保存】按钮，弹出如图4-3所示的对话框。

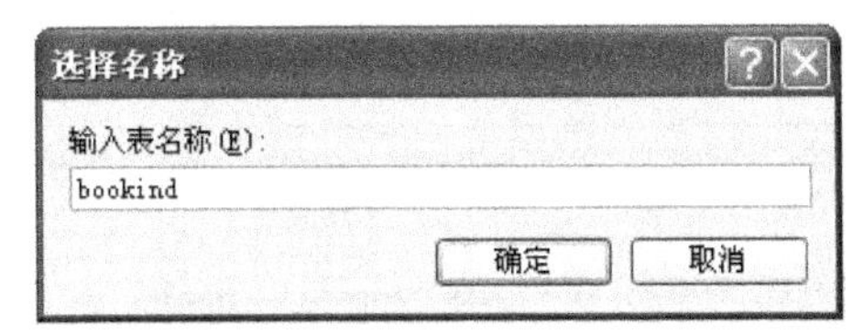

图4-3　【保存表名称】对话框

⑤在"选择名称"对话框，输入表名"bookkind"，单击【确定】按钮，完成表的建立。如果在该数据库中已经有同名的表存在，系统会弹出警告对话框，用户可以改名重新进行保存。

新表创建后，在"SQL Server Management Studio"中展开"数据库"节点中的数据库节点"Library"，可以查看到刚才所建的表book kind。

4.3.2　修改表

(1)修改表的结构

【例4-1】在Library中，将book kind表中列名bk_id改为b_id。

①启动SQL Server Management Studio，在"SQL Server Management Studio"中依次展开"数据库"节点、"Library"数据库节点。

②在"book kind"表上单击鼠标右键，选择"设计"，如图4-4所示。

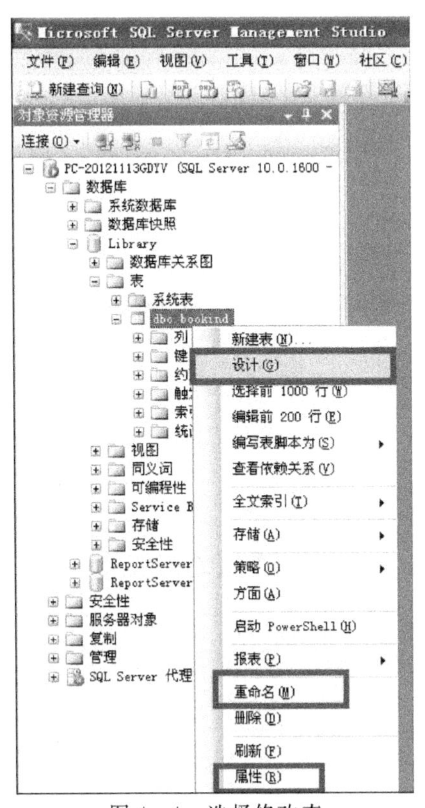

图4-4　选择修改表

③进入表结构设计状态，将 bk_id 改为 b_id。

④所有内容修改完成后，单击窗口标题栏上的或工具栏上按钮进行保存，完成表的修改。

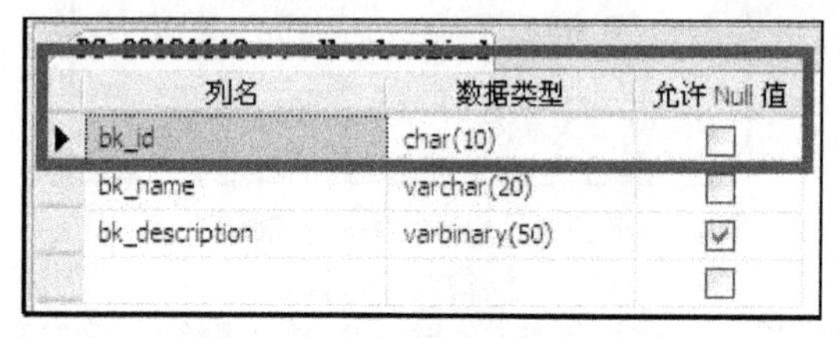

列名	数据类型	允许 Null 值
bk_id	char(10)	☐
bk_name	varchar(20)	☐
bk_description	varbinary(50)	☑
		☐

图 4-5　修改表结构

(2)重命名表

表在创建以后可以根据需要对其表名进行修改，在图 4-4 所示的“book kind”表的右键菜单中选择“重命名”，或者在选定的表上单击，在表名的编辑状态完成表名的重新命名。

4.3.3　查看表

【例 4-2】查看 Library 中所创建 book kind 表的信息。

①启动 SQL Server Management Studio，在“SQL Server Management Studio”中依次展开“数据库”节点、“Library”数据库节点。

②在“book kind”表上单击鼠标右键，选择“属性”，如图 4-4 所示。

③打开“表属性”对话框，如图 4-6 所示，可以查看 book kind 表的常规、权限和扩展属性

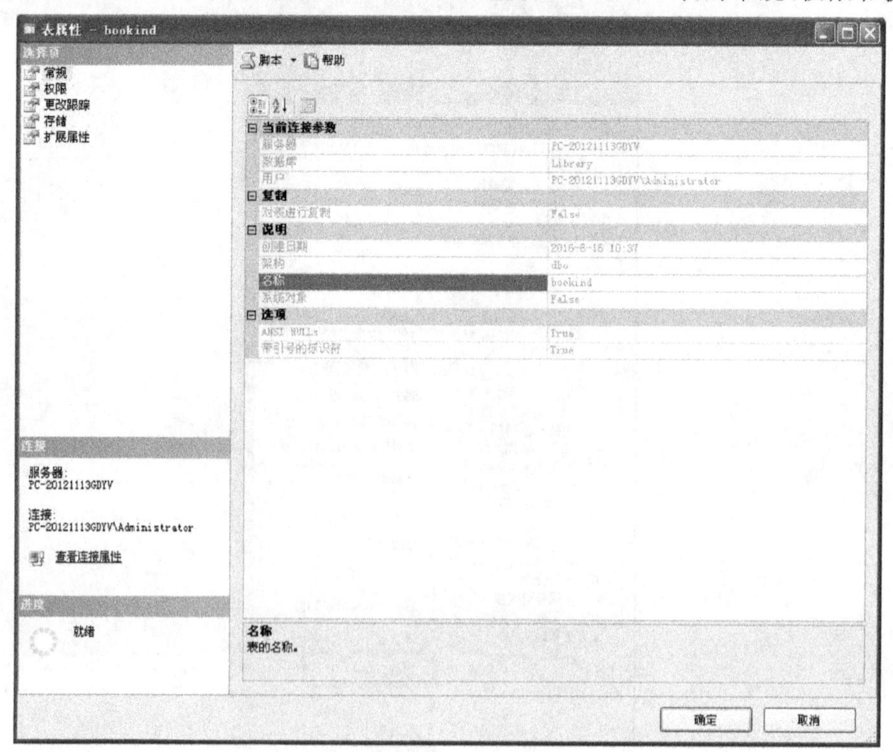

图 4-6　“表属性”对话框

等详细信息。

4.3.4 删除表

根据数据管理的需要，有的数据表不再具有使用价值，则可以将其删除。

【例 4-3】 删除 Library 中创建的 book kind 表。

①启动 SQL Server Management Studio，在"SQL Server Management Studio"中依次展开"数据库"节点、"Library"数据库节点。

②在"book kind"表上单击鼠标右键，选择"删除"，如图 4-7 所示。

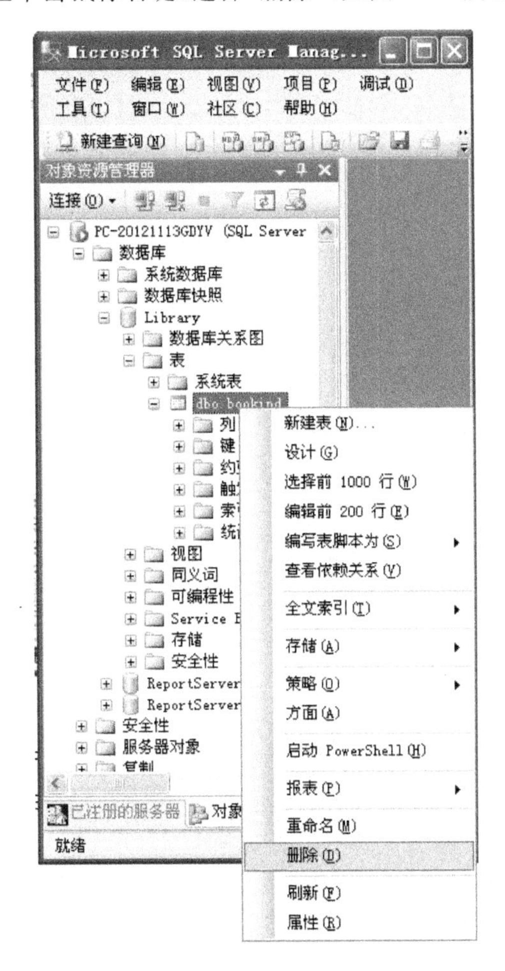

图 4-7 删除表

③打开"删除对象"对话框，如图 4-8 所示，单击【确定】按钮即可完成表的删除。

注意：为了保证数据的前后连贯，删除的数据要进行恢复。

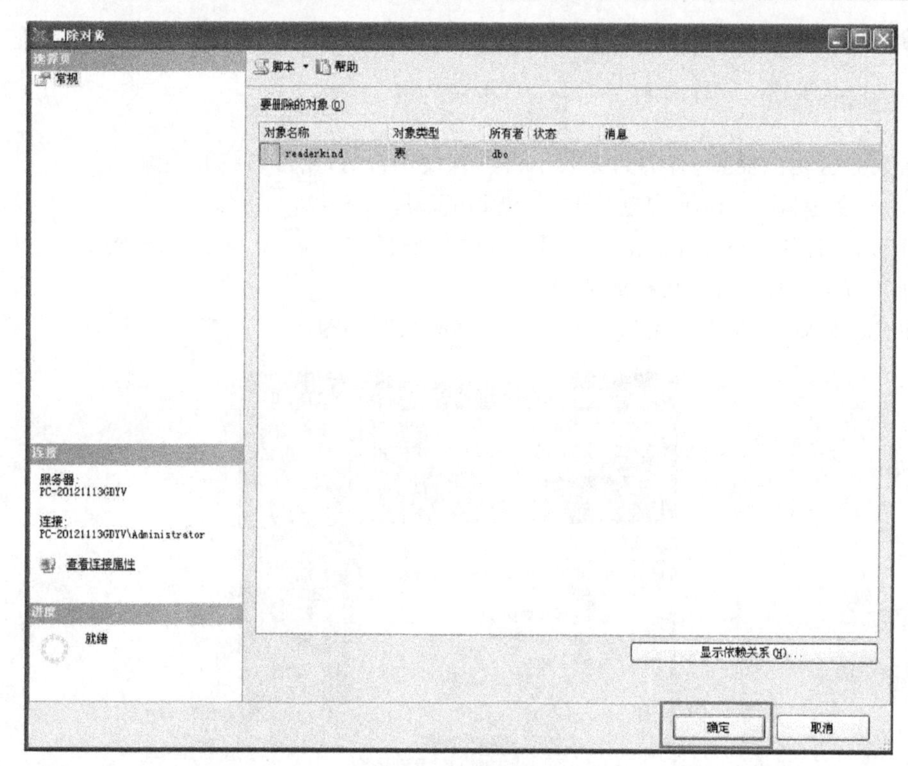

图 4-8　删除表

4.4　使用 T-SQL 管理表

4.4.1　创建表

使用 T-SQL 语句创建表的基本语句格式如下：

CREATE TABLE＜表名＞(＜列名＞＜数据类型＞[列级完整性约束条件]

[,＜列名＞＜数据类型＞[列级完整性约束条件]...]

[,＜表级完整性约束条件＞])

参数说明：

①表名。要建立的表名是符合命名规则的任意字符串。在同一个数据库中表名应当是唯一的。

②列名。是组成表的各个列的名字。在一个表中,列名也应该是唯一的,而在不同的表中允许出现相同的列名。

③数据类型。是对应列数据采用的数据类型。可以是数据库管理系统支持的任何数据类型。

④列级完整性约束条件。用来对于列中的数据进行限制,如非空约束、键约束及用条件表达式表示的完整性约束。

⑤表级完整性约束条件。如果完整性约束条件涉及该表的多个属性列,则必须定义在表

级上。这些约束联通列约束会被存储到系统的数据字典中。当用户对数据进行相关操作时候，由 DBMS 自动检查该操作的合法性。

【例 4－4】 在 Library 数据库中创建图书存放信息表“press”，该操作使用 T-SQL 语句完成。

```
create table press
(
    p_id char(4) not null primary key,
    p_name varchar(30) not null,
    p_address varchar(50) not null,
    p_postcode char(6) not null,
    p_phone char(15) not null
)
```

【例 4－5】 在 Library 数据库中创建图书信息表“book info”，该操作使用 T-SQL 语句完成。

```
create table book info
(
    b_id varchar(16) not null primary key,
    b_name varchar(50) not null,
    bk_id char(10) not null,
    b_author varchar(20) not null,
    b_translator varchar(20)  null,
    b_isbn varchar(30) not null,
    p_id char(4) not null,
    b_datedatetime not null,
    b_editionsmallint not null,
    b_price money not null,
    b_quantitysmallint not null
)
```

说明：

①用户在选择表和列名称时不要使用 SQL 语言中的保留关键词，如 select、create 和 insert 等。

②这里只考虑表的主键约束情况。

4.4.2　修改表

在数据库使用过程中，经常会发现原来创建的表可能存在结构、约束等方面的问题或缺陷。如果用一个新表替换原来的表，将造成表中的数据的丢失。因此，需要有修改数据表而不删除数据的方法。调整表结构包括添加新列、增加新约束条件、修改原有的列定义和删除已有的列和约束条件。基本语句格式如下：

ALTER TABLE <表名>
[ALTER COLUMN<列名><新数据类型>]
ADD <新列名><数据类型>[完整性约束]]
[DROP<完整性约束名>]

说明：

①<表名>。所需要修改的表的名称。

②ALTER COLUMN。修改列的定义。

③ADD。增加新列或约束。

④DROP。删除列或约束。

(1)添加列。

【例 4-6】在表 book info 中添加一个长度为 100 字符、名称 b_intr、类型为 varchar 的新的一列，该操作使用 T-SQL 语句完成。

```
alter table book info
addb_intr varchar(100)
```

说明：

无论表中原来是否已有数据，新增加的列一律为空值，且新增加的一列位于表结构的末尾。

(2)修改列

【例 4-7】将 press 表中，p_name 的数据类型长度改为 20，该操作使用 T-SQL 语句完成。

```
alter table press
alter column p_name varchar(20)
```

(3)删除列

【例 4-8】删除 book info 表中 b_intr 列。

```
alter table book info
drop column b_intr
```

4.4.3 查看表

使用存储过程 sp_help[表名]

参数含义:[表名]指要查看的表的名称。

【例 4-9】要了解 Library 数据库中 bookkind 表的详细信息。该操作使用 T-SQL 语句完成。

```
sp_help bookkind
```

该语句可以查看到 book kind 表的详细信息，如图 4-9 所示。

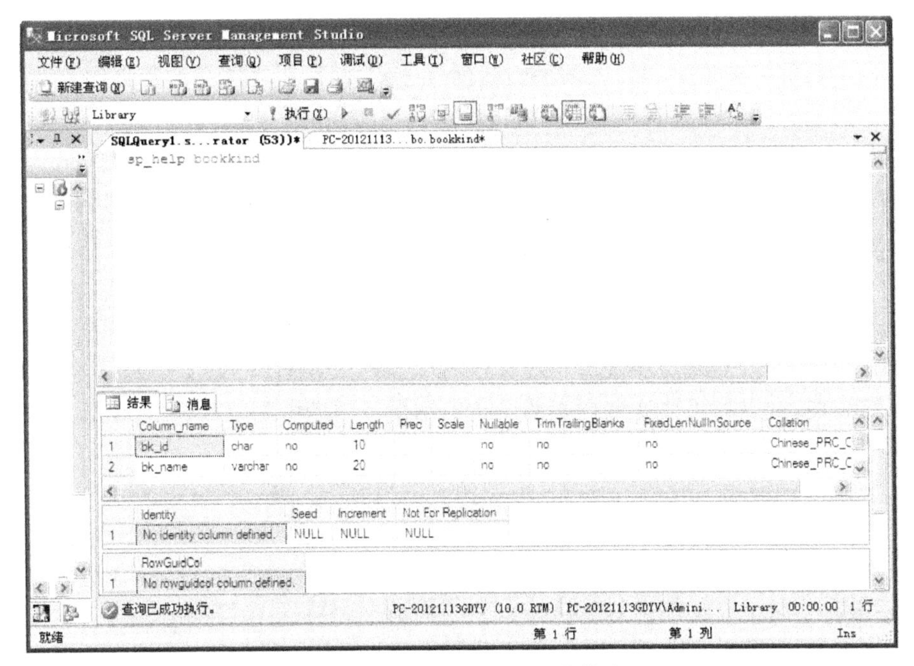

图 4－9　查看 book kind 表信息

4.4.4　删除表

使用 drop table 可以删除数据库的表，基本语法格式如下：

DROP TABLE <表名>

【例 4－9】 删除表 book kind，该操作使用 T-SQL 语句完成。

```
drop table book kind
```

数据表一旦删除，表中的数据，一并被删除。删除表只能删除用户表，不能够删除系统表。

4.5　实施数据完整性

为了防止不符合规范的数据进入数据库，在用户对数据进行插入、修改、删除等操作时，DBMS 自动按照一定的约束条件对数据进行监测，使不符合规范的数据不能进入数据库，以确保数据库中存储的数据正确、有效、相容。

约束是用来确保数据的准确性和一致性。数据的完整性就是对数据的准确性和一致性的一种保证。

数据完整性(Data Integrity)是指数据的精确(Accuracy)和可靠性(Reliability)。

数据完整性可以分为以下四类：

(1)实体完整性

规定表的每一行在表中是惟一的实体。

(2)域完整性

是指表中的列必须满足某种特定的数据类型约束，其中约束又包括取值范围、精度等规定。

(3)参照完整性

是指两个表的主关键字和外关键字的数据应一致,保证了表之间的数据的一致性,防止了数据丢失或无意义的数据在数据库中扩散。

(4)用户定义的完整性

不同的关系数据库系统根据其应用环境的不同,往往还需要一些特殊的约束条件。用户定义的完整性即是针对某个特定关系数据库的约束条件,它反映某一具体应用必须满足的语义要求。

约束是数据库中的数据完整性实现的具体方法。在 SQL Server2008 中包括 5 种约束类型:PRIMARY 约束,FOREIGN KEY 约束,UNIQE 约束,CHECK 约束,DEFAULT 约束,可独立于表的结构,可以在不改变数据表的结构的情况下,使用 ALTER TABLE 语句来添加或删除。

4.5.1 列约束和表约束

对数据来说,约束分为列约束和表约束。其中列约束作为列定义的一部分只作用于此列本身,表约束作为表定义的一部分可以作用于多个列。

4.5.2 允许空值约束

列的空性决定表中的行是否可以包含空值。空值(NULL)不同于零、空白或长度为零的字符串。"NULL"的意思是没有输入,出现"NULL"通常表示值未知或未定义。"NOT NULL"说明列值不允许为 NULL,当插入或修改数据时,设置了"NOT NULL"约束的列值不允许为空,必须存在具体值。

4.5.3 PRIMARY KEY 约束

表中经常有一列或多列的组合,其值能唯一地标识表中的每一行。这样的一列或多列称为表的主键,通过它可以强制表的实体完整性。一个表只能有一个主键,而且主键约束的列不能为空值。如果主键约束定义在不止一列,则一列中的值可以重复,但是主键约束定义中所有列的组合值必须唯一。

【例 4-10】使用 alter table 语句为已存在的表 book kind 添加主键约束。

```
book kind 表的主键名称定义为 pk_book kind
use Library
alter table book kind
add constraint  pk_book kind  primary key (bk_id)
```

也可以在创建表时,同时创建主键,代码如下:

```
create table book kind
(
    bk_id char(10) not null primary key,
    bk_name varchar(20) not null,
    bk_description varchar(50) null
)
```

或者

```
create table book kind
(
    bk_id char(10) not null,
    bk_name varchar(20) not null,
    bk_description varchar(50) null,
constraintpk_book kind primary key(bk_id)
)
```

【例 4－11】 使用 alter table 语句为已存在的表 book kind 删除主键约束。

```
use Library
alter table book kind
drop constraint  pk_book kind
```

【例 4－12】 使用 SQL Server Management Studio 创建主键。

①启动 SQL Server Management Studio，在“SQL Server Management Studio”中依次展开“数据库”节点、“Library”数据库节点，展开“表”选项。

②右击“book kind”，在弹出的快捷菜单中选择“设计”命令。

③单击鼠标右键，在弹出的快捷菜单中选择“设置主键”命令或者直接单击按钮。最后完成效果如图 4－10 所示。

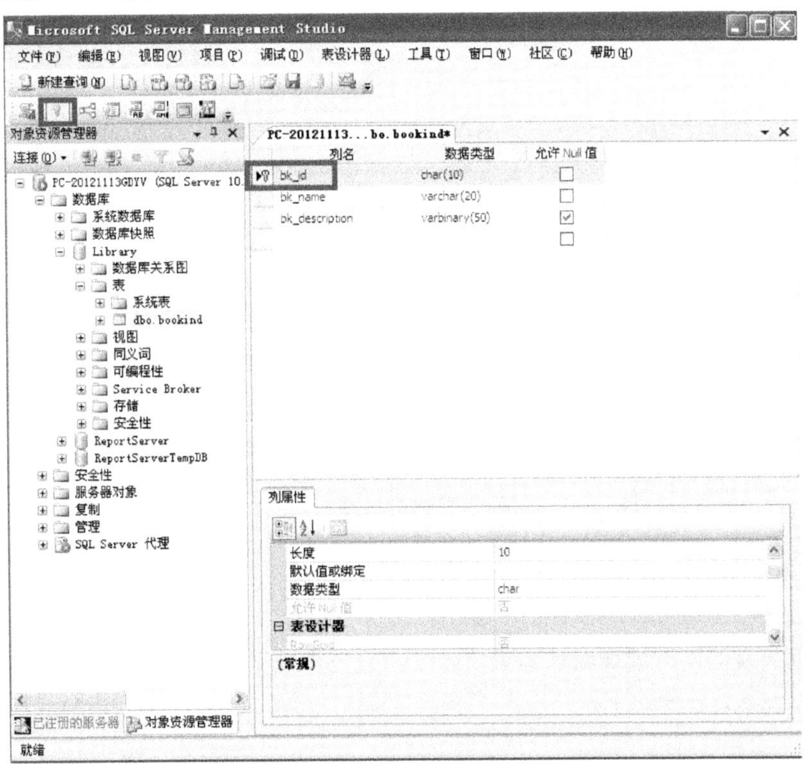

图 4－10　所示创建主键

④单击工具栏上的【保存】按钮。

【例 4-13】 使用 SQL Server Management Studio 删除主键。

①启动 SQL Server Management Studio，在“SQL Server Management Studio”中依次展开“数据库”节点、“Library”数据库节点，展开“表”选项。

②右击“book kind”，在弹出的快捷菜单中选择“设计”命令。

③单击鼠标右键，在弹出的快捷菜单中选择“删除主键”命令或者直接单击[图标]按钮，取消该主键。最后完成效果如图 4-11 所示。

④单击工具栏上的【保存】按钮。

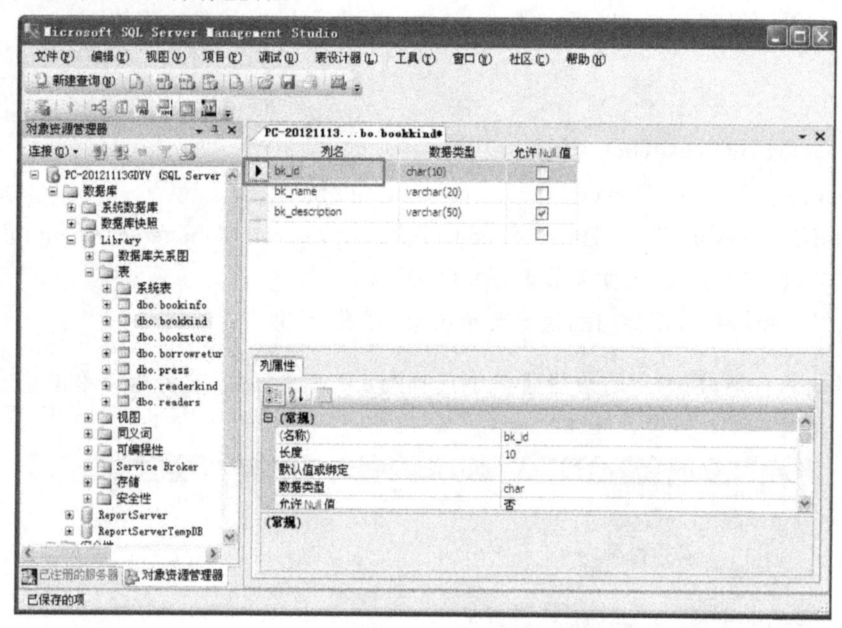

图 4-11　删除主键

4.5.4　DEFAULT 约束

若将表中某列定义了 DEFAULT 约束后，用户在插入新的数据时，如果没有为该列指定数据，那么系统将默认值赋给该列，默认值也可以是空值(NULL)。

【例 4-14】 为 bookstores 表添加默认约束，使 s_in 列未输入值时，默认值为‘2016－1－1’。

```
use Library
alter table bookstores
add constraint df_bookstores_s_in default '2016 - 1 - 1'for s_in
```

或者在创建表的同时添加默认约束。

```
create table bookstore
(
    s_id char(8) not null primary key,
    b_id varchar(16) not null references book info(b_id),
```

```
    s_indatetimedefault'2016 - 1 - 1',
    s_operator varchar(10) not null,
    s_position varchar(12) not null,
    s_state varchar(4) not null
)
```

【例 4 - 15】删除表 bookstore 中名为 df_bookstores_s_in 的默认约束。

```
use Library
alter table bookstores
drop constraint df_bookstores_s_in
```

【例 4 - 16】使用 SQL Server Management Studio 为已存在的表 bookstore 的 s_in 添加默认值'2016—1—1'。

①启动 SQL Server Management Studio，在"SQL Server Management Studio"中依次展开"数据库"节点、"Library"数据库节点，展开"表"选项。

②右击"bookstore"，在弹出的快捷菜单中选择"设计"命令。

③将光标定位到"s_in"行。

④在"列属性"区域中"默认值或绑定"行中输入"2016—1—1"(不需要输入引号)，完成如图 4 - 12 所示。

图 4 - 12　添加默认约束

⑤单击工具栏上的【保存】按钮。

【例 4-16】使用 SQL Server Management Studio 删除表 bookstore 的 s_in 列上的默认值。

①启动 SQL Server Management Studio,在"SQL Server Management Studio"中依次展开"数据库"节点、"Library"数据库节点,展开"表"选项。

②右击"bookstore",在弹出的快捷菜单中选择"设计"命令。

③选中"s_in"行。

④清除"列属性"区域中"默认值或绑定"行中的值。

⑤单击工具栏上的【保存】按钮。

4.5.5 CHECK 约束

CHECK 约束用于限制输入到一列或多列的值的范围,从逻辑表达式判断数据的有效性,也就是一个列的输入内容必须满足 CHECK 约束条件,否则,数据无法输入,从而强制完整性。

【例 4-17】约束 press 表中的 p_postcode 列值只允许为 6 位数字,每个数字为【0-9】。

```
use Library
alter table press
add constraint ck_p_postcode check(like '[0-9][0-9][0-9][0-9][0-9][0-9]')
```

【例 4-18】删除 press 表中名字为 ck_p_postcode 的检查约束。

```
alter table  publishier
drop constraint ck_p_postcode
```

【例 4-19】使用 SQL Server Management Studio 为已存在的表 press 添加 check 约束,p_postcode 列值只允许为 6 位数字,每个数字为【0-9】。

①启动 SQL Server Management Studio,在"SQL Server Management Studio"中依次展开"数据库"节点、"Library"数据库节点,展开"表"选项。

②右击"press 菜单中选择"设计"命令。

③选中"p_postcode",鼠标右键选择"check 约束"。

④单击【添加】按钮,添加 check 约束。

⑤在"表达式"行中输入"p_postcode check '[0-9][0-9][0-9][0-9][0-9][0-9]'"。

⑥在"名称"行中输入约束名称。

⑦完成设置后如图 4-13 所示,单击【关闭】按钮。

⑧击工具栏上的【保存】按钮。

【例 4-20】使用 SQL Server Management Studio 删除表 press 中名为 ck_postcode 的 check 约束。

①启动 SQL Server Management Studio,在"SQL Server Management Studio"中依次展开"数据库"节点、"Library"数据库节点,展开"表"选项。

②右击"press"菜单中选择"设计"命令。

③选中"p_postcode",鼠标右键选择"check 约束"。

④选中约束名称"ck_postcode",单击【删除】按钮,添加 check 约束。

⑤单击【关闭】按钮。

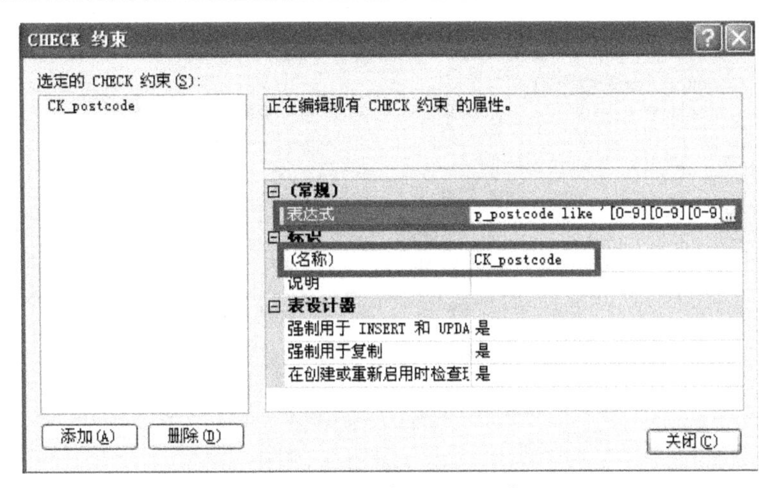

图 4－13　添加 check 约束

⑥单击工具栏上的【保存】按钮。

4.5.6　UNIQE 约束

UNIQE 约束用于确保表中某个列或某些列没有相同的列值。与 PRIMARY KEY 约束类似，UNIQE 约束也强制唯一性，但 UNIQE 用于非主键的一列或多列组合，而且表中可以定义多个 UNIQE 约束，另外 UNIQE 约束可以用于定义允许空值(NULL)的列。

【例 4－21】 使用 alter table 语句为已存在的表 readerkind 的 rk_name 列添加唯一约束。创建后在使用 alter table 语句删除该唯一约束。

```
use Library
alter table readerkind
add constraint un_rk_name unique(rk_name)
```

删除名为 un_rk_name 的唯一约束。

```
use Library
alter table readerkind
drop constraint un_rk_name
```

【例 4－22】 使用 SQL Server Management Studio 为已存在的表 readerkind 的 rk_name 列添加唯一约束。

①启动 SQL Server Management Studio，在“SQL Server Management Studio”中依次展开“数据库”节点、“Library”数据库节点，展开“表”选项。

②右击“readerkind”菜单中选择“设计”命令。

③选中“rk_name”，单击鼠标右键选择“索引/键”。

④单击【添加】按钮，在“名称”行中输入“un_rk_name”，单击“列”所在的行，单击右侧[...]按钮，如图 4－14 所示。

⑤在出现的“索引列”对话框中选择“rk_name”列，排序为默认。单击【确定】按钮，关闭“索引列”对话框。

⑥单击【关闭】按钮，关闭“索引/键”对话框。

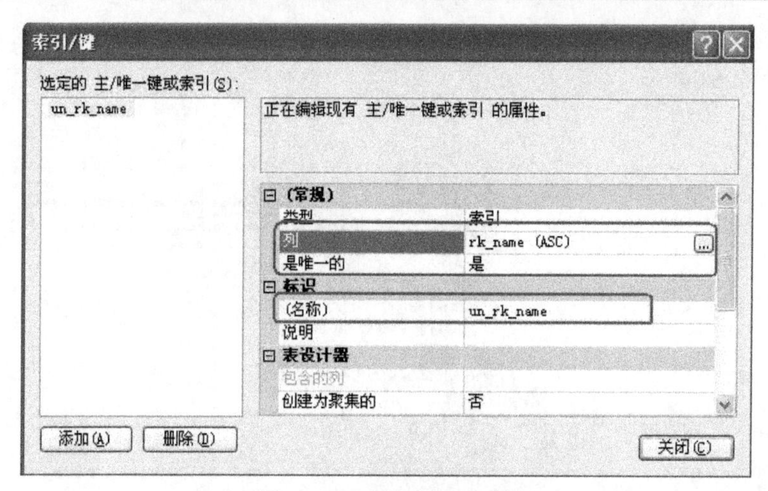

图 4-14　添加唯一约束

⑦单击工具栏上的【保存】按钮。

4.5.7　FOREIGN KEY 约束

FOREIGN KEY 约束用于建立和加强两个表(主表和从表)的一列或多列数据之间的链接,当数据添加、修改和删除时,通过外键约束保证它们之间数据的一致性。定义表之间的参照完整性是先定义主表的主键,再对从表定义外键约束。FOREIGN KEY 约束要求列中的每个值在所引用的表中对应的被引用列中都存在,同时 FOREIGN KEY 约束只能引用在所引用的表中为 FOREIGN KEY 或 UNIQUE 约束的列。

【例 4-23】使用 alter table 语句为 book info 表创建基于 bk_id 的外键约束,该约束限制 book info 表中 bk_id 列值只能是 book kind 表中 bk_id 列中存在的值;为 book info 表创建基于 p_id 的外键约束,该约束限制 book kind 表中的 p_id 列值只能是 press 表中 p_id 列中存在的值。

该题分别为 book kind 表中 bk_id,p_id 创建外键约束,名称分别为 fk_book info_bk_id,fk_book info_p_id。代码如下:

```
use Library
alter  tablebook info
add constraint fk_book info_bk_id  foreign key (bk_id)referencesbook kind(bk_
id)
go
alter table  book info
add constraint fk_book info_p_id  foreign key(p_id)  references  press(p_id)
go
```

【例 4-24】使用 alter table 语句删除表中 book info 名为 fk_book info_bk_id 的外键约束。

```
use  Library
drop  constraintfk_book info_bk_id
```

【例 4 - 25】使用 SQL Server Management Studio 完成【例 4 - 23】题中的外键约束。

①启动 SQL Server Management Studio，在“SQL Server Management Studio”中依次展开“数据库”节点、“Library”数据库节点，展开“表”选项。

②右击“book info”菜单中选择“设计”命令。

③单击工具栏上的【关系】按钮，打开“外键关系”对话框如图 4 - 15 所示。

④单击【添加】按钮，结果如图 4 - 15 所示，

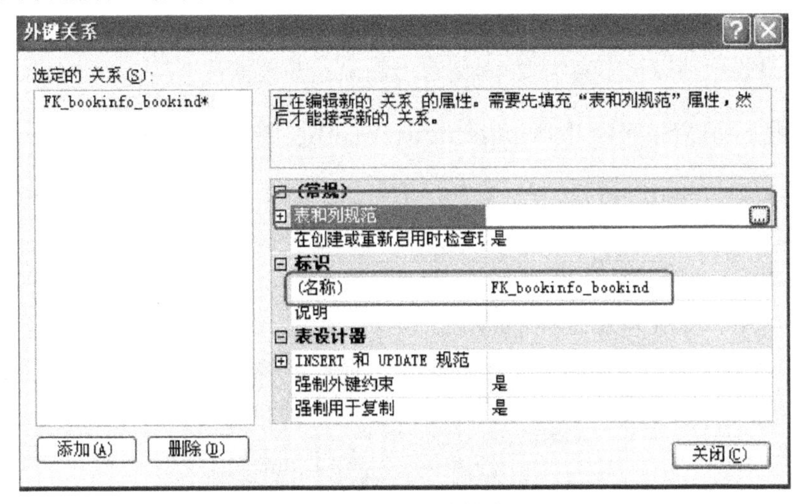

图 4 - 15　编辑外键关系

⑤单击“表和列规范行”行右侧的[...]按钮，出现如图 4 - 16 所示的 “表和列”的对话框。

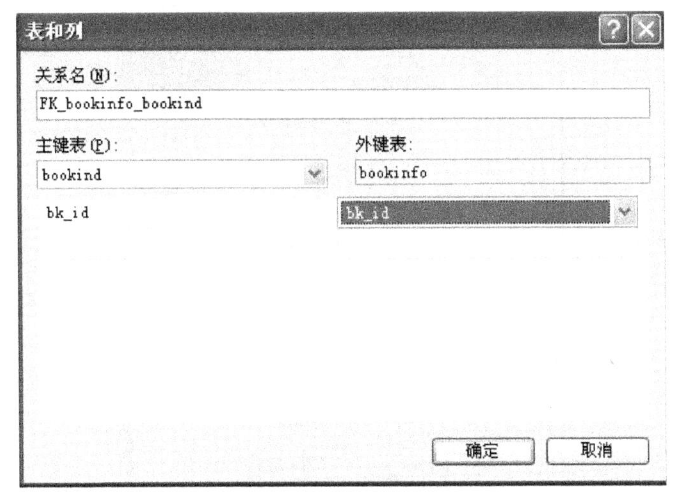

图 4 - 16　关系“表和列”的设置

⑥在“关系名”文本框中输入定义的外键名 fk_book info_bk_id，在“主键表”下拉列表中选择 book kind，“外键表”为 book info，不需修改。

⑦在“主键表”的下拉列表中选择“bk_id”为主键列。

⑧在“外键表”的下拉列表中选择“bk_id”为外键列。

⑨单击工具栏上的【保存】按钮。

说明:

①创建 foreign key 时,必须建立好相应的主键约束或 unique 约束。

②必须先建立好主键表。

4.6 记录操作

表建立好后,就可以录入需要的数据。当表中的数据不适合或者出现错误时,可以更新表中的数据。如果表中的数据不再需要了,则可以删除这些数据。

4.6.1 利用 SQL Server Management Studio 管理数据

【例 4-26】 利用 SQL Server Management Studio 向表 book kind 中录入数据。

①启动 SQL Server Management Studio,在“SQL Server Management Studio”中依次展开“数据库”节点、“Library”数据库节点,展开“表”选项。

②右击“book kind”菜单中选择“编辑前 200 行”命令。如图 4-17 所示。

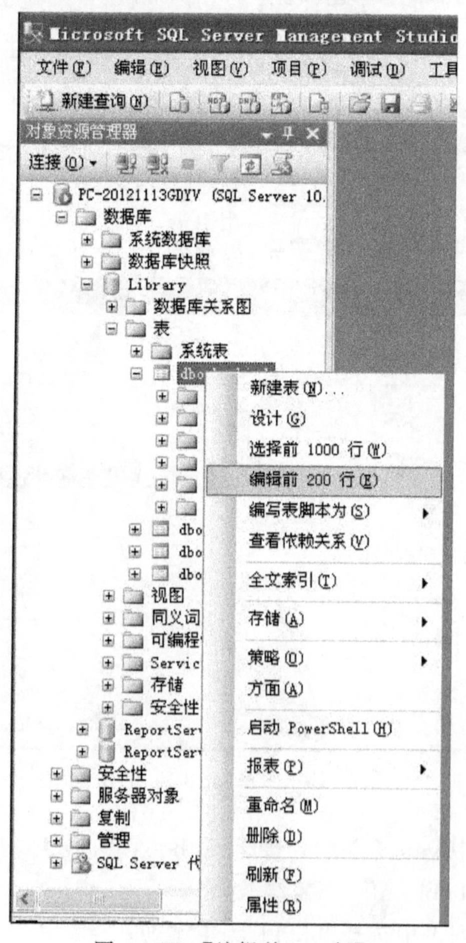

图 4-17 【编辑前 200 行】

③将光标定位在空白行某个字段的编辑框中,就可以输入新数据了。如图 4-18 所示。

④如果要删除记录，在选定的记录上单击鼠标右键，选择【删除】即可。

⑤单击工具栏上的【保存】按钮。

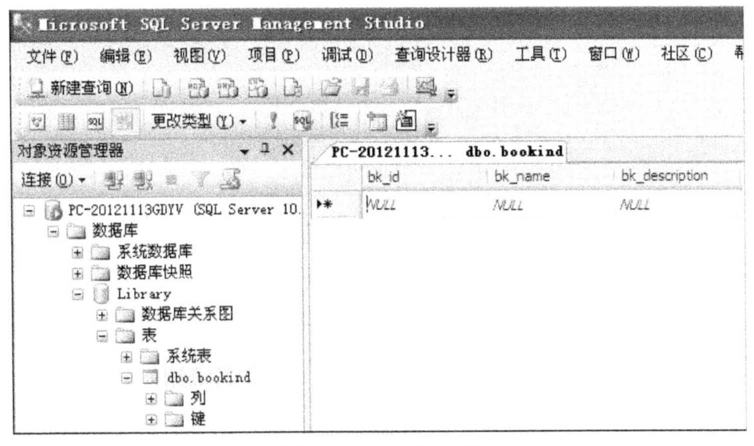

图 4-18　添加记录

4.6.2　利用 T-SQL 插入行数据

使用 insert into 语句可以向表中添加记录。插入单个记录的基本语句格式如下：

INSERT　INTO ＜表名＞

[＜属性列 1＞[,＜属性列 2＞...]]

VALUES(＜常量 1＞ [,＜常量 2＞]...)

(1)插入所有列

【例 4-27】将图书类别信息“'01','A 马、列、毛著作','null'”添加到 book kind 表中。

```
insert into book kind
values('01','A 马、列、毛著作','null')
```

(2)插入指定列

【例 4-28】有些图书信息不完全，只能录入部分信息。

```
insert into book kind(bk_id,bk_name)
values('01','A 马、列、毛著作')
```

说明：

①insert 语句中的 into 可以省略。

②如果没有指明任何列名，则新插入的记录必须在每个属性列上均有值。

③字符型数据必须使用“''”将其引起来。

④录入的数据类型要与指定列数据类型一致。

4.6.3　利用 T-SQL 插修改行数据

使用 UPDATE 语句按照某个条件修改特定表中的字段值，其语句格式如下：

UPDATE ＜表名＞

SET ＜列名＞=＜表达式＞[,＜列名＞=＜表达式＞]...

[FROM ＜表名＞]

[WHERE ＜条件＞];

其功能是指修改指定表中满足 where 子句条件的记录。其中 set 子句用于指定修改方法,即用＜表达式＞ 的值取代相应的属性列值。如果省略 where 子句,则表示要修改表中的所有记录。

【例 4－29】 在图书存放信息表中,将 05－03－07 书库中的图书入库时间改为'2010－10－20'。

```
update  bookstore
sets_in ='2010 - 10 - 20'
wheres_position ='05 - 03 - 07'
```

4.6.4 使用 T-SQL 删除记录

使用 delete 语句可以删除表中的记录,其基本语句格式如下:

```
delete
from<表名>
where<条件>
```

delete 语句的功能是从指定表中删除满足 where 子句条件的所有记录。如果省略 where 子句,表示删除表中的全部记录,但表的定义仍存在。delete 只删除表中的数据,保留表中的结构和定义。

【例 4－30】 删除 book kind 表中所有信息。

```
delete
from book kind
```

还可以使用 truncate table 来删除表中所有记录。基本语句格式如下:

```
truncate table  <表名>
truncate table book kind
```

小 结

本章学习了如下内容:

(1)学习了 SQL Server2008 的基本数据类型。

(2)分别使用 SQL Server Management Studio 和 T-SQL 管理表,包括创建表、修改表和删除表等。

(3)分别使用 SQL Server Management Studio 和 T-SQL 进行插入记录,使用 update 语句修改记录和使用 delete 语句删除记录。

(4)在设计表和创建表的过程中,要保证数据的完整性,包括列约束、表约束、使用空值、default 约束、check 约束、primary key 约束、foreign key 约束及 unique 约束。

实 训

1. 实训目的

(1)了解 SQL Server 的数据类型。

(2)了解数据表的结构。

(3)学会使用 SQL Server Management Studio 和 T-SQL 语句创建数据表。

(4)学会使用 SQL Server Management Studio 和 T-SQL 语句创建数据表进行插入、修改和删除数据操作。

(5)学会定义约束、使用默认值和规则。

2. 实训要求

(1)在 XK 数据库中创建相关各数据表。

(2)对 XK 数据库中的数据表进行插入、修改和删除数据操作。

(3)在 XK 数据库中定义约束、使用默认值,实现数据完整性。

3. 实训内容与步骤

(1)使用 SQL Server Management Studio 在 XK 数据库中分别创建学生表(Student)、班级表(Class)、课程表(Course)、系部表(Department)和学生选课表(Stucou),其结构分别如表所示。

(2)在查询窗口中,删除(1)中创建的数据表,再使用 T-SQL 语句重新创建学生表(Student)、班级表(Class)、课程表(Course)、系部表(Department)和学生选课表(Stucou)。

(3)分别使用 SQL Server Management Studio 和 T-SQL 语句修改表结构。

①为 Student 表增加两列:“生日”Birthday,数据类型为日期型,允许为空;“备注”BZ,数据类型为 nvarchar,长度为 20,允许为空。

②删除 Student 表中的 Birthday 列。

③将 Student 表中的 BZ 列长度更改为 30 个字符。

(4)建立约束。

①分别将 Student 表中的“学号”、Class 表中的“班级编号”、Course 表中“课程编号”、Department 表中的“课程编号”设为 PRIMARY KEY 约束,将 StuCou 表中的“学号”和“课程编号”设为联合主键。

②分别为 Student 表中的“班级编号”、Class 表中的“课程编号”、Course 表中“课程编号”、StuCou 表中的“学号”和“课程编号”设置 FOREIGN KEY 约束,限制 Student 表中的“班级编号”列数据只能是 Class 表中已存在的数据;Class 表中的“课程编号”列数据只能是 Department 表中已存在的数据;StuCou 表中的“学号”列数据只能是 Student 表中已存在的数据;StuCou 表中的“课程编号”列数据只能是 Department 表中已存在的数据。

③为 Course 表中的 CouName;列设置唯一性约束。

④位 Student 表中的 StuNo 列设置 CHECK 约束,检查 StuNo 列值是否只允许为 8 位数字。

⑤将 Course 表中的 Teacher 列设置默认值为“待定”。

⑥录入数据。

XK 数据库中各数据表中的数据分别如下所示。

	ClassNo	DepartNo	ClassName
1	20000001	01	00电子商务
2	20000002	01	00多媒体
3	20000003	01	00数据库
4	20000004	02	00建筑管理
5	20000005	02	00建筑电气
6	20000006	03	00旅游管理
7	20010001	01	01电子商务
8	20010002	01	01多媒体
9	20010003	01	01数据库
10	20010004	02	01建筑管理
11	20010005	02	01建筑电气
12	20010006	03	01旅游管理
13	20020001	01	02电子商务
14	20020002	01	02多媒体
15	20020003	01	02数据库
16	20020004	02	02建筑管理
17	20020005	02	02建筑电气
18	20020006	03	02旅游管理

图 4-19　class

	CouNo	CouName	Kind	Credit	Teacher	DepartNo	SchoolTime	LimitNum	WillNum	ChooseNum
1	001	SQL Server实用技术	信息技术	3.0	徐人凤	01	周二5-6节	20	43	0
2	002	JAVA技术的开发应用	信息技术	2.0	程伟彬	01	周二5-6节	10	34	0
3	003	网络信息检索原理与技术	信息技术	2.0	李涛	01	周二晚	10	30	0
4	004	Linux操作系统	信息技术	2.0	郑星	01	周二5-6节	10	33	0
5	005	Premiere6.0影视制作	信息技术	2.0	李韵婷	01	周二5-6节	20	27	0
6	006	Director动画电影设计与制作	信息技术	2.0	陈子仪	01	周二5-6节	10	27	0
7	007	Delphi初级程序员	信息技术	2.0	李兰	01	周二5-6节	10	27	0
8	008	ASP.NET应用	信息技术	2.5	曾建华	01	周二5-6节	10	45	0
9	009	水资源利用管理与保护	工程技术	2.0	叶艳茵	02	周二晚	10	31	0
10	010	中级电工理论	工程技术	3.0	范敬丽	02	周二5-6节	5	24	0
11	011	中外建筑欣赏	人文	2.0	林泉	02	周二5-6节	20	27	0
12	012	智能建筑	工程技术	2.0	王娜	02	周二5-6节	10	21	0
13	013	房地产漫谈	人文	2.0	黄强	02	周二5-6节	10	36	0
14	014	科技与探索	人文	1.5	顾苑玲	02	周二5-6节	10	24	0
15	015	民俗风情旅游	管理	2.0	杨国润	03	周二5-6节	20	33	0
16	016	旅行社经营管理	管理	2.0	黄文昌	03	周二5-6节	20	36	0
17	017	世界旅游	人文	2.0	盛德文	03	周二5-6节	10	27	0
18	018	中餐菜肴制作	人文	2.0	卢萍	03	周二5-6节	5	66	0
19	019	电子出版概论	工程技术	2.0	李力	03	周二5-6节	10	0	0

图 4-20　course

	DepartNo	DepartName
1	01	计算机应用工程系
2	02	建筑工程系
3	03	旅游系

图 4-21　department

	StuNo	CouNo	WillOrder	State	RandomNum
1	00000001	001	1	报名	NULL
2	00000001	002	4	报名	NULL
3	00000001	003	3	报名	NULL
4	00000001	017	5	报名	NULL
5	00000001	018	2	报名	NULL
6	00000002	001	1	报名	NULL
7	00000002	004	4	报名	NULL
8	00000002	008	3	报名	NULL
9	00000002	018	2	报名	NULL
10	00000003	002	2	报名	NULL
11	00000003	003	3	报名	NULL
12	00000003	009	1	报名	NULL
13	00000004	005	2	报名	NULL
14	00000004	013	3	报名	NULL
15	00000004	018	1	报名	NULL
16	00000005	004	2	报名	NULL
17	00000005	017	3	报名	NULL
18	00000005	018	1	报名	NULL
19	00000006	001	1	报名	NULL
20	00000006	006	2	报名	NULL
21	00000006	012	4	报名	NULL
22	00000006	016	3	报名	NULL
23	00000007	002	2	报名	NULL
24	00000007	003	1	报名	NULL
25	00000007	004	3	报名	NULL
26	00000008	005	2	报名	NULL
27	00000008	018	1	报名	NULL
28	00000009	003	1	报名	NULL
29	00000009	006	2	报名	NULL
30	00000009	018	1	报名	NULL
31	00000010	004	2	报名	NULL

图 4－22　stucou

	StuNo	ClassNo	StuName	Pwd
1	00000001	20000001	林斌	47FE680E
2	00000002	20000001	彭少帆	A946EF8C
3	00000003	20000001	曾敏馨	777B2DE7
4	00000004	20000001	张晶晶	EDE4293B
5	00000005	20000001	曹业成	A08E56C4
6	00000006	20000001	甘蕾	3178C441
7	00000007	20000001	凌晓文	B7E6F4BE
8	00000008	20000001	梁亮	BFDEB84F
9	00000009	20000001	陈燕珊	A4A0BDFF
10	00000010	20000001	韩霞	4033A878
11	00000011	20000002	朱川	19C5653D
12	00000012	20000002	杜晓静	117A709E
13	00000013	20000002	黄元科	C6C1E2B7
14	00000014	20000002	罗飞	6808A559
15	00000015	20000002	李林	E65AF58A
16	00000016	20000002	赖梅	767591C7
17	00000017	20000002	麦嘉	B7E43E7C
18	00000018	20000002	李月	3B6EC650
19	00000019	20000002	陈艳婷	22018D60
20	00000020	20000002	庄雯	C72BFBA3
21	00000021	20000003	赖家嘉	34A7E284
22	00000022	20000003	黄磊	2A0BF98F
23	00000023	20000003	熊华	AC79E811
24	00000024	20000003	李红	1339DD8E
25	00000025	20000003	廖杰	659E5EDC
26	00000026	20000003	赵玉平	E9FEF281
27	00000027	20000003	朱丽	7AC30191
28	00000028	20000003	何丽仪	78E651FD
29	00000029	20000003	梁燕燕	5E749F6B
30	00000030	20000003	黄惜	18716F45
31	00000031	20000004	陈金菊	F14A4F4E
32	00000032	20000004	杨华	36AC2AEE
33	00000033	20000004	侯刚	C6FB73CC

图 4－23　student

第5章 查询操作

CHAXUNCAOZUO

【知识目标】

(1)掌握 T-SQL。

(2)了解 T-SQL 编程基础。

(3)掌握数据查询常用的语句、函数的使用。

【能力目标】

(1)能够正确使用 T-SQL 中的变量和函数。

(2)能够熟练使用 SELECT 查询语句。

【相关知识】

查询功能是 SQL 中的核心功能之一。主要用作对已存在的数据,根据所需,按照一定条件及次序进行检索。

5.1 单表数据查询

SQL 查询的基本语句格式如下所示:

SELECT＜列名＞

FROM＜表名＞

SELECT 子句中列出了从表中查询的列的名称,FROM 子句指定了选取出数据的表的名称。

5.1.1 查询表中所有的列

查询表中所有列时,可以用“*”代表所有列。

【例 5-1】查询 press 表中的出版社的所有详细信息。

```
select *
from press
```

该语句无条件地把 press 表中所有数据都查询出来,结果数据在“结果窗格”中显示,如图 5-1 所示。

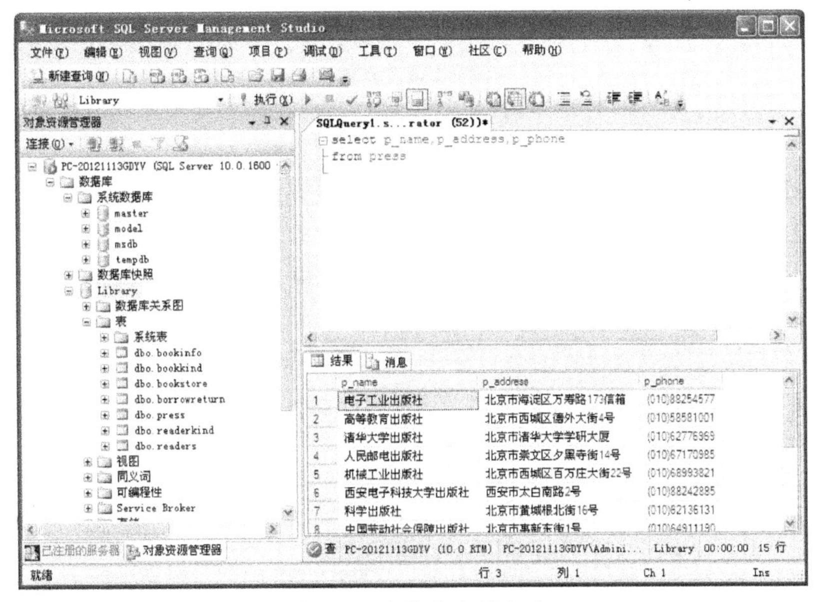

图 5-1　查询表中所有列

5.1.2　查询表中指定列

【例 5-2】查询 press 表中 p_name,p_address,p_phone。出版社的名称、地址及联系电话。

```
selectp_name,p_address,p_phone
from press
```

查询出的列的顺序可以任意指定,查询多列时,需要使用逗号进行分隔排列。查询结果中列的顺序和 select 子句中的顺序相同,结果数据如图 5-2 所示。

图 5-2　指定列

5.1.3 为列设定别名

在查询结果中,查询结果的列标题就是表的列名,现在需要将显示结果的列标题改变为所需要的标题。

【例 5-3】 查询 press 表中 p_name,p_address,p_phone 并将其改为对应的"出版社的名称"、"地址"及"联系电话。"

```
select p_name as'出版社的名称',p_address as '地址',p_phone as'联系电话'
from press
```

此外,还有另外两种书写别名的语句写法。

```
select p_name 出版社的名称,p_address 地址,p_phone 联系电话
from press
```

或者

```
select 出版社的名称 = p_name,地址 = p_address,联系电话 = p_phone
from press
```

数据结果如图 5-3 所示。

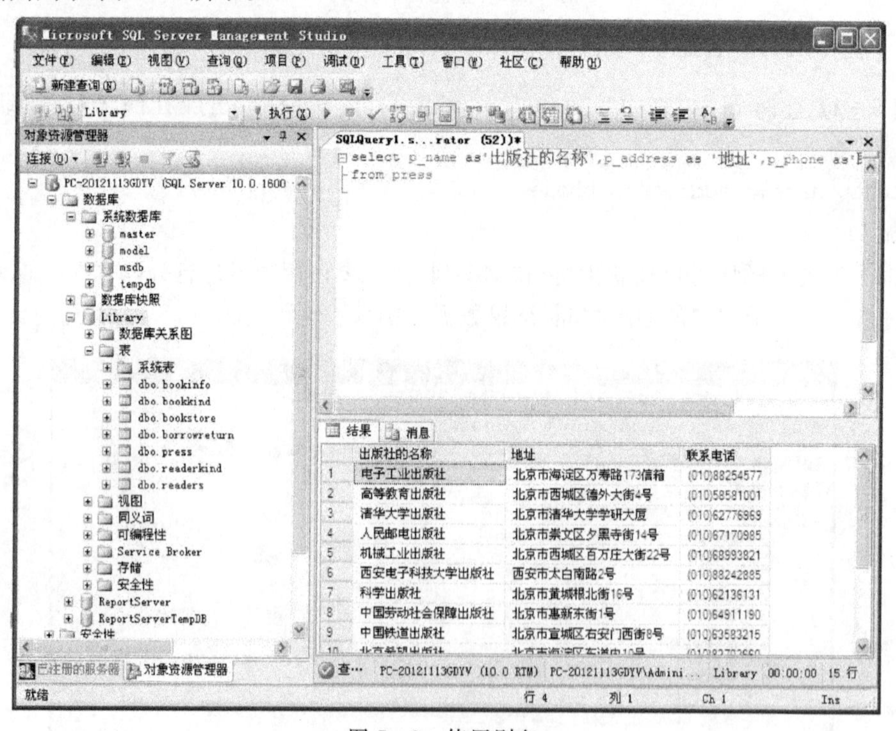

图 5-3 使用别名

5.1.4 消除查询结果中的重复行

如果查询结果中存在重复行,可以通过在 select 子句中使用 distinct 来实现,

【例 5-4】 使用 distinct 删表 bookstore 中 b_id 列的重复数据。

```
select distinct b_id
```

from bookstore

数据结果如图 5－4 所示。

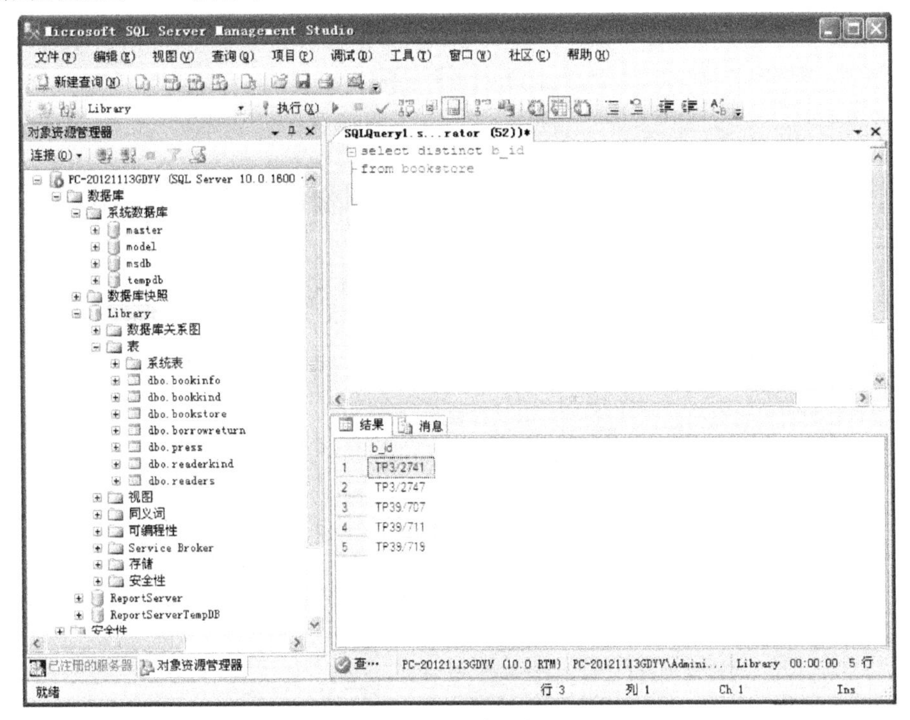

图 5－4　去除重复列

5.1.5 根据 where 子句选择行记录

使用 where 子句查询的基本语句如下：

SELECT<列名>

FROM<表名>

WHERE<条件表达式>

where 子句用来限制查询结果的数据行，后面的条件为条件表达式，条件表达式为一个或多个逻辑表达式组成，查询结果为满足条件表达式的那些数据行。条件表达式一般由属性列、运算符及常量组成，多个条件表达式用 and 或 or 连接。常用的运算符如表 5－1 所示。

表 5－1　where 子句中可以运用的运算符

运算符分类	运算符	意义
比较运算符	>、>=、=、<=、<、<>！>、！<	大小比较
范围运算符	between …and …、not between …and …	判断值是否在指定范围内。
列表运算符	in、not in	判断值是否为列表中指定项。
逻辑运算符	and、or、not	用于多条件的逻辑连接
空值判断符	is null、not is null	判断值是否为空。
模式匹配符	like、not like	判断值是否与指定的字符通配符格式相符。

(1)比较运算符

【例 5-5】 在 book info 表中查询图书价格在 20—30 的图书名及其价格。

```
selectb_name,b_price
from book info
where b_price> = 20 and b_price< = 30
```

执行结果如图 5-5 所示。

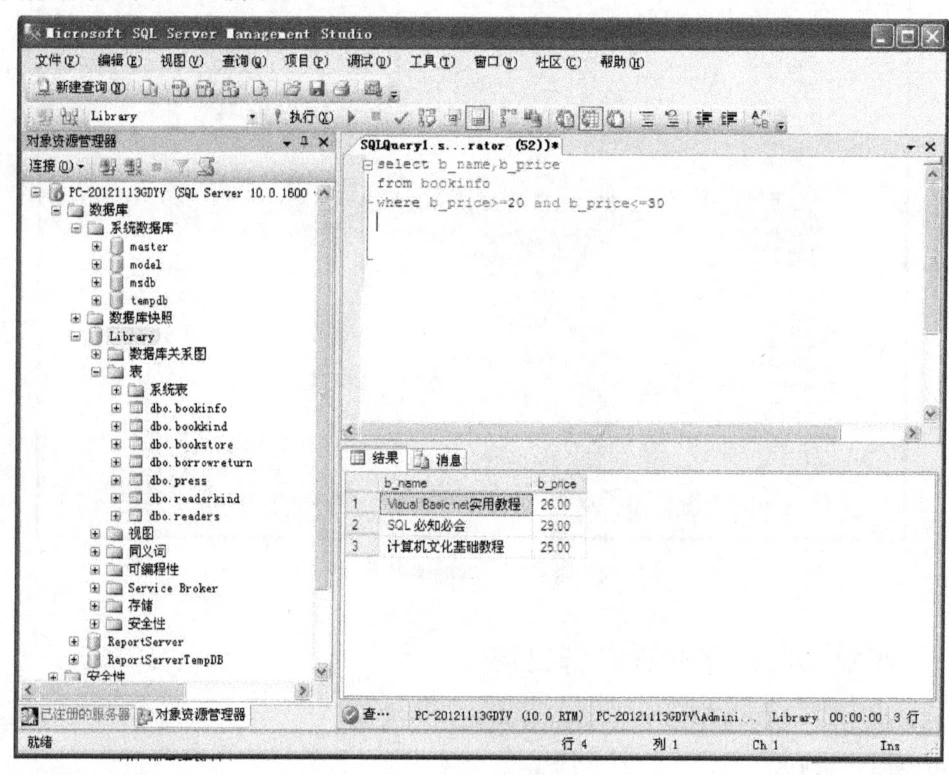

图 5-5　比较运算符

(2)范围运算符

【例 5-6】 查询出版时间在 2011 年 1 月 1 日到 2015 年 1 月 1 日之间的图书的详细信息。

```
select *
from book info
where b_datebetween'2011-1-1'and'2015-1-1'
```

执行结果如图 5-6 所示。

结果　消息

	b_id	b_name	bk_id	b_author	b_translator	b_isbn	p_id	b_date	b_edition	b_price	b_quantity
1	TP3/2739	C#程序设计	17	张东	无	978-7-113-14054-0	002	2012-08-01 00:00:00.000	1	32.00	6
2	TP3/2741	计算机应用项目教程	17	肖杨	无	978-7-5682-0270-1	007	2015-01-01 00:00:00.000	1	39.80	6
3	TP3/2742	PowerPoint2010办公应用快易通	17	殷慧文	无	978-7-115-28905-6	003	2012-09-01 00:00:00.000	1	38.00	6
4	TP3/2744	SQL Server 2008数据库开发技术与工程实践	17	求是科技	无	7-115-12305-5	006	2013-08-01 00:00:00.000	1	52.00	5
5	TP3/2747	SQL 必知必会	17	Ben Forta	钟鸣、刘晓霞	978-7-115-31398-0	003	2013-05-01 00:00:00.000	4	29.00	3
6	TP39/707	Oracle 数据库管理与开发	17	何明	无	978-7-302-30936-9	003	2013-08-01 00:00:00.000	1	49.80	3
7	TP39/711	基于Oracle的Web应用项目开发	17	朱亚兴	无	978-7-121-12798-4	004	2011-02-01 00:00:00.000	1	36.00	2

图 5-6　所示范围运算符

(3)列表运算符

【例 5－7】查询读者类型为“教师”或“学生”的读者编号和姓名。

```
selectr_id,r_name
fromreaders
whererk_id in(04,05)
```

执行结果如图 5－7 所示。

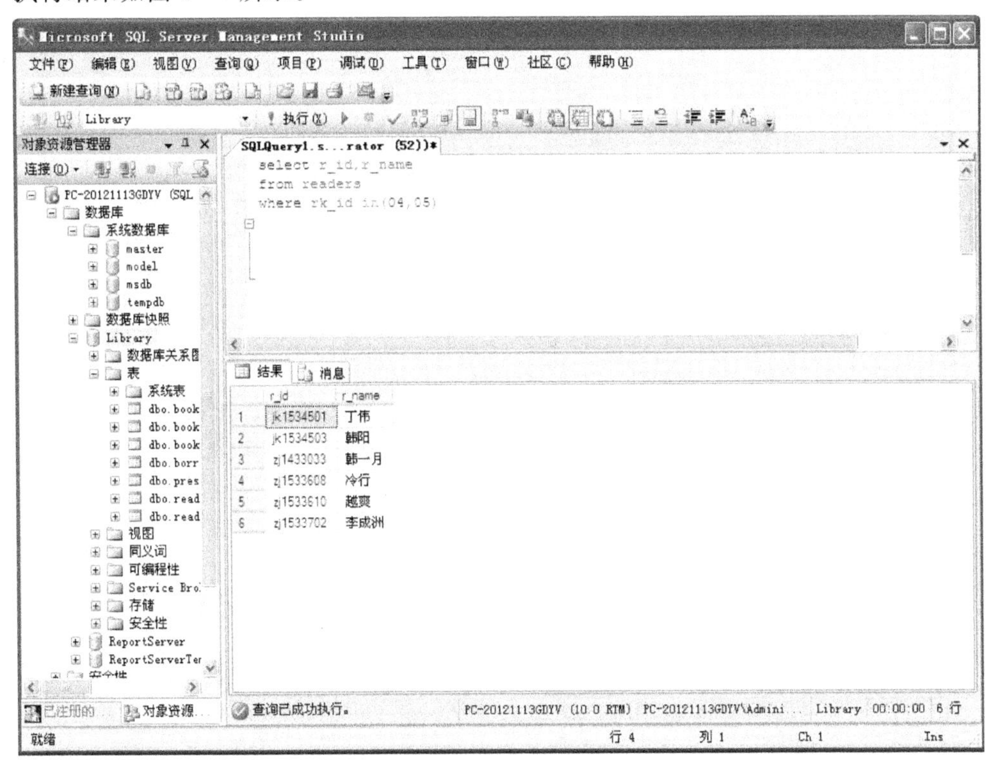

图 5－7　列表运算符

(4)逻辑运算符

逻辑运算符用于 where 子句中多个条件的连接。

【例 5－8】查询出图书类别编号是 17 的,作者是张东的图书名称和图书编号。

```
selectb_id ,b_name
from book info
where bk_id ='17' and b_author ='张东'
```

执行结果如图 5－8 所示。

(5)空值判断符

空值(NULL)表示数据未定,而不是零值。对空值的判断必须用空值判断符。

【例 5－9】查询图书信息描述未确定的信息记录。

```
select *
from book kind
where bk_description is null
```

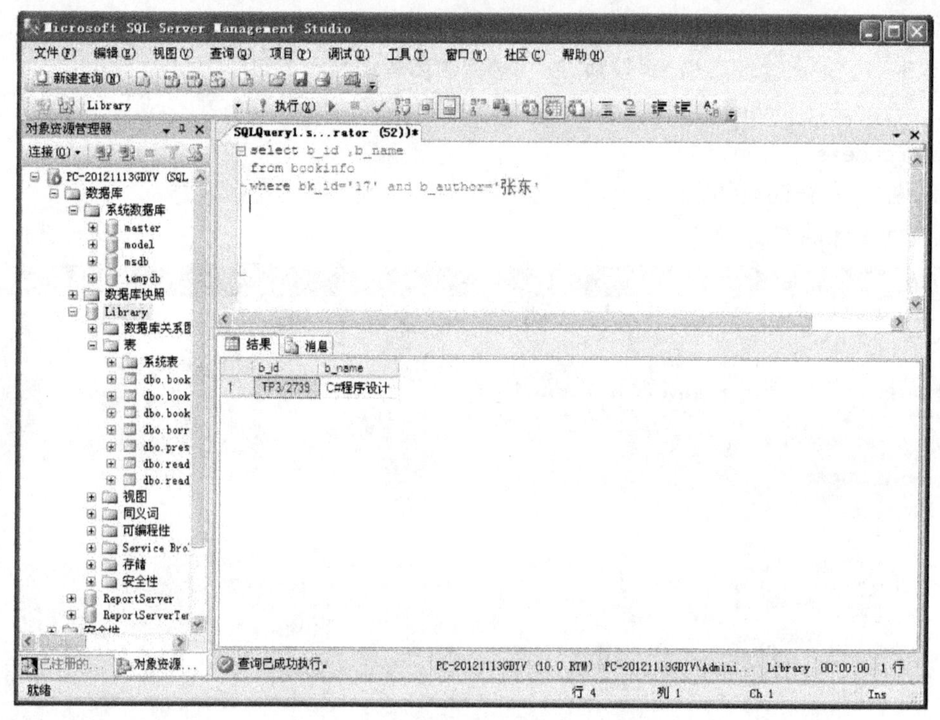

图 5-8 逻辑运算符

执行结果如图 5-9 所示。

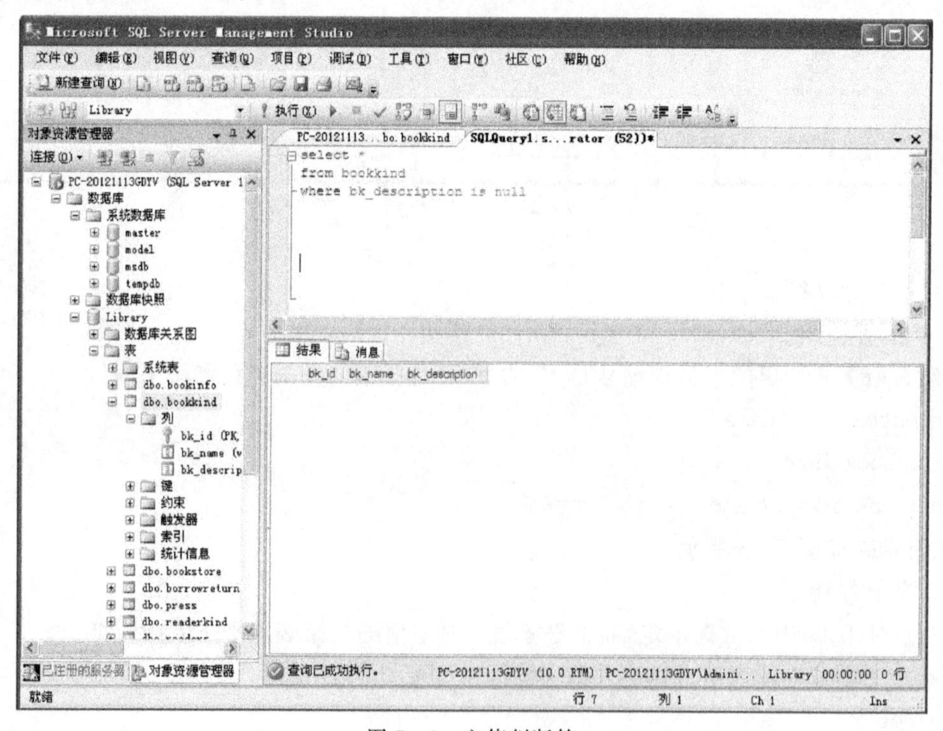

图 5-9 空值判断符

(6)模式匹配符

模式匹配符用于确定给定的字符串是否与指定的模式匹配。模式包括常规字符和通配字符。常规字符必须与给定的字符串完全匹配。通配符字符一般用于模糊查询。通配符及其含义如下：

%：匹配任意类型和长度的字符。

_：匹配任意单个字符。

[]：用于指定范围，例如[a—h]，表示 a—h 范围内的任意单个字符。

[^]用于指定范围，例如[^a—h]表示 a—h 范围外的任意单个字符。

【例 5-10】 查询书名中包含有“程序设计”字样的图书详细信息。

```
select *
from book info
where b_name like '%程序设计%'
```

执行结果如图 5-10 所示。

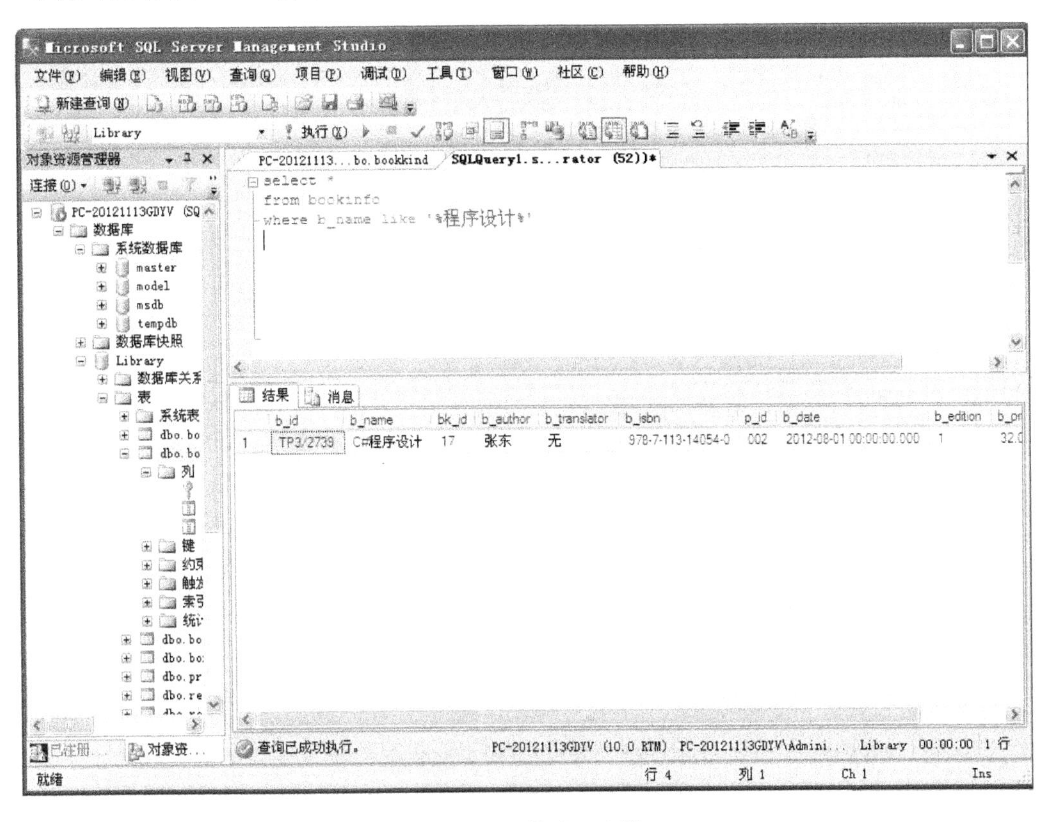

图 5-10　模式匹配符

5.2 使用聚合函数查询

聚合函数也称为统计函数，它对一组值进行计算并返回一个数值。聚合函数经常与SELECT语句一起使用。常用的5个函数如下：

COUNT：计算表中的记录数(行数)。

SUM：计算表中数值列的数据合计值。

AVG：计算表中数值列的数据平均值。

MAX：求出表中任意列中数据的最大值。

MIN：求出表中任意列中数据的最小值。

【例5-11】 统计图书信息表中图书的平均价格，最低价格和最高价格。

```
select avg(b_price) ,min(b_price),max(b_price)
from book info
```

执行结果如图5-11(a)所示。

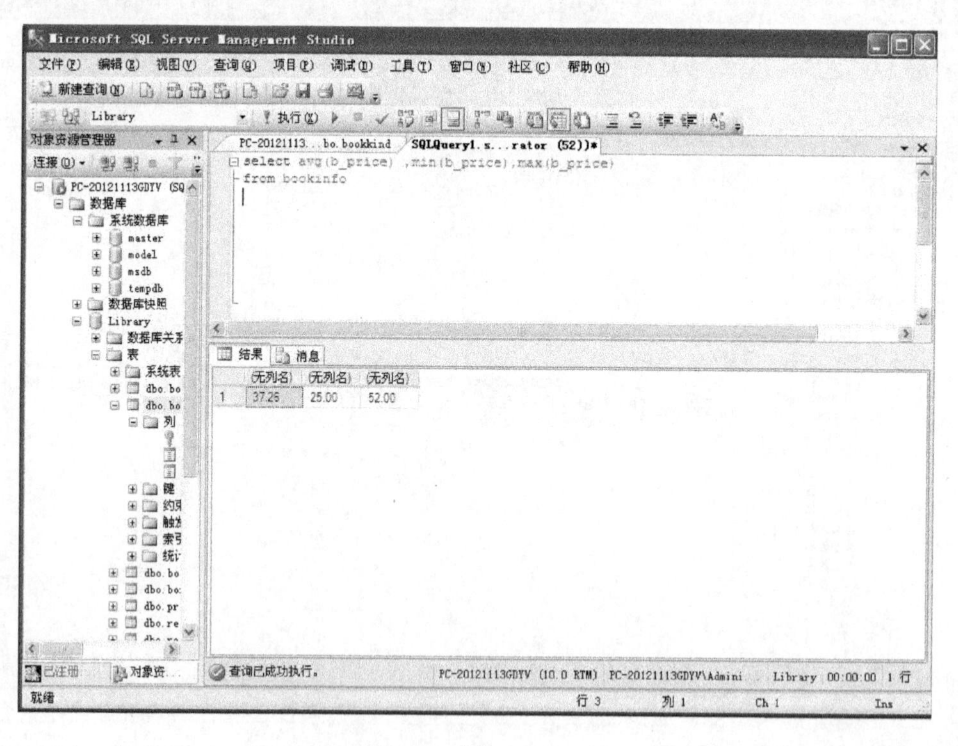

(a)

从结果可以看到，聚合函数在查询结果中没有具体的列名表示，因此要加别名加以显示，执行结果如图5-11(b)所示。

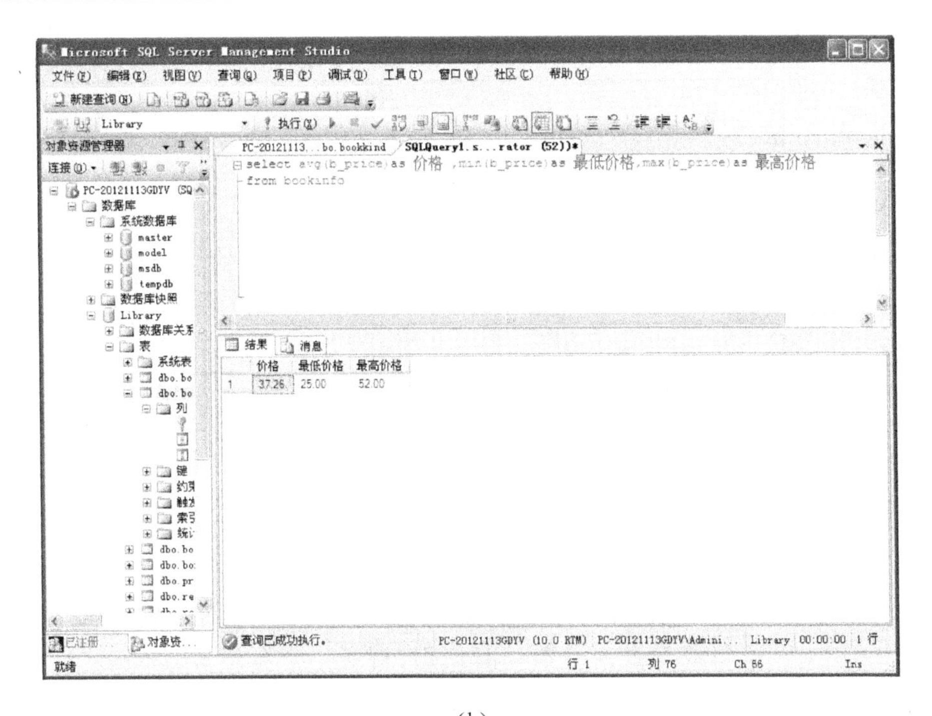

(b)

图 5-11　聚合函数

```
select avg(b_price)as 价格,min(b_price)as 最低价格,max(b_price)as 最高价格
from book info
```

5.3　排序查询

排序查询是在查询语句中加入 order by 子句实现对查询结果的顺序排列，主要是指定查询结果中的记录和排列顺序。排序表达式指定用于排序的列，多个列使用逗号分隔，asc 和 desc 分别表示升序和降序，默认为 asc。由于 asc 和 desc 这两个关键字是以列为单位指定的，所以同时可以指定一个列为升序，指定其他列为降序。

排序表达式中可包括未出现在 select 子句选择列表中的列名。如果在 select 子句中使用了 distinct 关键字，或者查询语句中包含 union 运算符，则排序列必须包含在 select 子句选择列表中。不能使用 ntext，text 和 image 列进行排序。

使用 ORDER BY 子句的语法如下所示：

SELECT <列名 1>,<列名 2>,<列名 3>,……

FROM <表名>

ORDER BY <排序基准列 1>,<排序基准列 2>

【例 5-12】 将各种书的情况按照价格从高到低排列。

```
select  *
frombook info
order by b_pricedesc
```

执行结果如图 5-12 所示。

结果 消息

	b_id	b_name	bk_id	b_author	b_translator	b_isbn	p_id	b_date	b_edition	b_price	b_quantity
1	TP3/2744	SQL Server 2008数据库开发技术与工程实践	17	求是科技	无	7-115-12305-5	006	2013-08-01 00:00:00.000	1	52.00	5
2	TP39/707	Oracle 数据库管理与开发	17	何明	无	978-7-302-30936-9	003	2013-08-01 00:00:00.000	1	49.80	3
3	TP3/2752	Java毕业设计指南与项目实践	17	孙更新	无	978-7-03-020319-9	007	2008-03-01 00:00:00.000	1	45.00	3
4	TP3/2741	计算机应用项目教程	17	肖杨	无	978-7-5682-0270-1	007	2015-01-01 00:00:00.000	1	39.80	6
5	TP3/2742	PowerPoint2010办公应用快易通	17	殷慧文	无	978-7-115-28905-6	003	2012-09-01 00:00:00.000	1	38.00	6
6	TP39/711	基于Oracle的Web应用项目开发	17	朱亚兴	无	978-7-121-12798-4	004	2011-02-01 00:00:00.000	1	36.00	2
7	TP3/2739	C#程序设计	17	张东	无	978-7-113-14054-0	002	2012-08-01 00:00:00.000	1	32.00	6
8	TP3/2747	SQL 必知必会	17	Ben Forta	钟鸣、刘晓霞	978-7-115-31398-0	003	2013-05-01 00:00:00.000	4	29.00	3
9	TP3/2737	Visual Basic.net实用教程	17	金松和	无	978-7-115-27068-9	001	2010-08-01 00:00:00.000	1	26.00	8
10	TP312/146	计算机文化基础教程	17	唐伟奇	无	978-7-5084-4609-7	001	2007-08-01 00:00:00.000	1	25.00	7

图 5-12　排序查询

5.4　分组查询结果

利用 GROUP BY 子句能够快速地将查询结果按指定的字段进行分组。值相等的记录为一组。GROUP BY 子句常与聚合函数一起使用,对每一个分组统计出一个结果。使用 GROUP BY 子句的语法如下:

SELECT<列名 1>,<列名 2>,<列名 3>,……

FROM <表名>

GROUP BY <列名 1>,<列名 2>,<列名 3>,……

【例 5-13】查询图书信息表中每个出版社出版图书书目的数量及每个出版社出版图书的平均价格。

```
select p_id,count( * )as 书目数量,avg(b_price)
from book info
group by p_id
```

【说明】

在 select 查询列的字段中,除聚合函数之外的其他字段,必须出现在 group by 子句中,否则将出现语法错误。

执行结果如图 5-13 所示。

如果需要对 group by 子句的分组结果继续进行条件设置,可以使用 having 子句。使用 having 子句的语法如下所示:

SELECT <列名 1>,<列名 2>,<列名 3>,……

FROM <表名>

GROUP BY <列名 1>,<列名 2>,<列名 3>,……

HAVING<分组结果对应条件>

【例 5-14】按出版社编号分别统计当前馆藏图书的平均价格,并将超过 25 元的显示出来。

```
select p_id,avg(b_price) as 平均价
from book info
```

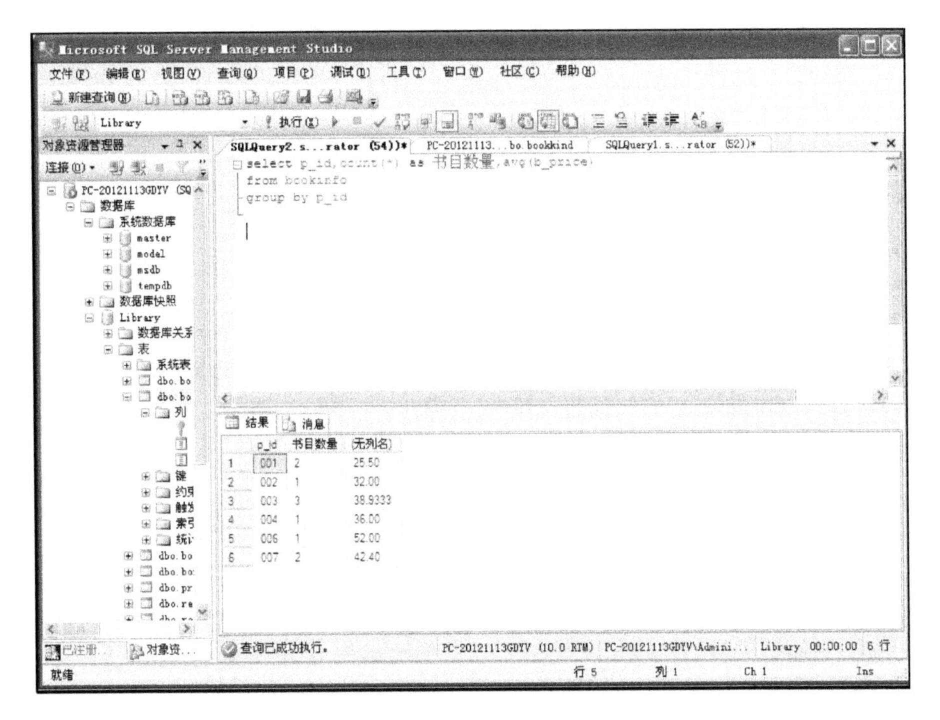

图 5 - 13　分组查询

group by p_id

having avg(b_price)> = 25

执行结果如图 5 - 14 所示。

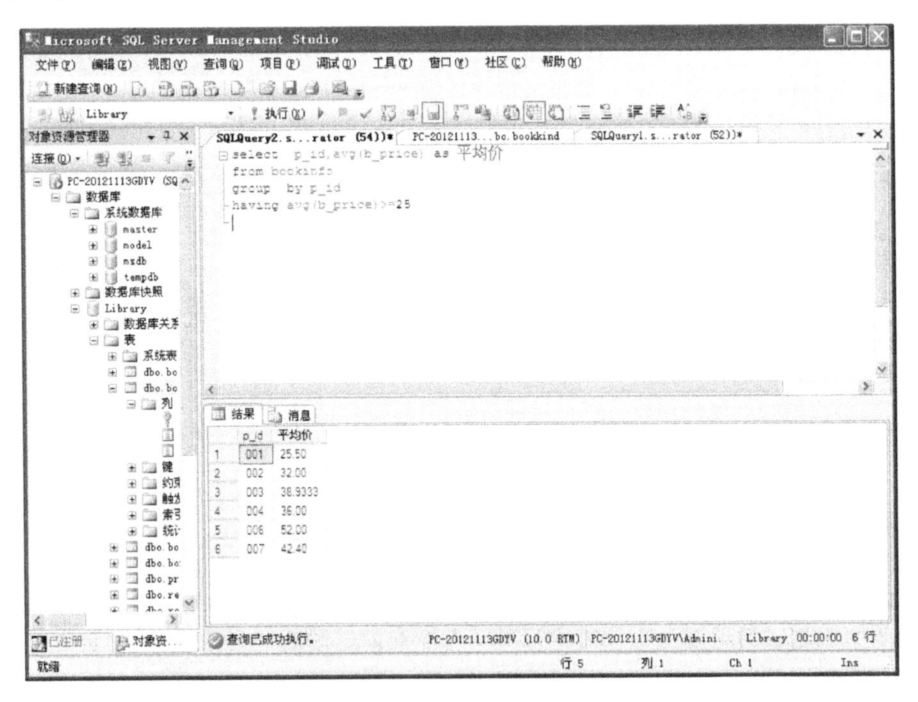

图 5 - 14　分组条件运算

【例 5-15】分类统计各出版社中平均价格大于 25 元的图书类别编号为 17 的出版社编号及图书数目的数量。

```
select p_id,count( * ) as 数目数量
frombook info
wherebk_id = '17'
group by p_id
havingavg(b_price)>25
```

使用 having 子句时 select 语句的顺序:select→ from→where→group by→having,having 子句要写在 group by 子句之后,聚合函数不能出现在 where 子句中,如果在查询条件中需要使用聚合函数,可以用 having 子句代替 where 子句。

5.5 子查询

子查询时返回单值的 select 查询。子查询可以嵌在 select、insert、update 或 delete 语句中,也可以用在 where 或 having 子句中。包括一个或更多子查询的 select 查询称为嵌套查询。

(1)带有聚合函数和比较运算符的子查询

由比较运算符引出的子查询是指外层查询与子查询之间用比较运算符进行连接,通过此比较运算符,将表达式的值与子查询返回的单值进行比较。

【例 5-16】查询借书数高于读者借阅卡信息表中平均借书数的读者借阅号、姓名和借书数目。

```
selectr_id,r_name,r_quantity
from readers
wherer_quantity>(select avg(r_quantity)
                 from readers)
```

该查询中,首先获得"select avg(r_quantity)from readers"的结果集,该结果集为单行单列,然后将其作为外部查询的条件执行外部查询,并得到最终结果。

执行结果如图 5-15 所示。

【例 5-17】查询"图书信息"表中价格高于图书平均价格的所有图书。

```
select *
frombook info
whereb_price>(select avg(b_price)
              frombook info)
```

执行结果如图 5-16 所示。

(2)带有 IN 谓词的子查询

由 IN 或 NOT IN 引出的子查询可以返回零个或多个值,首先执行内部查询,然后将外层查询中的一个表达式的值通过 IN 或 NOT IN 与子查询返回的一列值进行比较。

图 5-15　子查询

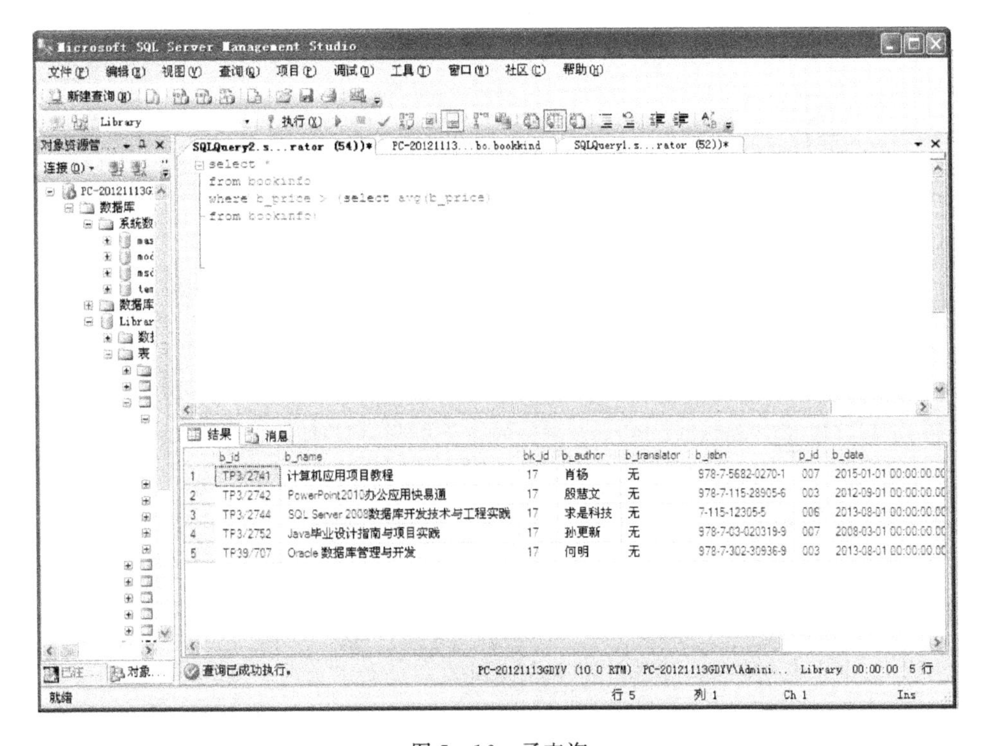

图 5-16　子查询

【例 5-18】查询已借出的图书信息。

```
select *
from bookstore
where s_idin(selects_id
from borrowreturn
where s_state='借出')
```

执行结果如图 5-17 所示。

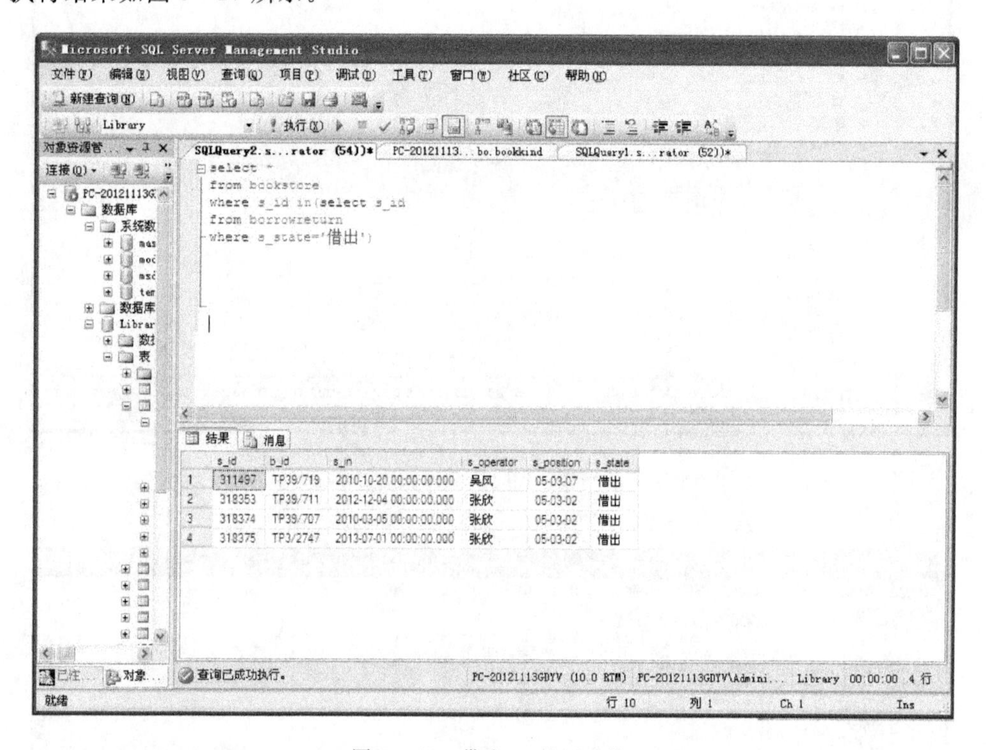

图 5-17 带有 in 的子查询

(3)带有 EXIST 谓词的子查询

由 EXIST 和 NOT EXIST 引出的子查询就相当于进行存在测试。它由外层查询的 WHERE 子句测试相关属性列值在子查询返回的行是否存在。子查询实际不产生任何数据，它只返回 TRUE 和 FALSE 值。所以子查询的目标列表达式通常都用“*”。

【例 5-19】查询“出版社”表中有哪些出版社在“图书信息”表中存在。

```
selectp_id,p_name
from press
where exists(select  *
             from book info
             where p_id=press.p_id)
```

执行结果如图 5-18 所示。

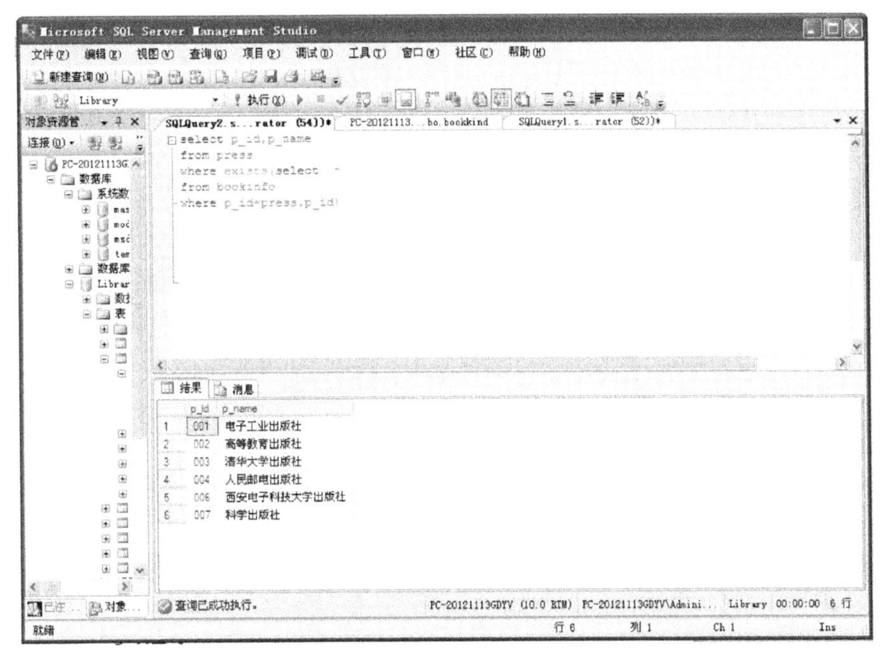

图 5-18　带有 exist 的子查询

5.6　SELECT INTO 语句

使用 SELECT INTO 语句可以将查询结果写进新表中，新表结构与 SELECT INTO 语句的选在列表中的字段结构相同。

【例 5-20】 利用 select into 语句将“图书信息”表中的数据写入一个新表，新表名为

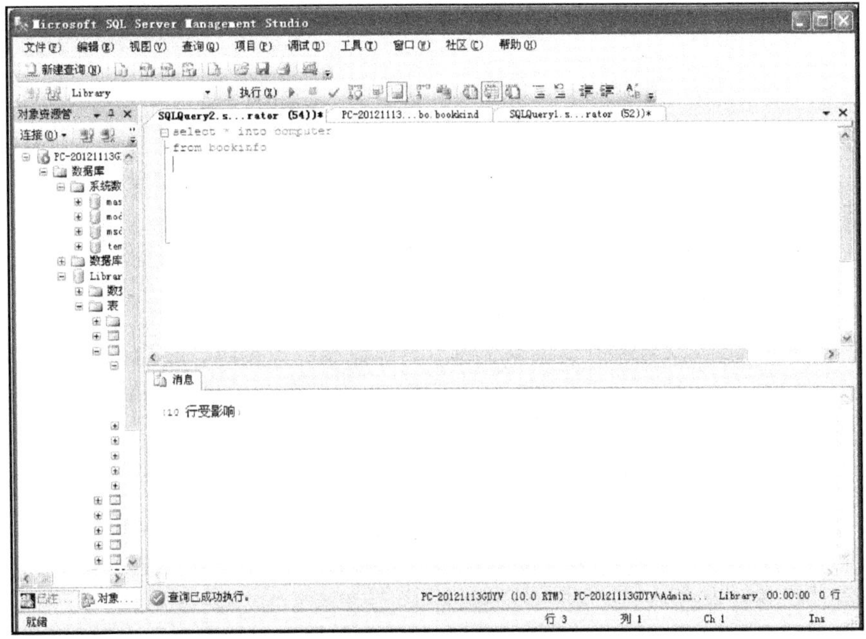

图 5-19　select into 插入数据

"computer"。

```
select * into computer
from book info
```

5.7 多表查询

前面的查询基本上是以特定的方式查看一个表中的数据,在多数情况下,一个 SQL 查询语句一次往往涉及到多个表。在关系数据库中,将一个查询同时涉及两个以上的表,称为连接查询。若要组合各表的数据,则使用 SQL 的 JOIN 操作。JOIN 操作将一个表中的行与另一个表中的行进行匹配。

连接查询的基本语法如下:

SELECT＜表名＞.＜列名＞,＜表名＞.＜列名＞,……

FROM 左表名[AS 别名]连接类型 JOIN 右表名[AS 别名]

ON 连接条件

参数说明:

①连接类型有如下 5 种。

CROSS JOIN:交叉连接。

INNER JOIN:内连接,这是默认类型。

LEFT JOIN 或 LEFT OUTER JOIN:左外连接。

RIGHT JOIN 或 RIGHT OUTER JOIN:右外连接。

FULL JOIN 或 FULL OUTER JOIN:完全连接。

②JOIN:连接查询涉及的多个表。

③ON:指出连接的条件,它由被连接表中的列和比较运算符、逻辑运算符等构成。

5.7.1 交叉连接

两个表的交叉连接是两个表进行广义笛卡儿积运算。返回的结果数据的行数等于第一个表中符合查询条件的数据行数乘以第二个表中符合查询条件的数据行数。例如第一个表中有 m 条记录,第二个表中有 n 条记录,通过交叉连接就会得到 $m \times n$ 行。在这些结果集中,其连接只是单纯的广义笛卡儿积运算,其结果会产生一些没有意义的元组,所以这种连接实际上很少使用。

5.7.2 内连接

使用连接条件消除交叉连接查询结果中没有具体意义的数据,只保留满足连接条件的数据行的连接称为内连接。内连接中根据连接条件的不同又可分为等值连接、不等连接、自然连接。

(1)等值连接

等值连接是将连接两个表的公共列作相等比较的连接。等值连接首先将要连接的表进笛卡儿积计算,然后消除不满足相等连接条件的那些数据行。相等连接的查询结果中存在完全相同的两个列。在实际应用中一般使用自然连接。自然连接就是在等值连接中把目标列中重复的列去掉。它通过在目标列中指定列的名称,在结果集中显示指定的列。

【例 5-21】查询所有图书的图书编号、图书名、出版社名、价格和数量。

```
selecta.b_id,a.b_name,b.p_name,a.b_price,a.b_quantity
from book info as a inner join press as b
ona.p_id=b.p_id
```

也可以在where子句中指定连接条件，本例也可以用where子句实现

```
selecta.b_id,a.b_name,b.p_name,a.b_price,a.b_quantity
from book info as a , press as b
where a.p_id=b.p_id
```

执行的结果如图5-20所示。

图5-20 等值连接

(2)不等连接

不等连接是在连接条件中使用除了“等于”运算符外的比较运算符，这些运算符包括>、>=、<=、<、!>、!<、<>等。

(3)自连接

用户有时需要比较同一表中的两组信息才能获得所需要的查询结果。SQL Server中提供了自连接来实现这种查询。所谓自连接就是表通过与自身链接来获得该表中所需的属性列。使用过程中应当注意：

①同一源表要赋予不同的别名。

②select查询列前必须加上别名。

【例5-22】查询图书信息表中比“SQL必知必会”价格高的图书名称。

```
select b.b_name
from book info as a  join book info as b
on a.b_price<b.b_price and a.b_name='SQL必知必会'
```

(4)外连接

当至少有一个同属于两表的行符合连接条件时,内连接才返回行。内连接消除与另一个表中任何不匹配的行。如果要在结果集中包含在连接表中没有匹配的数据行,可以创建外连接。外连接会返回 FROM 子句中提到的至少一个表或视图的所有行,只要这些行符合任何 WHERE 或 HAVING 搜索条件。查询通过左外连接引用左表中的所有行,以及通过右外连接引用右表中所有行。完全连接中两个表中所有行都将返回。在进行一些统计时,常需要使用外连接。

【例 5-23】 以"图书信息"为左表,以"出版社"表为右表,分别使用左外连接、右外连接和完全连接查询所有图书的图书号、图书名、出版社名、价格和数量。

使用左外连接的查询:

```
select a.b_id,a.b_name,b.p_name,a.b_price,a.b_quantity
from book info as a leftouter join press as b
on a.p_id = b.p_id
```

使用右外连接查询:

```
select a.b_id,a.b_name,b.p_name,a.b_price,a.b_quantity
from book info as a right outer join press as b
on a.p_id = b.p_id
```

使用完全连接查询:

```
select a.b_id,a.b_name,b.p_name,a.b_price,a.b_quantity
from book info as a full outer join press as b
on a.p_id = b.p_id
```

结果如图 5-21(a),5-21(b),5-21(c)。

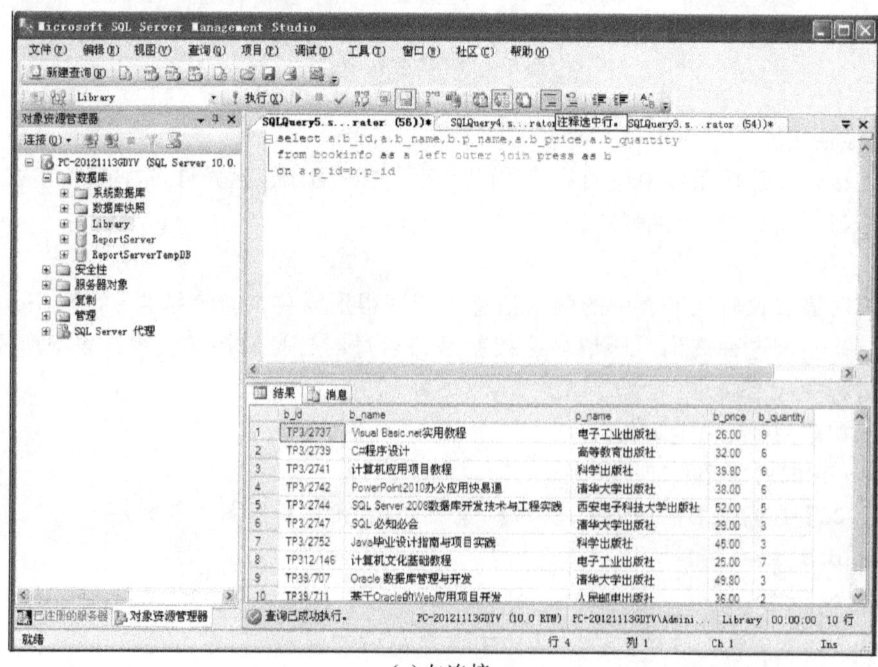

(a)左连接

结果 | 消息

	b_id	b_name	p_name	b_price	b_quantity
1	TP3/2737	Visual Basic.net实用教程	电子工业出版社	26.00	8
2	TP312/146	计算机文化基础教程	电子工业出版社	25.00	7
3	TP3/2739	C#程序设计	高等教育出版社	32.00	6
4	TP3/2742	PowerPoint2010办公应用快易通	清华大学出版社	38.00	6
5	TP3/2747	SQL 必知必会	清华大学出版社	29.00	3
6	TP39/707	Oracle 数据库管理与开发	清华大学出版社	49.80	3
7	TP39/711	基于Oracle的Web应用项目开发	人民邮电出版社	36.00	2
8	NULL	NULL	机械工业出版社	NULL	NULL
9	TP3/2744	SQL Server 2008数据库开发技术与工程实践	西安电子科技大学出版社	52.00	5
10	TP3/2741	计算机应用项目教程	科学出版社	39.80	6
11	TP3/2752	Java毕业设计指南与项目实践	科学出版社	45.00	3
12	NULL	NULL	中国劳动社会保障出版社	NULL	NULL
13	NULL	NULL	中国铁道出版社	NULL	NULL
14	NULL	NULL	北京希望出版社	NULL	NULL
15	NULL	NULL	化学工业出版社	NULL	NULL

(b)右连接

	b_id	b_name	p_name	b_price	b_quantity
5	TP3/2744	SQL Server 2008数据库开发技术与工程实践	西安电子科技大学出版社	52.00	5
6	TP3/2747	SQL 必知必会	清华大学出版社	29.00	3
7	TP3/2752	Java毕业设计指南与项目实践	科学出版社	45.00	3
8	TP312/146	计算机文化基础教程	电子工业出版社	25.00	7
9	TP39/707	Oracle 数据库管理与开发	清华大学出版社	49.80	3
10	TP39/711	基于Oracle的Web应用项目开发	人民邮电出版社	36.00	2
11	NULL	NULL	机械工业出版社	NULL	NULL
12	NULL	NULL	中国劳动社会保障出版社	NULL	NULL
13	NULL	NULL	中国铁道出版社	NULL	NULL
14	NULL	NULL	北京希望出版社	NULL	NULL
15	NULL	NULL	化学工业出版社	NULL	NULL
16	NULL	NULL	中国青年出版社	NULL	NULL
17	NULL	NULL	中国电力出版社	NULL	NULL
18	NULL	NULL	北京工业大学出版社	NULL	NULL
19	NULL	NULL	冶金工业出版社	NULL	NULL

(c)完全连接

图 5－21

5.8　联合查询

联合查询是指使用 union 运算将多个结果合并到一起。语法如下：

SELECT 语句 1

UNION

SELECT 语句 2[......N]

使用 UNION 合并两个查询结果时，必须满足下面两个基本规则。

①所有查询中列的数目必须相同。

②对应列的数据类型必须兼容，即在数据类型不同时，可以进行相互转换。

小　结

本章重点介绍了 SQL 查询的语法结构和使用方法，主要包括条件查询、筛选查询、排序查询、分组查询等基本查询和连接查询、子查询等高级查询的语法结构和使用。应掌握基本查询和高级查询的功能和创建方法，正确理解表之间的连接，知道如何将实际要求转变为恰当的查询条件，提高运用查询解决问题的能力。

实　训

1. 实训目的

(1)掌握 SELECT 语句的基本语法和用法。

(2)使用 ORDER BY 子句进行排序，使用 GROUP BY 子句进行分组统计。

(3)练习数据汇总、连接查询和子查询的方法。

2. 实训要求

(1)使用 XK 数据库中的数据练习 SELECT 语句的基本用法。

(2)对 XK 数据库中的数据进行排序和分类汇总。

(3)在 XK 数据库中使用连接查询和子查询进行数据查询。

3. 实训内容与步骤

(1)SELECT 语句的基本使用

①查询学生表 Student 中每个学生的基本信息。

②在课程表 Course 中查询每门课程的名称和学分。

③在课程表 Course 中查询名称为“SQL Server 实用技术”课程的任课教师和开课时间。

④在 Student 表中查询班级编号为“20000001”的所有学生的学号和姓名，并使用 AS 子句将结果中指定目标列的标题分别指定为学生的学号和学生的姓名。

⑤在 Student 表中查询所有“李”姓学生的信息。

(2)子查询的使用

①在 Course 表中查询限选人数大于平均限选人数的课程信息。

②在 Course 表中查询选报人数小于平均选报人数的所有数据。

(3)连接查询的使用

①查询所有学生的学号、姓名和班级名称。

②查询所有课程的课程名称、任课教师和所属系部。

③查询所有选修了“Java 技术的开发”课程的学生的学号和姓名。

(4)数据汇总

①在 Student 表中查询班级编号为“20000001”的班级人数。

②在 Course 表中查询系部编号为“01”的所有课程限选人数之和。

(5)GROUP BY 、ORDER BY 子句的使用

①在 Student 表中按班级编号统计每个班的学生人数，按学生人数降序排序。

②在 Course 表中按系部编号统计所有课程的选报人数。

第6章　视　图

SHITU

【知识目标】

(1)理解视图的基本概念和作用。

(2)掌握使用 SQL Server Management Studio 和 T-SQL 语句创建和管理视图。

(3)理解索引的概念、作用和分类。

【能力目标】

(1)在实际应用开发时能够灵活运用视图以提高开发效率。

(2)能根据需要创建索引。

(3)能根据需要对以创建的索引进行修改。

【相关知识】

视图作为一种基本的数据库对象,是查询一个表或多个表的另一种方法。它通过把预先定义的查询存储在数据库中,然后在需要时调用它,展现所需的数据。视图限制了用户所能看到或修改的数据。因此,视图可以控制用户对数据的访问。

6.1　视图的基本概念

视图是从一个或者多个表或视图中导出的虚表,其结构和数据是建立在对表查询的基础上。这些被视图引用的表称作基表。视图所对应的数据仍然存储在视图所引用的基表中,数据库只是存储了视图的定义。在授权许可的情况下,用户还可以通过视图来插入、更改和删除基表中的数据。同时,若基表中的数据发生变化,这种变化也会自动反映到视图中。

6.2　视图的作用

视图常见的作用有以下几种。

(1)视图可以简化用户的操作

视图可以使用户集中在他们感兴趣或关心的数据上,通过定义视图,可以使用户眼中的数据库结构简单、清晰,并且可以简化用户的数据查询操作。

(2)提供有效的安全机制

允许用户通过视图访问数据,而不授予用户直接访问视图基础表的权限。视图可以让不同的用户以不同的方式看到不同或者相同的数据集。

(3)增强逻辑数据的独立性

视图对数据库重构提供一定程度的逻辑独立性。视图可以帮助用户屏蔽真实表结构变化带来的影响。视图可以使应用程序和数据库表在一定程度上独立。有了视图,程序可以建立在视图上,从而使程序与数据库表被视图分割开来。

(4)视图能够对机密数据提供安全保护

有了视图机制,就可以在设计数据库应用系统时,对不同的用户定义不同的视图,使机密数据不出现在不应看到这些数据的用户视图上,这样视图机制就自动提供了对机密数据的安全保护功能。

6.3 视图的管理

创建视图时应该注意以下情况:

①只能在当前数据库中创建视图。

②如果视图引用的基表或者视图被删除,则该视图不能再被使用,直到创建新的基表或者视图。

③如果视图中某一列是函数、数学表达式、常量或者来自多个表的列名相同,则必须为列定义名称。

④不能在视图上创建索引,不能在规则、默认、触发器的定义中引用视图。

⑤视图的名称必须遵循标识符的规则,且对每个用户必须是唯一的。此外,该名称不得与该用户拥有的任何表的名称相同。

6.3.1 使用资源管理器创建视图

【例6-1】利用资源管理器创建视图 vw_book info,查询“C#程序设计的”图书编号,作者、价格。

①启动 SQL Server Management Studio,在“对象资源管理器”中依次展开“数据库”节点、“Library”数据库节点。

②用鼠标右键单击“视图”节点,选择“新建视图”,如图6-1所示。

③打开“添加表”对话框,选择要添加到新视图中的表或视图,然后单击【添加】按钮,完成表的添加,最后单击【关闭】按钮,如图6-2所示。

④选择添加到视图的列、列的别名、指定筛选条件(这里为书名是C#程序设计),如图6-3所示。

⑤用鼠标右键单击视图区域,选择“执行 SQL”(如图所示),可以查看到视图对应的结果集,如图6-4所示。

⑥用鼠标右键单击“视图”选项卡,选择【保存】,如图6-5所示。

⑦打开“选择名称”对话框,输入新视图的名称(这里为 vw—SaleGoods),单击【确定】按钮保存视图定义。这样就完成了视图的定义,如图6-6所示。

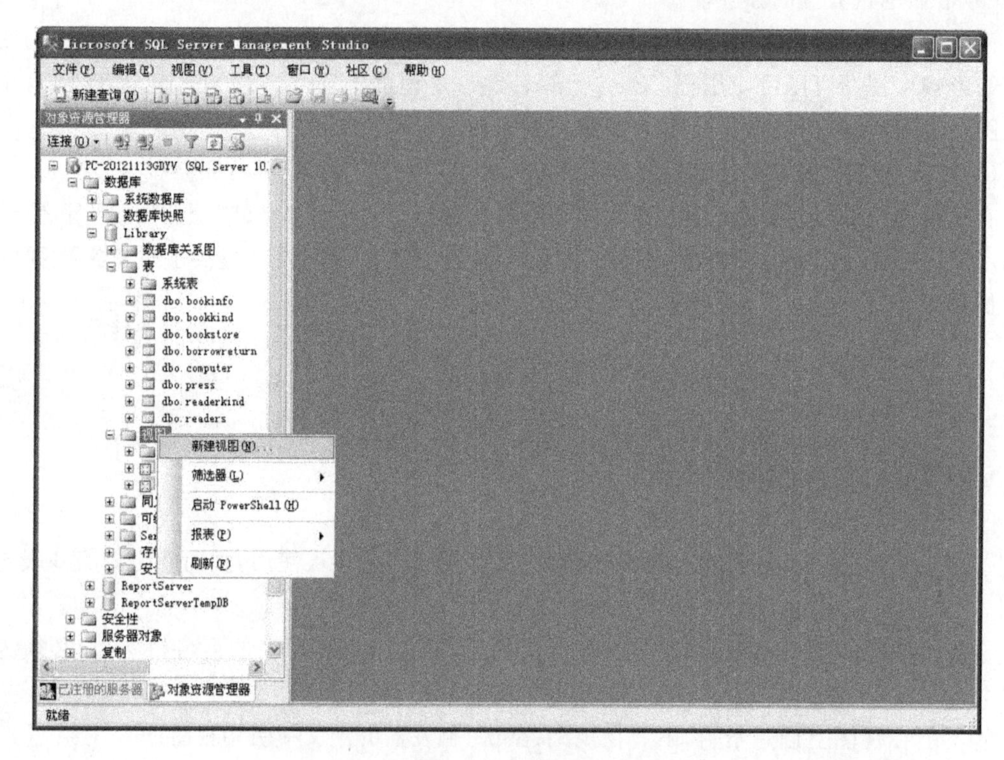

图 6-1 新建视图

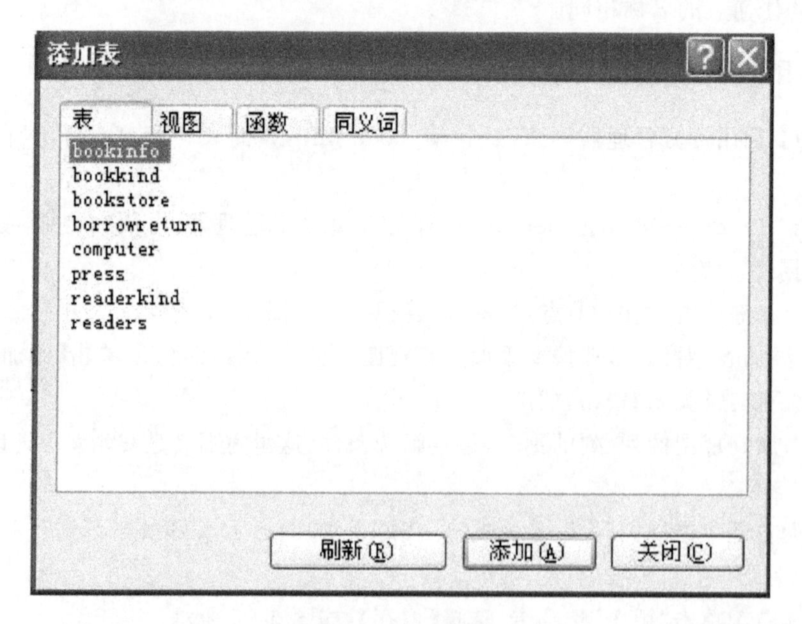

图 6-2 “添加表”窗口

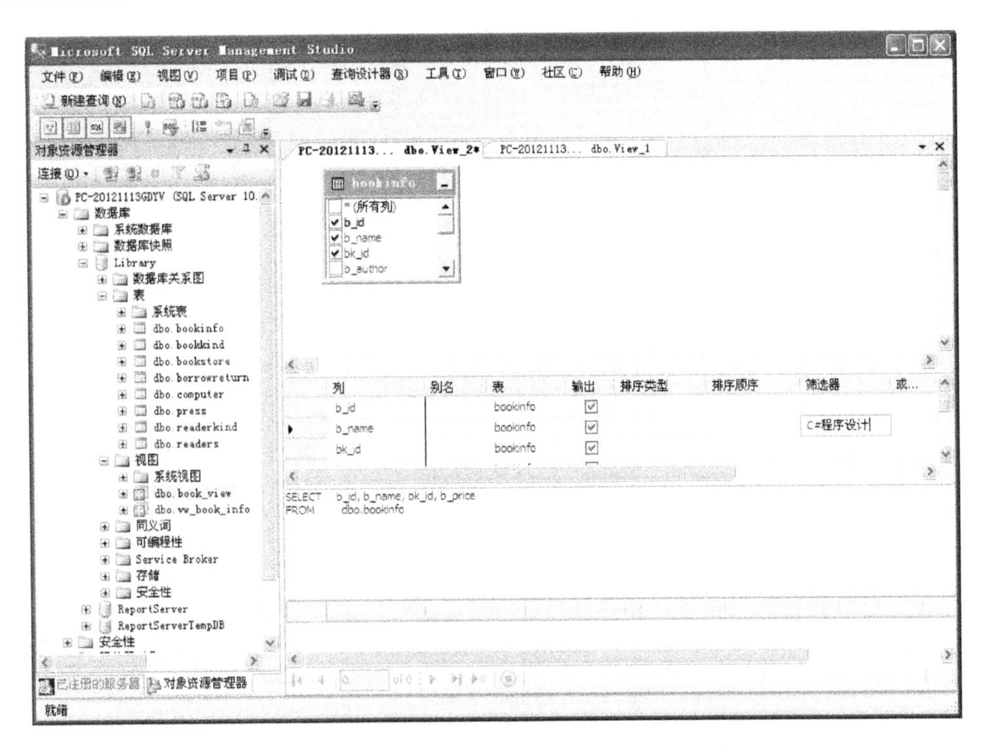

图 6－3　“筛选条件”窗口

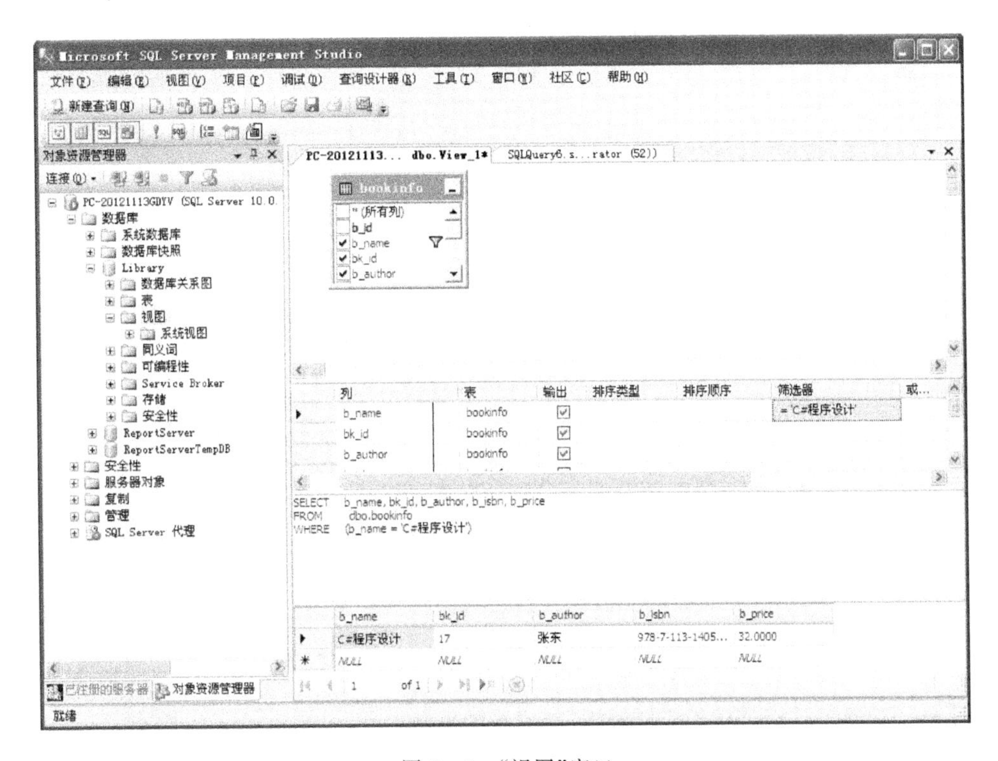

图 6－4　“视图”窗口

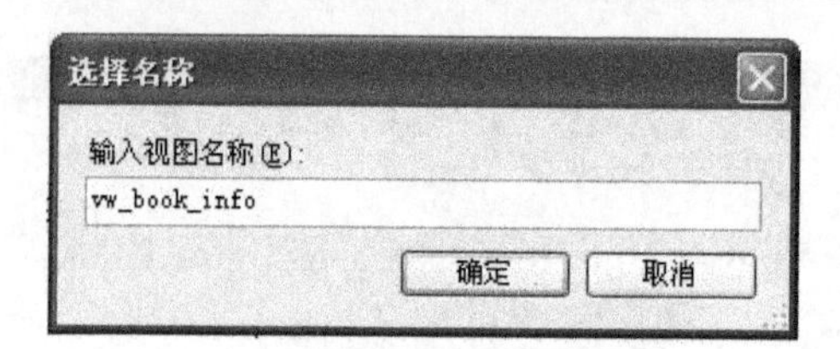

图 6-5　输入视图名称

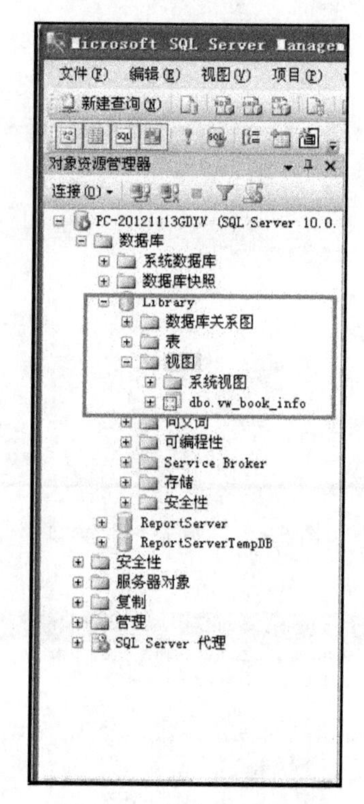

图 6-6　新建视图完成

6.3.2　使用 T-SQL 语句创建视图

创建视图的基本语法如下：

CREATE　VIEW 视图名

WITH ENCRYPTION

AS

SELECT 查询语句

[WITH CHECK OPTION]

参数说明：

with encryption 表示对视图的定义进行加密。

【例 6-2】创建一个基于“图书信息”表的视图 book_view，用它来显示图书号、图书名、出版社名和价格等信息。

在查询窗口中执行如下语句：

```
create view book_view
as
select b_id,b_name,p_name,b_price
from book info as a inner join press as b
on a.p_id = b.p_id
```

创建视图 book_view 后，在查询分析器中输入

```
select *  from book_view
```

执行结果如图 6 - 7 所示。

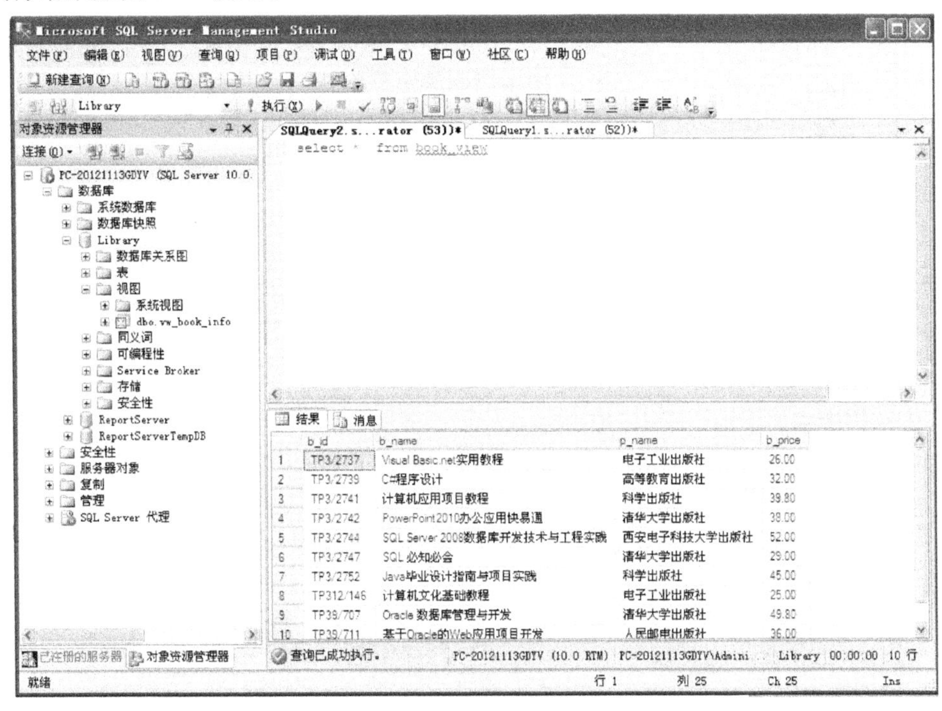

图 6 - 7　查询结果

6.3.3　查看视图

当创建了一个新视图后，在系统表中就定义了该视图的存储，因此，可以使用系统存储过程 sp_help 显示视图特征，使用 sp_helptext 显示视图在系统表中的定义，使用 sp_depends 显示该视图所依赖的对象。基本语法如下：

sp_help|sp_helptext|sp_depends 视图名

【例 6 - 3】 显示视图 book_view 的特征。

在查询窗口中执行如下语句：

```
sp_help book_view
```

执行结果如图 6 - 8 所示。

也可以用 SQL Server Management Studio 来查看。

【例 6 - 4】 在 SQL Server Management Studio 中查看或修改视图 book_view 的属性，并查看其返回结果。

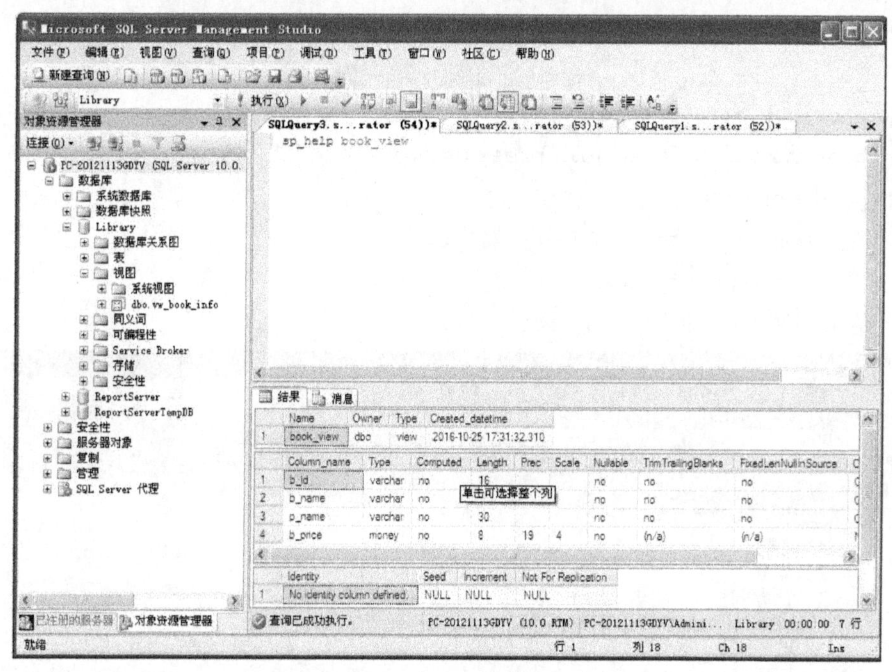

图 6-8　查看视图

具体操作步骤如下：

①在 SQL Server Management Studio 窗口中展开 Library 数据库。

②选择“视图”选项，在“视图”列表中可以看到名为 book_view 的视图。

③选择“视图”选项，右击“book_view”视图，在弹出的快捷菜单中选择“编辑前 200 行”命令，返回结果如图 6-9 所示。

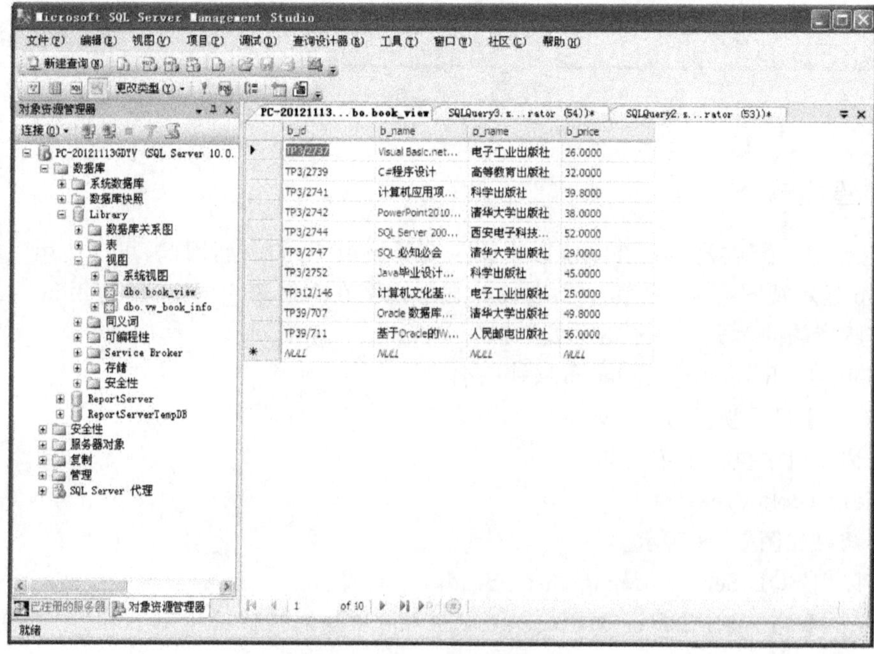

图 6-9　资源管理器“修改视图”

6.3.4　修改视图

修改视图的定义如下：

使用 T-SQL 语句修改视图的剧本语法如下：

```
ALTER  VIEW 视图名
[with encryption]
AS
SELECT 查询语句
```

【例 6－5】使用 T-SQL 命令修改【例 6－2】中的视图 book_view，用它来显示图书数量大于 5 的图书号、图书名、出版社名和价格等信息。

在查询窗口中执行如下语句：

```
alter view book_view
as
select b_id,b_name,p_name,b_price
from book info as a inner join press as b
on a.p_id = b.p_id
where b_quantity>5
```

执行结果如图 6－10 所示。

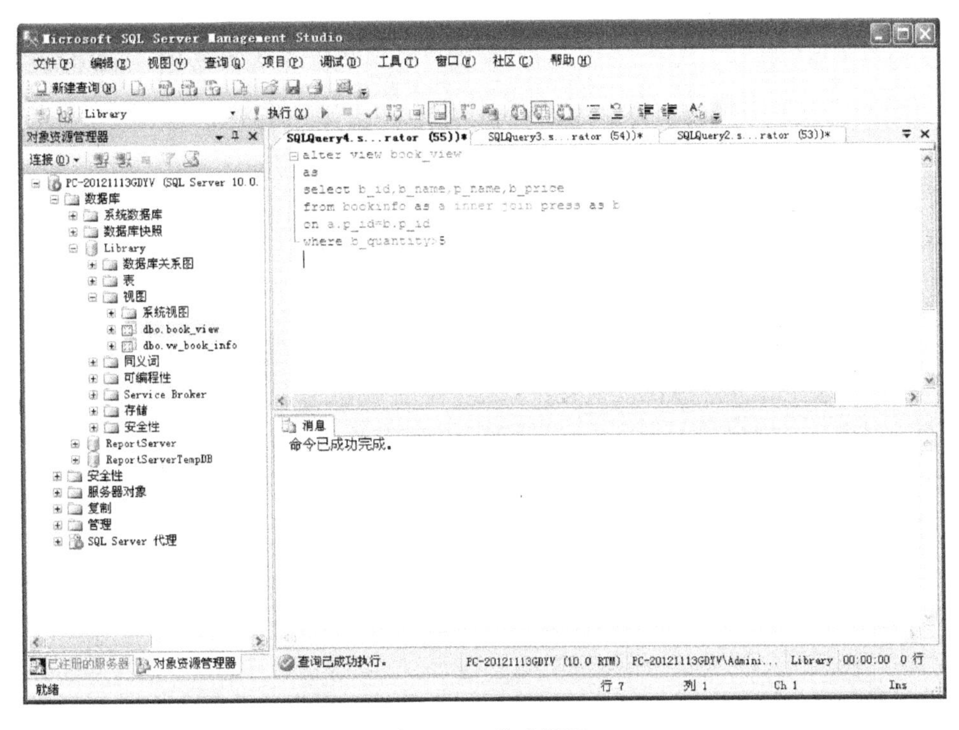

图 6－10　修改视图

6.3.5 重命名视图

【例 6-6】使用 T-SQL 将视图 book_view 改名为 book_view1。

在查询窗口中执行如下语句：

```
sp_rename book_view,book_view1
```

也可以使用 SQL Server Management Studio 来进行重命名，操作步骤如下：

①在 SQL Server Management Studio 窗口中展开 Library 数据库。

②选择"视图"选项，右击"book_view"，在弹出的快捷菜单中选择"重命名"命令。

③输入视图的新名称"book_view1"

④按 Enter 键确定。

6.3.6 通过视图更新数据

由于视图是不实际存储数据的虚表，因此无论在什么时候更新视图的数据，实际上都是在修改视图的基表中的数据。在利用视图更新基表中的数据时，应该注意以下几个问题。

①创建视图的 select 语句中如果包含 group by 子句，则不能修改。

②更新基于两个或两个以上基表的视图时，每次修改数据只能影响其中的一个基表，也就是不能同时修改视图所基于的两个或两个以上的数据表。

③不能修改视图中没有定义的基表中的列。

④不能修改通过计算得到值的列、有内置函数的列和有统计函数的列。

更新的基本操作包括插入数据(insert)，删除数据(delete)和修改数据(update)命令的语法格式与更新表的语法格式完全一致，只需把命令中的表改为视图名，表的列名改为视图列名。

6.3.7 删除视图

【例 6-7】使用 T-SQL 语句删除视图 book_view1

在查询窗口中执行如下语句：

```
DROP VIEW book_view1
```

也可以使用 SQL Server Management Studio 删除视图，具体操作如下：

①在 SQL Server Management Studio 窗口中展开 Library 数据库。

②选择"视图"选项，右击 "book_view1"，在弹出的快捷菜单中选择"删除"命令。

③按 Enter 键确定。

小　结

本章学习了如下内容：

(1)视图是一种虚表，它只保存了视图的定义，并不实际存储数据。通过使用视图可以更方便用户使用查询，同时提高系统安全性。

(2)视图的基本概念、优点、视图的创建、修改和删除等操作。

实　训

1. 实训目的

理解视图的作用，能熟练创建、修改、删除视图。

2. 实训要求

能根据项目的功能需求为应用程序创建视图，能通过视图对数据进行操作。

3. 实训内容与步骤

视图使用

(1)在 XK 数据库中创建一个名为 v_Student 的视图。该视图仅能查看班级编号为“20000001”的学生信息(要求在视图中显示中文标题)。

(2)在 XK 数据库中创建一个名为 v_CourseSub 的视图。该视图仅能显示“课程名称”和“学列”两列。

(3)在 XK 数据库中创建一个名为 v_StuCou 的视图。该视图显示学生选修课程的信息，内容包括学号、姓名、班级名称。

(4)在 XK 数据库中创建一个名为 v_CouByDep 的视图。该视图可以显示各系部开设选修课程的门数。

第7章　索　引

SUOYIN

【知识目标】

(1)理解索引的作用。

(2)了解索引的种类和使用方法。

(3)熟练掌握创建索引的方法。

【能力目标】

(1)能根据需要创建索引。

(2)能根据需要对以创建的索引进行修改。

(3)会重命名索引,删除索引。

【相关知识】

7.1　索引的概念

索引是一种与表或视图相关联的物理结构,可以用来加快从表或视图中检索数据的速度。数据库中的索引与书籍中的目录相类似。在一本书中,利用目录可以快速查找所需要的信息,无需阅读整本书。在数据库中,索引使数据库程序无需对整个表进行扫描,就可以在其中找到所需数据。书中目录索引是一个词语列表,其中注明了包含各个词的页码。而数据库中索引是一个表中所包含的值的列表,其中注明了表中包含各个值的行所在的存储位置。可以为表中的单个列建立索引,也可以为一组列建立索引。基于两列或多列建立的索引称为复合索引。

索引为性能所带来的好处却是有代价的。索引在数据库中也需要占用存储空间。表越大,建立的包含该表的索引也就越大。数据库一般是动态的,经常需要对数据进行插入、修改和删除。当一个含有索引的表中数据行被更新时,索引也要更新,以反映数据的变化,这样可能会降低插入、修改和删除数据行的速度,所以不要在表中建立太多且很少用到的索引。创建索引应遵循以下几个原则:

①在经常需要搜索的列上。

②在作为主键的列上。

③在经常用在连接的列上。

④在经常使用在 where 子句的列上。

⑤在经常需要排序的列上。

⑥在经常需要根据范围进行搜索的列上。

索引的特性会影响系统资源的。

7.2 索引的分类

索引有两种类型：聚集索引(clustered index)和非聚集索引(nonclustered index)，也分别被称为聚簇索引和非聚簇索引。

(1)聚集索引

在聚集索引中，表中的行的物理存储顺序和索引顺序完全相同。每个表只允许建立一个聚集索引。数据按列进行排序，然后在重新存储到磁盘上。

在表或视图中，只允许创建一个聚集索引。在创建主键约束时，若表中没有聚集索引，则Server将主键作为聚集索引列。

(2)非聚集索引

非聚集索引与书中的索引类似。数据存储在一个地方，索引存储在另一个地方，索引带有指针并指向数据的存储位置。索引中的项目按索引键值的顺序存储，而表中的信息按另一种顺序存储。

非聚集索引不会对表和视图按照索引列值进行物理排序。如果表中没有建立聚集索引，则表中的数据行实际上是按照输入数据时的顺序排序的。非聚集索引对索引列进行逻辑排序，并保存索引列的逻辑排序位置。在表或视图中，最多可以建立250个非聚集索引，或者249个非聚集所以和1个聚集索引。

汉语字典中的正文本身是以字母顺序进行排列的，拼音目录的顺序和正文的顺序是一致的，这个拼音目录就可以理解为聚集索引。偏旁部首目录则是按照部首及笔画排列的，使用部首查字时，需要在偏旁部首的目录中找指定的字，然后按照后面指定页码，到正文查找。部首目录纯粹是目录，正文纯粹是正文，部首目录就可以理解为非聚集索引。

7.3 使用 Management Studio 创建和管理索引

索引可以在建表时创建，也可以在建表之后的任何时候创建。用户可以在表上同时建立多个索引。

7.3.1 使用 Management Studio 创建索引

【例7-1】为了提高读者信息的查询速度，需要在读者编号列上建立非聚集索引，此处索引的名字定义为ix_readers。

具体操作步骤如下：

①在“Management Studio”窗口中展开Library数据库，再展开“表”选项。

②右击“readers”，在弹出的快捷菜单中选择“新建索引”命令，如图7-1所示。

③在打开的“新建索引”窗口中输入索引名称“ix_readers”，再设置索引类型，非聚集型。如图7-2所示，并设置“索引选项”，选择列所在的数据库和数据库表(或视图)，单击【添加】按钮，如图7-3所示。

④单击【确定】按钮完成。

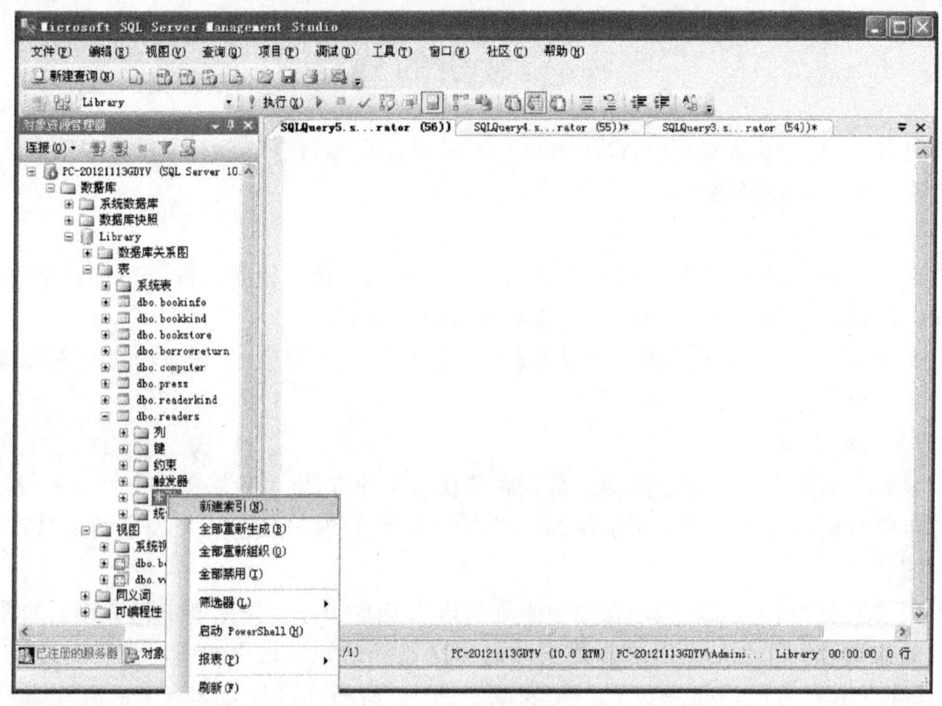

图 7-1　创建索引

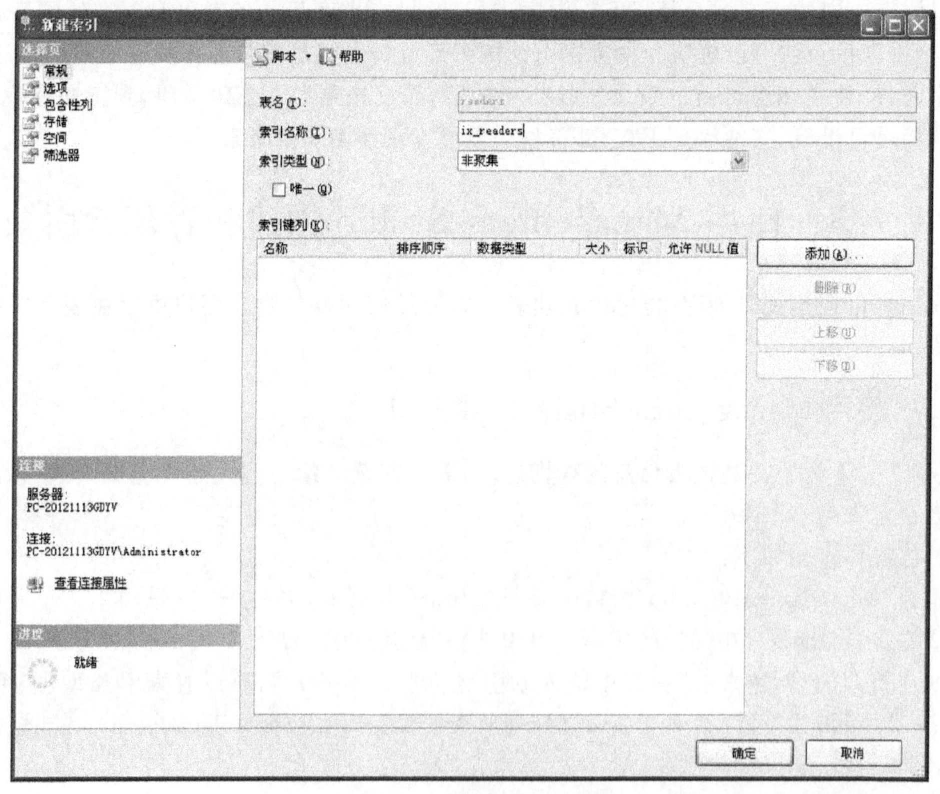

图 7-2　“新建索引”对话框

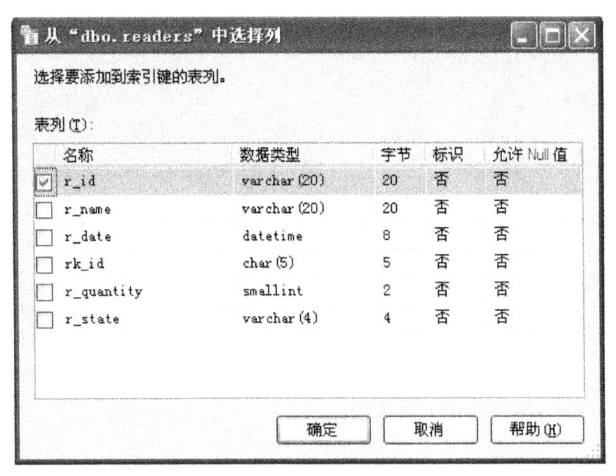

图 7－3　"新建索引"对话框－2

7.3.2　使用 Management Studio 查看、修改、删除索引

使用 Management Studio 查看、修改和删除索引的步骤如下：

①选定创建索引表下的索引，右键单击该索引，从弹出的快捷菜单中选择"属性"，如图 7－4 所示。

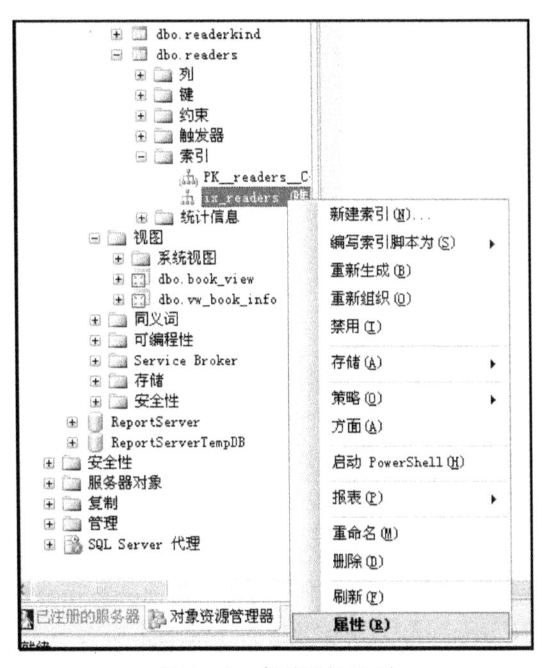

图 7－4　索引属性选项

②弹出"索引属性"的对话框，可查看、修改所创建的索引，如图 7－5 所示。

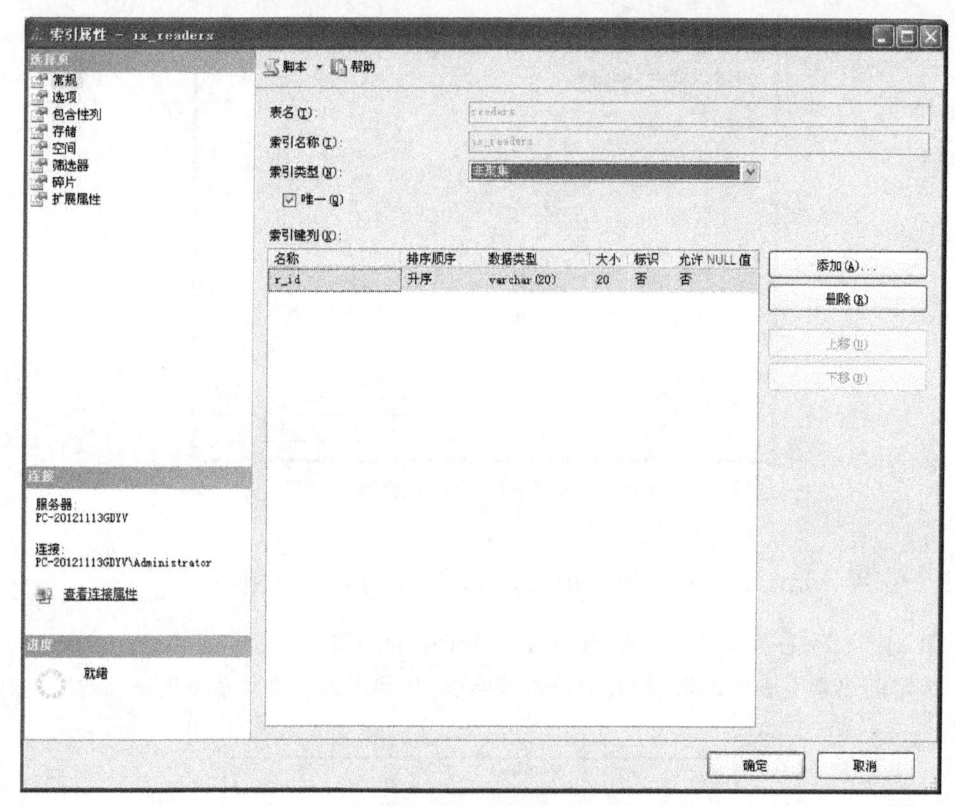

图 7-5 “索引属性”对话框

7.4 使用 T-SQL 语句创建和管理索引

也可以用 T-SQL 语句创建索引。

7.4.1 使用 T-SQL 创建索引

基本语法如下：

CREATE [UNIQUE][CLUSTERED | NONCLUSTERED] INDEX 索引名

ON {表|视图}(列[ASC | DESC][,... n])

参数说明

① UNIQUE:表示创建唯一索引,省略该选项时,系统默认创建非唯一索引。

② CLUSTERED | NONCLUSTERED:指明创建的索引为聚集索引还是非聚集索引,省略该选项,系统默认创建非聚集索引。

③ ASC | DESC:指定索引列的排序方式是升序还是降序,默认值是升序(ASC)。

上例中的【7-1】也可以用 T-SQL 语句完成。

在查询窗口中执行如下语句：

```
create index ix_readers
on readers(r_id)
```

执行结果如图 7-6 所示

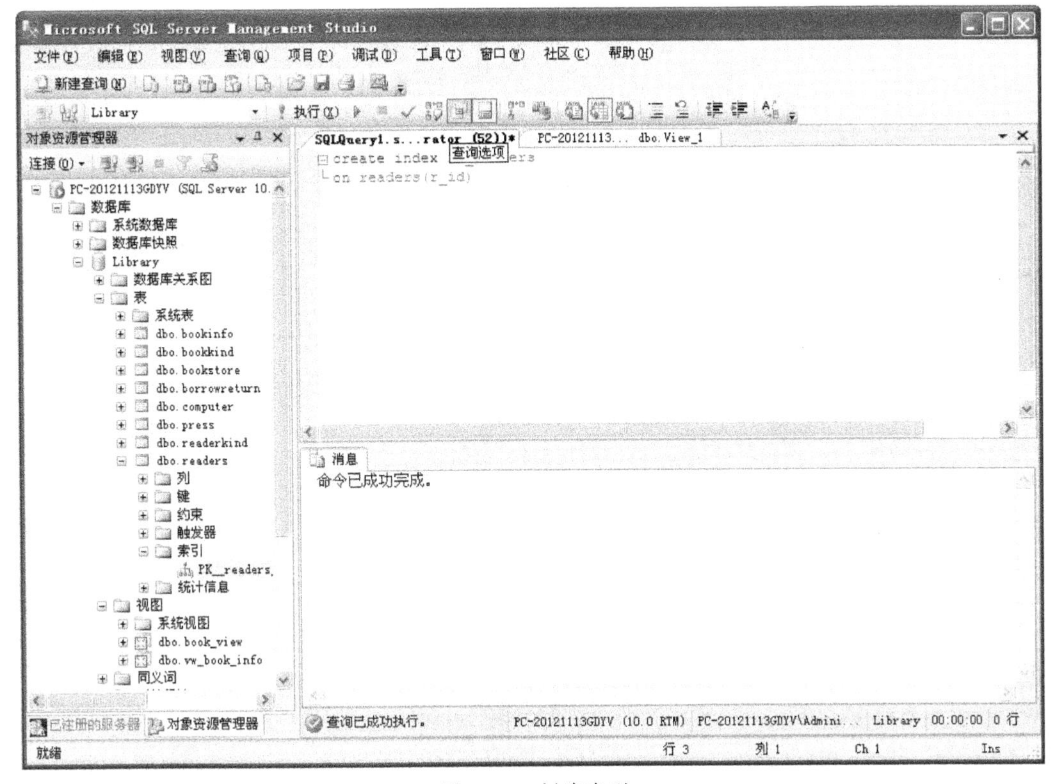

图 7-6　创建索引

7.4.2　查看索引

利用系统存储过程 sp_helpindex 可以返回特定表的所有索引信息。基本语法如下：

sp_helpindex<table_name>

【例 7-2】 利用系统存储过程 sp_helpindex 查看 readers 表的索引.

在查询窗口中执行如下语句：

sp_helpindex readers

执行结果如图 7-7 所示。

7.4.3　重命名索引名称

可以通过存储过程 sp_rename 来更改索引的名称。基本语法如下：

sp_rename table_name. old_index_name, new_index_name

【例 7-3】 将 readers 表的 ix_readers 索引重命名为 ix_readers1。

在查询窗口中执行如下语句：

```
use Library
go
execsp_rename ix_readers, ix_readers1
go
```

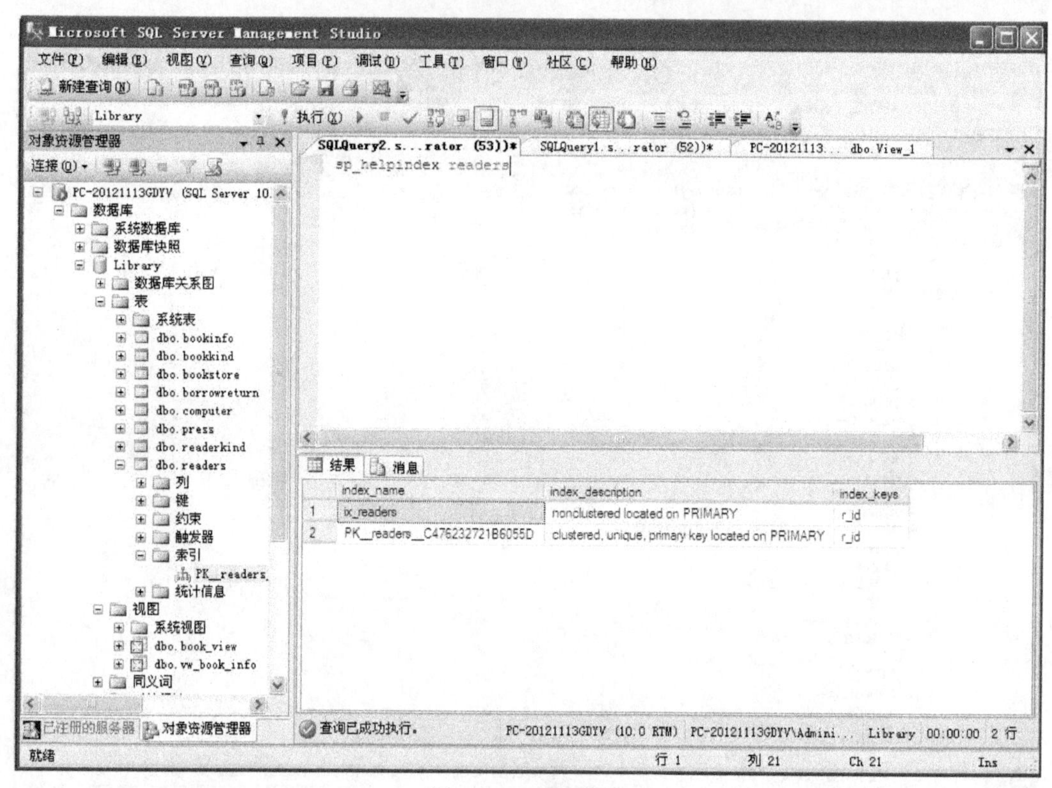

图 7-7　查看索引

7.4.4　删除索引

使用 DROP INDEX 语句删除索引,基本语法如下:

DROP　INDEX 表名.索引名|视图.索引名

【例 7-4】 删除 readers 表中 ix_readers 索引。

```
drop index reaedrs.ix_readers
```

用 drop index 删除索引时,需要注意以下事项:

①不能用 drop index 语句删除由主键约束或唯一约束创建的索引。要删除这些索引必须先删除主键约束或唯一约束。

②再删除聚集索引时,表中的所有非聚集索引都将被重建。

7.5　索引的维护

在创建索引后,为了得到最佳的性能,必须对索引进行维护。因为随着时间的推移,用户需要在数据库上进行插入、修改和删除等一系列操作,这会使数据变的支离破碎,从而造成索引性能下降。

SQL Server 提供了多种工具帮助用户进行索引维护,下面介绍常用的方法。

7.5.1　统计信息更新

在创建索引时，SQL Server 会自动存储有关的统计信息。查询优化器会利用索引统计信息估算使用该索引进行查询的成本。随着数据的不断变化，索引和列的信息可能已经过时，从而导致查询优化器选择的查询处理方法并不是最佳的。因此，有必要对数据库中的这些信息进行更新。

【例 7-5】 使用 UPDATE STATISTICS 命令，更新 Library 数据库中的 readers 表的索引统计信息。

在查询窗口中执行如下语句：

```
update statistics readers r_id
```

7.5.2　使用 dbcc showcontig 语句扫描表

对表进行数据操作可能会导致表产生碎片，而表碎片会导致额外的页读取，从而造成数据库查询性能的降低。此时用户可以通过使用 dbccshowcontig 语句来扫描表，并通过其返回值确定该表的索引页是否已经严重不连续。

【例 7-6】 利用 dbcc showcontig 获取 readers 表中的 ix_readers 索引碎片信息。

在查询窗口中执行如下语句：

```
dbcc showcontig(readers,ix_readers)
```

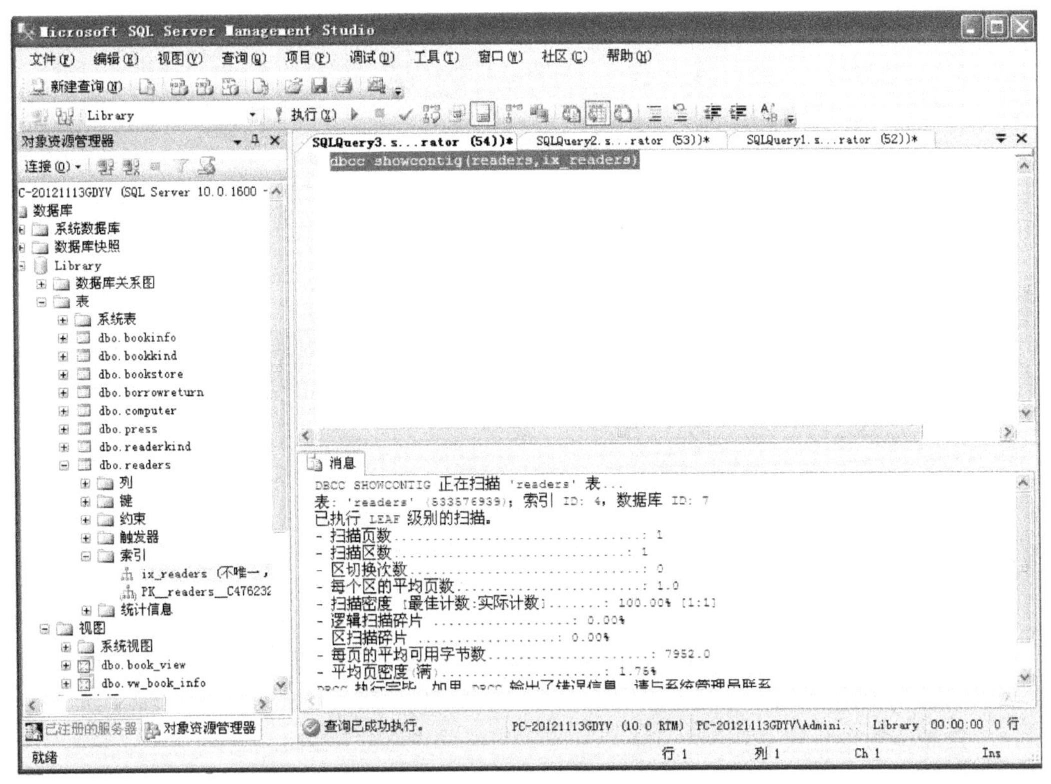

图 7-8　获取索引碎片信息

7.5.3 使用 dbcc indexdefrag 语句扫进行碎片整理

当表或视图上的聚集索引和非聚集索引页级上存在碎片时,可以通过 dbcc indexdefrag 对其进行碎片整理。

【例 7-7】 利用 dbcc indexdefrag 对 Library 数据库中 readers 表的 ix_readers 索引进行碎片整理。

在查询窗口中执行如下语句:

```
dbcc indexdefrag(Library,readers,ix_readers)
```

执行结果如图 7-9 所示。

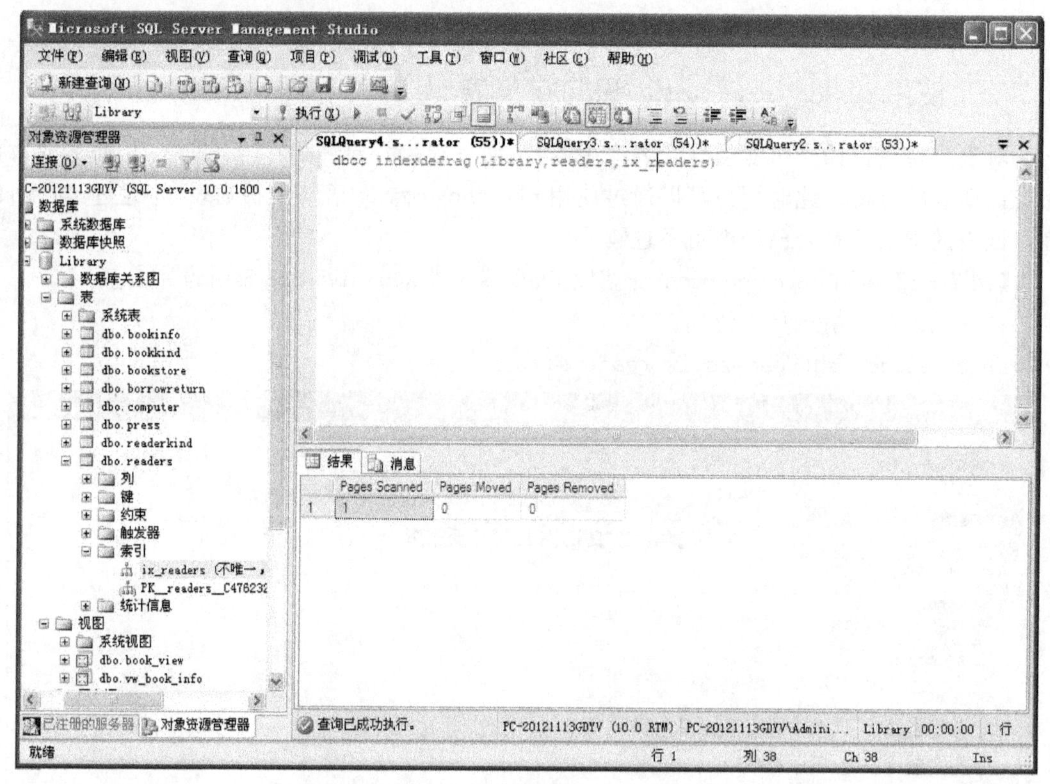

图 7-9 碎片整理窗口

小 结

本章学习了如下内容:

(1)索引的概念、优点,并对聚集索引和非聚集索引进行了介绍。

(2)索引的创建、修改和删除的方法。

(3)维护索引的方法。

实 训

1. 实训目的

正确理解索引的概念、作用和分类。

2. 实训要求

能根据项目的功能需求为应用程序创建索引;能通过创建索引,达到提高数据检索速度,改善数据库性能的目的。

3. 实训内容与步骤

索引使用

(1)在 XK 数据库中按照学生姓名查询信息,以提高其查询速度。

(2)在 XK 数据库中按照课程名称查询信息,以提高其查询速度。

(3)在 XK 数据库中按照学号、课程号查询选课信息,以提高其查询速度。

第 8 章 Transcact-SQL语言编程基础

Transcact-SQL YUYANBIANCHENGJICHU

【知识目标】

了解 SQL 编程的基础知识和 SQL Server2008 提供的常用系统函数，具有常用代码的编写能力。

【能力目标】

(1)能够正确应用 T-SQL 的表达式和基本控制语句。

(2)能够根据项目需求分析编写简单的 T-SQL 程序。

【相关知识】

Transcact-SQL(简称 T-SQL)在支持标准 SQL 的同时，还对其进行扩充，引入变量定义、流程控制和自定义存储过程等语句。使用 T-SQL 语句编写程序可以通过 SQL Server 提供的 SQL Server Management Studio 查询分析器运行，也可以存储在数据库服务器上运行。

8.1 T-SQL 语法规则

T-SQL 语法规则如下表 8-1 所示。

表 8-1 语法规则

<table>
<tr><th>书写规则</th><th>说明</th></tr>
<tr><td>大写</td><td>T-SQL 关键字</td></tr>
<tr><td>斜体或小写字母</td><td>T-SQL 语法中用户提供的参数</td></tr>
<tr><td>|</td><td>分隔括号或大括号内的语法项目，只能选择一个项目</td></tr>
<tr><td>[]</td><td>可选项，不必输入方括号</td></tr>
<tr><td>{}</td><td>必选项，不必输入大括号</td></tr>
<tr><td>()</td><td>语句的组成部分，必须输入</td></tr>
<tr><td>[,…,n]</td><td>表示前面的项可重复 n 次，项之间由逗号分隔</td></tr>
<tr><td>[…n]</td><td>表示前面的项可重复 n 次，项之间由空格分隔</td></tr>
<tr><td><></td><td>表示其中的内容为实际语义</td></tr>
</table>

其中，SQL 语句对大小写不敏感，大写表示是系统关键字，方便阅读、理解。

8.2　T-SQL 语法元素

8.1.1　标识符

标识符用来标识服务器、数据库和数据库对象(如表、视图、索引、过程等)。T-SQL 的保留字不能作为标识符。

SQL Server 的标识符分为常规标识符和分隔标识符。

(1)常规标识符

第一个字符必须是下列字符之一:26 个大小写字母,以及来自其他语言的字母字符,还可以是下划线_、@或者#。其他字符可以是大小写字母或其他国家/地区字符中的十进制数字、@、$、#、_。常规标识符不允许嵌入空格或其他特殊字符。

(2)分隔标识符

用“”或者[]分隔标识符。在 SQL Server 中,以@符号开始的标识符表示局部变量或者参数;以@@开始的标识符表示全局变量或配置函数;以#开始的标识符表示临时表或过程;以##开始的标识符表示全局临时对象。

标识符的长度不能超过 128 个字符,临时表的标识符的长度不能超过 116 个字符。

(3)数据类型

数据类型用来定义数据对象(如列、变量和参数)。

(4)运算符

运算符是表达式的组成部分之一,它与一个或多个简答表达式一起使用,以便构成一个更为复杂的表达式。

(5)表达式

表达式是标识符、值和运算符的组合,SQL Server 2008 可以对其求值,以获取结果。在查询或修改数据时,可将表达式作为要查询的内容,也可以作为限制查询条件。

(6)函数

与其他程序设计语言中的函数相似,它可以有 0 个、1 个或多个参数,并返回一个值或值的集合。

(7)注释

注释有两个作用:其一,对程序代码的功能及实现方式进行简要的解释和说明,以便于将来对程序代码进行维护;其二,可以把程序中暂时不用的语句加以注释,使它们暂时不被执行,等需要这些语句时,再将它们恢复。T-SQL 支持以下两种类型的注释。

①多行注释。使用“/ * ”和“ * /”可以将连续书写的多行语句设为注释。

②单行注释。使用“__”可以将单行书写的语句设为注释。

例如:

——查询 book info 表的内容

Select * from book info

/ * … * /使用时以/ * 开始,表明紧随其后为注释内容,以 * /结束注释。

例如:

```
/*
查询 book info 表的内容
该例使用多行注释
 */
Select * From  book info
go
```

(8)保留关键字

Microsoft SQL Server 使用保留关键字定义、操作或访问数据库。保留关键字是 SQL Server 使用的 Transcact-SQL 语言语法的一部分,用于分析和理解 Transcact-SQL 语句和批处理。

8.1.2 常量

常量是在程序运行过程中保持不变的量,表示一个特定值的符号,常量的类型取决于它所表示值的数据类型,可以是日期型、数值型、字符串型等。对应日期型和字符串常量,使用时要用单引括号起来。常量的类型见表 8-2 所示。需要注意的是,Unicode 字符串常量与 ASCII 字符串常量相似,但它前面有一个 N 标识符(N 代表 SQL-92 标准中的国际语言,即 National Language)。N 前缀必须大写,Unicode 数据中的每个字符用两字节存储,而每个 ASCII 字符用一字节存储。

表 8-2　常量类型表

常量类型	例子	常量类型	例子
ASCII 字符串常量	‘123456’,’你好’	货币常量(money)	￥1234.5
Unicode 字符串常量	N‘123456’,N’你好’	位常量(bit)	0,1
整型常量(integer)	123456	日期和时间常量(datetime)	‘2012—9—1’,’11:10:45’
数值型常量(decimal)	1234.56	二进制字符串常量	0x123EA(用十六进制数表示)
浮点数常量(float,real)	1.234E+5		

8.1.3 变量

变量是在程序运行过程中,值可以发生变化的量,通常用来保存程序运行过程中的录入数据、中间结果和最终结果。SQL Server 系统中,存在两种类型的变量:一种是系统定义和维护的全局变量;另一种是用户定义以保存中间结果的局部变量。

(1)全局变量

在 SQL Server 2008 中,全局变量改成为函数,用户不能定义全局变量,只能使用全局变量。全局变量通常存储一些 SQL Server 2008 的配置设置值和性能统计数据,用户可在程序中用全局变量来测试系统的设定值或 T-SQL 命令执行后的状态值。引用全局变量时,全局变量的名字前面要使用两个标记符@@。

(2)局部变量

局部变量是用户自定义的变量,作用范围仅在程序内部数据,以便在 SQL 语句之间传递。

①局部变量必须以@开头,局部变量一定是以后才能使用,语法如下:

```
declare @variable_name datatype,[, @variable_name datatype]……
```

其中,变量名必须遵循标识符的命名规则,数据类型是 SQL Server 2008 支持的除 text、ntext、image 外的各种数据类型,也可以是用户定义的数据类型。

②局部变量在定义之后的初始值是 null,给变量赋值使用 set 命令或 select 命令,set 语句一次只能给一个局部变量赋值,select 语句可以同时给一个或多个局部变量赋值。语句基本语法如下:

```
set @local_variable = expression
select @local_variable = expression[,…n]
```

局部变量必须在同一个批处理或过程中被声明和使用。

8.1.4　运算符

表达式可以是列名、字符、运算符或函数的任意组合。运算符用来指定要在一个或多个表达式中执行的操作。SQL Server 提供了算术运算符、位运算符和字符串连接运算符。

算术运算符、比较运算符、逻辑运算符前面已经介绍过,下面介绍位运算符。

(1)一元运算符

一元运算符只对一个表达式执行操作,表达式可以是数值数据类型。一元运算符及其描述如表 8-3。

表 8-3　运算符

运算符	描述
+(正)	返回数值表达式的正值
—(负)	返回数值表达式的负值
~(按位 not)	将给定的整型数值转换为二进制形式,然后按位逻辑非运算

(2)字符串连接运算符

字符串连接运算符(+)用来连接字符串。

(3)赋值运算符

Transcact-SQL 赋值运算符为=,它通常与 set 语句或 select 语句一起使用,用来给局部变量赋值。例如:

```
declare @i int
set @i=1
```

当多个运算符参与运算时,会按照优先顺序进行运算。运算符的优先级如下(从高到低)。

①()

②+(正号),-(负号),~

③ *,/,%

④＋(加),＋(字符串连接),－(减)

⑤＝,＞,＞＝,＜,＜＝,＜＞,！＝,！＜,！＞

⑥not

⑦and

⑧all,any,between,in,like,or,some

⑨＝(赋值运算符)

8.1.5 批处理

以 go 结束的一个或多个 Transcact-SQL 语句构成一个批,它们被一次性地发给 SQL Server 去执行。多个批就构成了批处理。

除了 create database、create table 和 create index 之外的其他大多数的 create 语句要单独作为一个批。在使用批处理时应注意如下限制:

①在同一个批处理中不能既绑定到列又使用规则或默认。

②在同一个批处理中不能删除一个数据库对象又重建它。

③在同一个批处理中不能改变一个表再立即引用其新列。

【例 8-1】 创建查看图书信息的视图 book_view 后,查询 book_view 视图中的信息。

```
use Library
go
create view book_view
as
select * from book info
go
select * from book_view
go
```

8.1.6 流控语句

流程控制语句与 T-SQL 语句一起使用可以控制程序的流程。在批处理中可以使用流控语句,也可以在存储过程、脚本或特定的查询内部使用它。流程语句可以实现程序的 3 种基本结构:顺序结构、选择结构和循环结构。下面介绍 T-SQL 的流控语句。

(1) if 语句

if 语句用来实现程序的选择结构,语法如下:

①不带 ELSE 子句,如果布尔表达式的值为 TRUE,则执行语句块,然后执行后继语句,否则直接执行后继语句。

格式:IF 布尔表达式

语句块

说明:如果语句块为多个语句,必须使用 BEGIN－END 将其括起来。

②带 ELSE 子句,如果布尔表达式的值为 TRUE,则执行语句块 1,否则执行语句块 2

语法格式:

    IF 布尔表达式

    语句块 1
  ELSE
    语句块 2

说明：如果语句块为多个语句，必须使用 BEGIN-END 将其括起来。

(2)BEGIN... AND 语句

BEGIN 和 AND 用来定义语句块，它们必须成对出现。它将多个 SQL 语句括起来，相当于一个单一语句。

格式：

```
BEGIN
        语句 1
        语句 2
        ……
END
```

说明：

①如果一个逻辑单元需要包含两个或两个以上的语句，应使用 BEGIN－END 将这些语句组合起来。

② BEGIN-END 语句可以嵌套。

(3) WHILE 语句

WHILE 语句用来实现循环结构，先判断布尔表达式的值，如果为 TRUE，则执行语句块，然后再次判断布尔表达式的值，如此重复，直到表达式的值为 FALSE 时结束循环。

格式：

```
WHILE 布尔表达式
    BEGIN
    ……
    [BREAK]
    ……
    [CONTINUE]
     ……
    END
```

说明：

① BREAK 语句的功能是跳出本层循环；

② CONTINUE 语句的功能是结束本次循环，开始下次循环；

③ BREAK 语句和 CONTINUE 语句一般与 IF 语句配合使用。

(4) CASE 表达式

根据不同条件表达式返回对应的结果。

①简单 CASE 表达式，如果某个简单表达式的值与测试表达式的值相等，则返回相应的结果表达式。

格式：

CASE 测试表达式

WHEN 简单表达式 1 THEN 结果表达式 1
WHEN 简单表达式 2 THEN 结果表达式 2
……
[ELSE 结果表达式 n]
END

②搜索 CASE 表达式,如果某个布尔表达式的值为 TRUE,则返回相应的结果表达式的值。

格式:

CASE
WHEN 布尔表达式 1 THEN 结果表达式 1
WHEN 布尔表达式 2 THEN 结果表达式 2
……
[ELSE 结果表达式 n]
END

说明:如果所有布尔表达式的值都为 FALSE,则返回 ELSE 后结果表达式的值。

(5)Return

Return 语句实现无条件退出执行批命令、存储过程或触发器。Return 语句可以返回一个整数给调用它的过程或应用程序。语法如下:

Return [整型表达式]

(6) Print

Print 语句用于显示字符类数据类型的内容,其他数据类型则必须进行数据类型转换再在 Print 语句中使用,Print 语句通常用于测试运行结果。

8.3 SQL Server 编程

【例 8-2】计算 1+2+3+4+……+100 的和,并显示计算结果。

分析:首先定义两个局部变量@i 和@sum,两者均为 int。其中@i 为计数单元,@sum 用来存放运算结果。需要给局部变量赋值,@i 初值为 1,@sum 初值为 0,该题需要使用循环,循环终止条件为@i>100。

在查询窗口中执行如下语句:

```
declare @i int,@sum int
select @i = 1,@sum = 0
while  @i< = 100
begin
    select @sum = @sum + @i
    select @i = @i + 1
end
select '1+2+3+4+……+100 的和'=@sum
```
执行结果如图 8-1 所示。

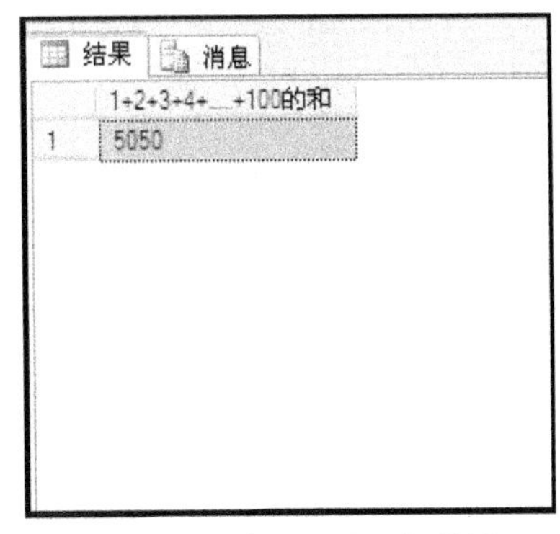

图 8 - 1 【例 8 - 2】运行结果

【例 8 - 3】对图书进行分类统计，要求显示图书类别、类别名称、图书名称。

```
select bk_id as 图书类别,b_name as 图书名称 ,'图书类别名称'=
case bk_id
when '01'then'马、列、毛著作'
when'02'then'哲学'
when'03' then'社会科学总论'
when'17' then'工业技术'
else '其他类别'
end
frombook info
go
```

执行结果如图 8 - 2 所示。

	图书类别	图书名称	图书类别名称
1	17	Visual Basic.net实用教程	工业技术
2	17	C#程序设计	工业技术
3	17	计算机应用项目教程	工业技术
4	17	PowerPoint2010办公应用快易通	工业技术
5	17	SQL Server 2008数据库开发技术与工程实践	工业技术
6	17	SQL 必知必会	工业技术
7	17	Java毕业设计指南与项目实践	工业技术
8	17	计算机文化基础教程	工业技术
9	17	Oracle 数据库管理与开发	工业技术
10	17	基于Oracle的Web应用项目开发	工业技术

图 8 - 2 【例 8 - 3】运行结果

【例 8 - 4】@ num1 和@ num2 为两个整数，其值分别为 30 和 20，编程显示两个数中较大的那个数。

```
declare @num1 int,@num2 int
select @num1 = 30,@num2 = 20
if(@num1>@num2)
  print @num1
else
  print @num2
go
```

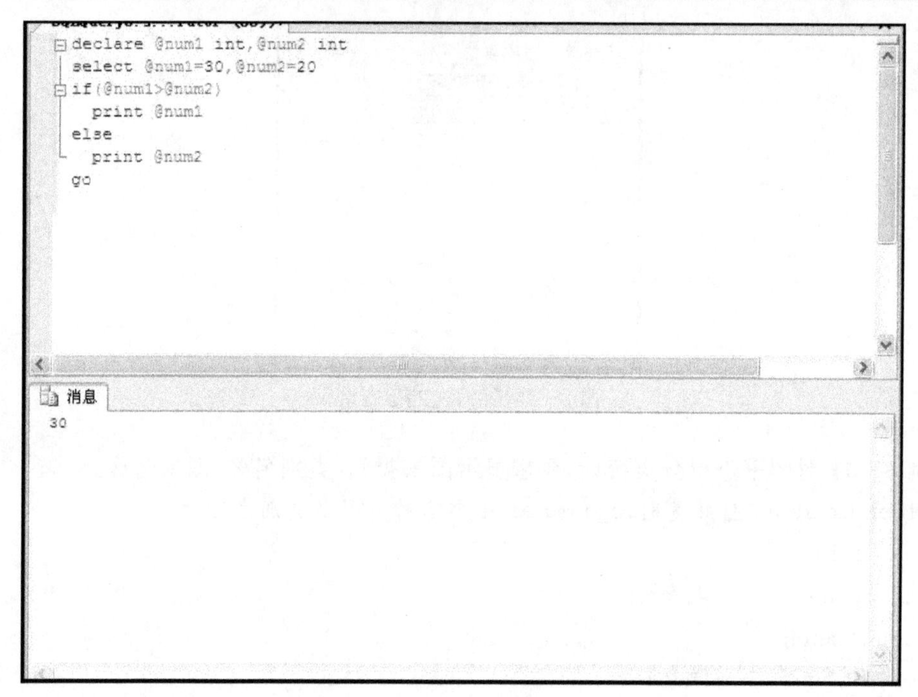

declare @num1 int,@num2 int
select @num1=30,@num2=20
if(@num1>@num2)
print @num1
else
print @num2
go
消息
30

图 8-3 【例 8-4】运行结果

8.4 常用函数

函数对于任何程序设计语言都是非常关键的组成部分。SQL Server 提供的函数分为聚合函数、配置函数、游标函数、日期函数、数学函数、元数据函数、行集函数、安全函数、字符串函数、系统函数、文本和图像函数几类。一些函数还提供了获得信息的快捷方法。函数有返回值,函数值的类型取决于所使用的函数。

(1)字符串函数

字符串函数用于对字符串进行连接、截取等操作。表 8-4 列出了常用的字符串函数。

表 8-4 常用字符串函数

函数	功能
ASCII(字符表达式)	返回字符表达式最左边字符的 ASCII 码
CHAR(整形表达式)	将一个 ASCII 代码转换为字符的字符串函数
SPACE(整形表达式)	返回由 n 个空格组成的字符串
LEN(字符表达式)	返回给定字符串表达式的字符(而不是字节)个数,其中不包含尾随空格
RIGHT(字符串,整数)	返回字符串中从右边开始指定的 n 个字符
LEFT(字符串,整数)	返回从字符串左边开始指定的 n 个字符
SUBSTRING(字符表达式,起始点,n)	返回字符串表达式中从"起始点"开始的 n 个字符

续表 8 - 4

函数	功能
STR(浮点表达式[,总长度[,小数点右边的位数]])	将浮点表达式转换为给定长度的字符串,小数点后的位数由给定的"小数"确定
LTRIM(字符串)	删除字符串左边的空格
RTRIM(字符串)	删除字符串右边的空格
LOWER(字符表达式)	将大写字符数据转换为小写字符数据后返回字符表达式
UPPER(字符表达式)	返回将小写字符数据转换为大写的字符表达式
REVERSE(字符表达式)	返回字符表达式的逆序
CHARINDEX(字符表达式 1,字符表达式 2,[起始位置])	返回字符表达式 1 在字符表达式 2 的开始位置,可从所给出的"开始位置"进行查找,如果没指定开始位置,或者指定为负数或 0,则默认从字符表达式 2 的开始位置查找
REPLICATE(字符表达式,整型表达式)	将字符表达式重复多次,整型表达式给出重复的次数
STUFF(字符表达式 1,start,length,字符表达式 2)	将字符表达式 1 中从"start"位置开始的"length"个字符换成字符表达式 2

注:n 是整型表达式的值。

【例 8 - 5】给出字符串'fg'在字符串'abcdefghijk'中的位置。

在查询分析器中执行如下语句:

```
select charindex('fg','abcdefghijk')
```

【例 8 - 6】计算字符串"SQL Server 数据库应用技术"的字符个数。

在查询分析器中执行如下语句:

```
select len('SQL Server 数据库应用技术')
```

【例 8 - 7】显示信息:将"hello"显示两次,然后间隔 10 个空格,再将"word"显示两次。

在查询分析器中执行如下语句:

```
select replicate('hello',2),space(10),replicate('world',2)
```

(2)日期函数

日期函数用来显示日期和时间的信息。它们处理 dataUme 和 smaUdatatime 的值,并对其进行算术运算。表 8 - 5 列出了常用的日期函数。

表 8 - 5　常用的日期函数

函数	功能
DATE　ADD(日期元素,数值,日期)	在向指定日期加上一段时间的基础上,返回新的日期值
DATE　DIFF(日期元素,起始日期,终止日期)	返回跨两个指定日期的日期和时间边界数

续表 8-5

函数	功能
DATE　NAME(日期元素,日期)	返回代表指定日期间的差值并转为指定日期元素的形式
DATE　PART(日期元素,日期)	返回代表指定日期的指定日期部分的整数
GETD　ATE()	返回当前系统日期和时间
YEAR(日期)	返回表示指定日期中的年份的整数
MONTH(日期)	返回代表指定日期月份的整数
DAY(日期)	返回代表指定日期的天的日期部分的整数
GETUTCDATE()	返回表示当前 UTC 时间(世界时间坐标或格林尼治标准时间)的 datetime 值

表 8-3 中日期元素的缩写和取值范围在表 8-6 中给出。

表 8-6　日期元素及其缩写和取值范围

日期元素	缩写	取值
year	yy, yyyy	1753—9999
month	mm, m	1—12
day	dd, d	1—31
day of year	dy, y	1—366
week	wk, ww	0—52
hour	hh	0～23
minute	mi, n	0～59
quarter	qq, q	1～4
second	ss, s	0～59
millisecond	ms	0～999

【例 8-8】显示服务器当前系统的日期和时间。

在查询分析器中执行如下语句:

```
select getdate()
```

【例 8-9】显示服务器当前系统的月份和月份名称。

在查询分析器中执行如下语句:

```
select datepart(month,getdate())
```

【例 8-10】小李的生日为“1975/12/1”,使用日期函数计算小李的年龄。

在查询分析器中执行如下语句:

```
select‘年龄’= datediff(yy,'1979/12/23',getdate())
```

(3)系统函数

系统函数用来获取 SQL 常用的 Server 的有关信息。表 8-7 为常用的系统函数。

表 8-7　常用的系统函数

函数	功能
app_name()	返回当前会话的应用程序名称(如果应用程序进行了设置)
CAST(expression as data_type)	将表达式显示转化为另一种数据类型
CONVERT(data_type[(length)], expression[,style])	将表达式显示转换为另一种数据类型。cast 和 convert 提供相似功能
COALESCE(expression[,…,n]	返回其参数中第一个非空表达式
DATALENGTH(expression)	返回任何表达式所占用的字节数
HOST_NAME()	返回工作站名称
ISNULL(check_expression,replacement_value	使用指定的替换值替换 NULL
NEWID()	创建 uniqueidentifier 类型的唯一值
NULLIF(expression, expression	如果两个指定的表达式相等,则返回空值
ISDATE(expression)	表达式为有效日期格式时返回 1,否则返回 0
ISNUMBERIC(expression)	表达式为数值类型时返回 1,否则返回 0

【例 8-11】显示主机名称。

在查询分析器中执行如下语句：

```
select host_name()
```

【例 8-12】将字符串 9.3456 转换为数字。

在查询分析器中执行如下语句：

```
select convert(decimal(10,4),'9.3456')
```

(4)数学函数

数学函数用来对数值型数据进行数学运算。表 8-8 列出了常用的数学函数。

表 8-8　常用的数学函数

函数	功能
ABS	返回给定数字表达式的绝对值
CEILING	返回大于或等于所给数字表达式的最小整数
FLOOR	返回小于或等于所给数字表达式的最大整数
POWER	返回给定表达式乘指定次方的值
RAND	返回 0～1 之间的随机 float 值
ROUND	返回数字表达式并四舍五入为指定的长度或精度
SIGN	返回给定表达式的正(+1)、负(−1)号或零(0)
SQUARE	返回给定表达式的平方
SQRT	返回给定表达式的平方根

8.5 用户自定义函数

除了使用系统提供的函数外,用户还可以根据需要自定义函数。用户自定义函数有如下优点:模块化程序设计;执行速度更快;减少网络流量。但是在用户自定义函数中不能更改数据,仅用于返回信息。

根据返回类型,用户自定义函数可以分为以下两种。

①标量函数。只返回单个数据值。函数体语句定义在 begin…end 语句内,其中包含了带有返回值的 Transcact-SQL 命令。返回类型可以是除 text、ntext、image、currsor 和 timestamp 外的任何数据类型。

②表值函数。返回 table 数据类型,可以看作一个临时表。

8.6 游标操作

关系数据库中的操作会对整个或部分行集产生影响,有 select 语句返回的行集包括所有满足该语句中 where 子句中条件的行,返回的所有行被称为结果集。应用程序,尤其是交互式联机应用程序,并不总能将整个结果集作为一个单元来有效地处理,这些应用程序有时需要一种机制以便每次处理一行或一部分行,游标提供这种处理机制。

游标通过以下方式扩展结果集的处理:

①允许定位在结果集的特定行。

②从结果集的当前位置检索一行或多行。

③支持对结果集中当前位置的行进行数据修改。

在 SQL Server 2008 中使用游标的一般步骤如下:

①声明游标(declare cursor)。

②打开游标(open crusor)。

③提取游标(fetch cursor)。

④根据需要,对游标中当前位置的执行修改操作(更新或删除)。

⑤关闭游标(close cursor)。

⑥释放游标(deallocate crusor)。

游标主要用于存储过程、触发器和 T-SQL 脚本中,使用游标时通常要用到以下的基本语句。

(1)declare cursor

声明游标,定义 T-SQL 服务器游标的属性,例如游标的滚动行为和用于生成游标所操作的结果集的查询。其基本语法如下:

```
declarecursor_name cursor
forselect_statement
```

参数说明:

cursor_name:所定义的 T-SQL 服务器游标名称。

select_statement:定义游标结果集的标准 select 语句。

(2)open crusor

打开 T-SQL 服务器游标,然后通过执行在 declare cursor 或 set cursor_variable 语句中指定 T-SQL 语句填充游标,基本语法如下:

```
open cursor_name
```

(3)fetch cursor

提取游标,从 T-SQL 服务器游标中检索特定的一行,基本语法如下:

```
fetch
  [[next | prior | first | last | absolute n |relative n |]
     from
  ]
crusor_name
[into @variable_name[,…n]]
```

说明:

next:返回紧跟当前行之后的结果行。如果 fetch next 为对游标的第一次提取操作,则返回结果集中的第一行。

prior:返回紧临当前行前面的结果行。如果 fetch prior 为游标的第一次提取操作,则没有行返回并且游标置于第一行之前。

first:返回游标中的第一行并将其作为当前行。

last:返回游标中的最后一行并将其作为当前行。

absolute　n:如果 n 为正数,返回从游标头开始的第 n 行并将返回的行变成新的当前行。如果 n 为负数,返回游标尾之前的第 n 行并将返回的行变成新的当前行。如果 n 为 0,则没有行返回。

relative n:返回当前行之前或之后的第 n 行并将返回的行变成新的当前行。

cursor_name:要从中进行提取的游标的名称。

into @variable_name[,…n]:允许将提取操作的列数据放到局部变量中。列表中的各个变量从左到右与游标结果集中的相应列相关联。各变量的数据类型必须与相应的结果列的数据类型匹配。变量的数目必须与游标选择列表中的列的数目一致。

(4)close crusor

关闭游标,通过释放当前结果集并且解除定位游标的行上的游标锁定。关闭游标后,游标可以重新打开,但不允许提取和定位更新。基本语法如下:

```
close cursor_name
```

(5)deallocate cursor

删除游标引用,基本语法如下:

```
deallocate crusor_name
```

【例 8－13】使用游标实现报表形式显示,图书编号、图书名称和库存量。

在查询分析中输入如下语句:

```
declare @no char(16),@name varchar(50),@quantity varchar(20)
declare cur_book cursor for
select b_id,b_name,b_quantity
```

```
from book info
open cur_book
fetch next from cur_book
into @no,@name,@quantity
print space(6) +'---------图书信息表---------'
print ''
while @@fetch_status = 0
begin
print '图书号:' + @no +' 图书名称:'+ @name +'  图书库存量:'  +  @quantity
fetch next from cur_book
into @no,@name,@quantity
end
close cur_book
deallocate cur_book
go
```

执行结果如图 8 - 5 所示。

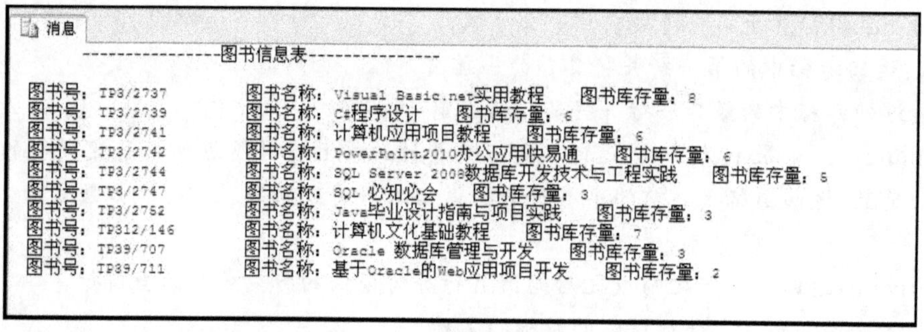

```
消息
      ----------------图书信息表----------------

图书号: TP3/2737        图书名称: Visual Basic.net实用教程      图书库存量: 8
图书号: TP3/2739        图书名称: C#程序设计      图书库存量: 6
图书号: TP3/2741        图书名称: 计算机应用项目教程      图书库存量: 6
图书号: TP3/2742        图书名称: PowerPoint2010办公应用快易通      图书库存量: 6
图书号: TP3/2744        图书名称: SQL Server 2008数据库开发技术与工程实践      图书库存量: 5
图书号: TP3/2747        图书名称: SQL 必知必会      图书库存量: 3
图书号: TP3/2752        图书名称: Java毕业设计指南与项目实践      图书库存量: 3
图书号: TP312/146       图书名称: 计算机文化基础教程      图书库存量: 7
图书号: TP39/707        图书名称: Oracle 数据库管理与开发      图书库存量: 3
图书号: TP39/711        图书名称: 基于Oracle的Web应用项目开发      图书库存量: 2
```

图 8 - 5　游标执行结果

小　结

本章学习了一下内容:

介绍了 Transcact-SQL 语言的基本概念,包括数据类型、变量、表达式、常用函数及其使用方法。以及游标的创建和使用。

实　训

1. 实训目的

①编写简单的 T-SQL 语句进行基本语法练习。

②根据项目需求分析编写简单的 T-SQL 语句,以提高系统的效率。

2. 实训要求

①能正确理解和使用 SQL Server 变量。

②能正确理解和使用 SQL Server 函数。

③能使用流程控制语句编写顺序结构、选择结构和循环结构的程序。

3. 实训内容与步骤

(1)函数及基本语句

①计算年龄为 77 岁对应的总天数。

②计算出生日期为 1983 年 12 月 21 日的人的年龄。

③将数值型数据转化为字符型。

④查询课程表中课程类别是 4 个字的课程信息。

⑤查询课程表中课程名称的第 3 个字是"信"的课程信息。

⑥利用变量和打印语句显示最大报名人数和最小报名人数。

(2)综合编程

①对课程进行统计分析,要求显示课程类别、课程名称和报名人数,计算各类课程的平均报名人数。查询结果要按照课程类别、报名人数升序排序。

②编写程序,用户可查询任意课程的报名人数,并把它返回给用户。用户调用该过程(分别用两门课程"世界旅游"和"智能建筑"测试),如报名人数大于 25,则显示"××课程可以开班",否则显示:"抱歉,××课程不能开班"。

第9章 存储过程

CUNCHUGUOCHENG

【知识目标】

(1)了解存储过程的概念。

(2)了解使用存储过程的优点。

(3)了解系统存储过程的特点及用途。

【能力目标】

(1)能够创建、管理存储过程。

(2)能够掌握执行存储过程的方法。

(3)能够灵活运用存储过程来提高系统工作效率。

【相关知识】

存储过程是一个被命名的存储在服务器上的 Transcact-SQL 语句的集合,是封装重复性工作的一种方法,在大型数据库管理系统中具有非常重要的作用。

9.1 存储过程简介

9.1.1 存储过程的概念

存储过程是一组为了完成特定功能的 SQL 语句集,经编译后存放在数据库服务器上。存储过程可以接受输入参数、输出参数,同时可以向调用它的应用程序返回操作结果和查询结果。如果操作失败,也可以返回失败的原因。当首次执行存储过程时,SQL Server 为其产生查询计划并将其保留在内存中,以后在执行该存储过程时不必再进行编译,在一定程度上改善系统的性能。

9.1.2 存储过程的类型

SQL Server 支持 3 种类型的存储过程

(1)系统存储过程

系统存储过程存储在 SQL Server 的 master 数据库中,一般以"sp_"作为前缀。系统存储过程主要用于从系统表中获取信息。

(2)用户自定义存储过程

用户通过 SQL 语句创建的,封装了程序执行逻辑的,可重用的代码块。在 SQL Server 2008 中,有两种类型:Transcact-SQL 和 CRL。

Transcact-SQL 存储过程是指保存的 Transcact-SQL 语句集合，可以接受和返回用户提供的参数。

CRL 存储过程是指对 Microsoft. NET Framework 公共语言运行时（CLR）方法的引用，可以接受和返回用户提供的参数。它们在. NET Framework 程序集中是作为类的公共静态方法实现的。

（3）扩展存储过程

扩展存储过程允许您使用编程语言（例如 C 语言）编写的外部程序，以动态链库（DLL）的形式存储在服务器上，SQL Server 可以动态装载并执行扩展存储过程。扩展存储过程以“xp_”作为前缀，且只能添加到 master 数据库中。

9.1.3　存储过程的优点

（1）增强代码的可重用性，提高开发效率

存储过程被创建以后，可以在程序中被多次调用，而不需要重新编写该存储过程，从而实现了代码的重用性，提高了开发效率，而且对存储过程的修改不会影响到应用程序，从而极大地提高了程序的可移植性。

（2）执行速度快

一般的 Transcact-SQL 语句每次执行时都需要进行编译和优化，而存储过程是经过预编译的，在创建时就经过了语法检查和性能优化，在执行时不需要再重复这些步骤，因此使用存储过程可以提高执行速度。

（3）可以减少网络流量

存储过程存储在服务器上，并在服务器上运行。一个需要数百行 Transcact-SQL 代码的操作可以通过一条执行过程代码的语句来执行，而不需要在网络中发送数百行代码，这样可以减少网络流量，降低网络负载。

（4）可以提高数据的安全性

系统管理员可以只给用户授予访问存储过程的权限，而不授予访问存储过程所涉及的表或视图的权限，这样用户只能通过存储过程来操作数据库中的数据，而不能直接操作有关的表，从而保证数据库中数据的安全性。

9.2　使用对象资源管理器管理存储过程

9.2.1　使用对象资源管理器创建存储过程

【例 9－1】使用对象资源管理器创建存储过程 p_book，用于检索所有图书的图书名，作者名和相应的出版社名。

在对象资源管理器中创建存储过程的步骤如下：

①打开对象资源管理器。

②展开服务器组，然后展开一个相应的服务器，再展开“数据库”文件夹。

③展开要建立存储过程的数据库下的“可编程性”，右击“存储过程”节点，在快捷菜单中执行“新建存储过程”命令，如图 9－1 所示，打开“新建存储过程”对话框，如图 9－2 所示。

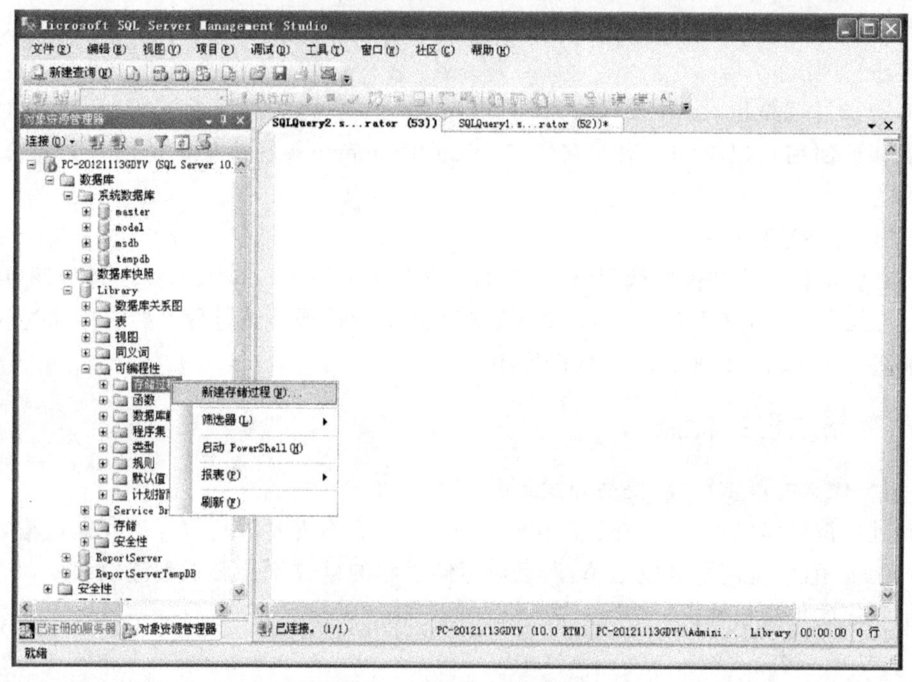

图 9-1　新建存储过程

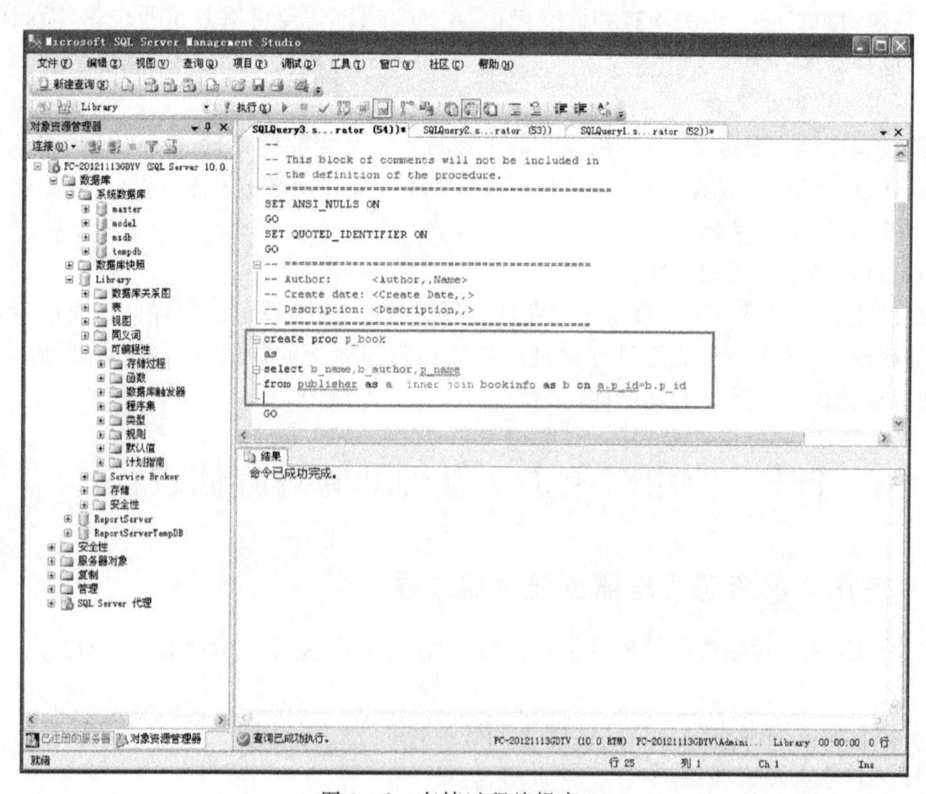

图 9-2　存储过程编辑窗口

④在“新建存储过程”对话框的“文本”框中输入创建存储过程的 T-SQL 语句。

⑤可以单击工具栏上的【分析】按钮，以检查存储过程是否存在语法问题。

⑥单击“新建存储过程”对话框的【关闭】按钮。

如果新建的存储过程正确执行，在对象资源管理中便可以显示新建的存储过程。如图 9－3 所示。

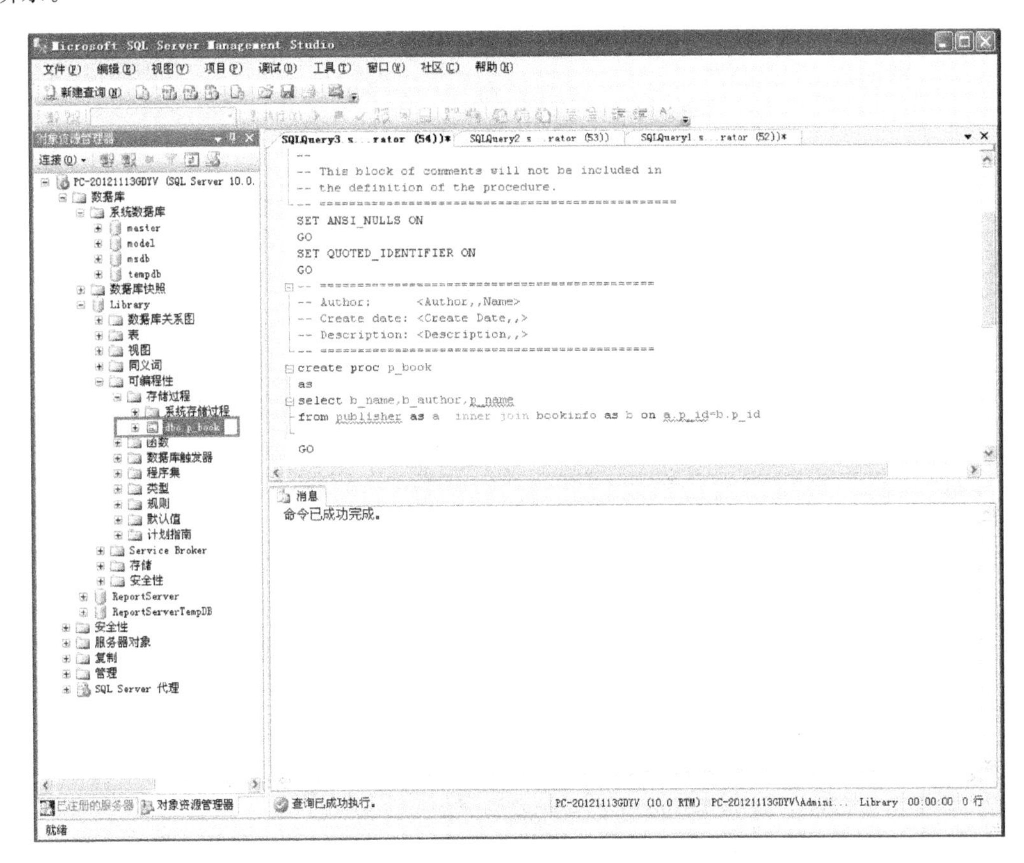

图 9－3　存储过程创建成功

9.2.2　使用对象资源管理器查看存储过程

【例 9－2】使用对象资源管理器查看【例 9－1】中存储过程的定义。

操作步骤如下：

①打开对象资源管理器。

②展开存储过程所在的数据库 Library→“可编程性”→“存储过程”节点，在左边树形窗口中会显示该数据库中所有的存储过程，如图 9－3 所示。

③右击要查看源代码的存储过程 p_book，在快捷菜单中单击“修改”命令，则会打开“存储过程修改”对话框，可在此对话框中查看存储过程的源代码，如图 9－4 所示。

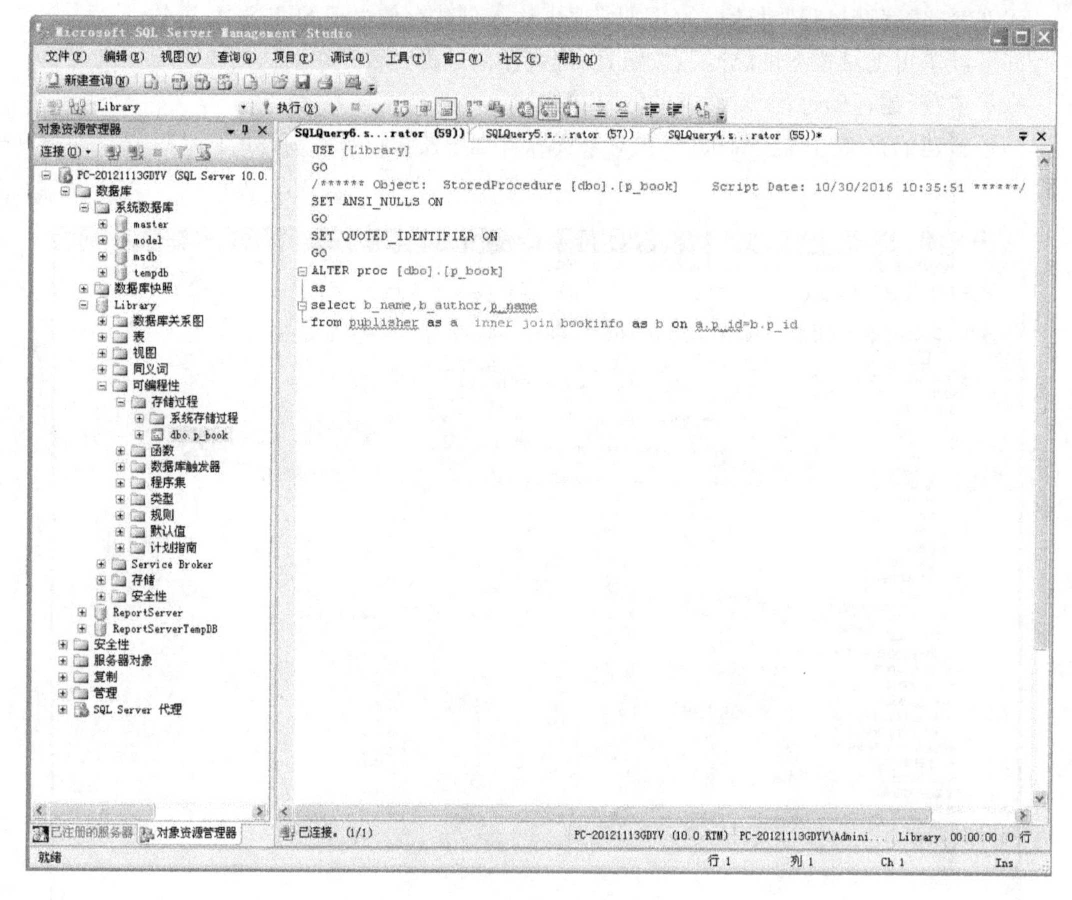

图 9-4

9.2.3 使用对象资源管理器修改存储过程

【例 9-3】使用对象资源管理器修改【例 9-1】中的存储过程。

具体操作步骤如下：

①打开对象资源管理器。

②展开存储过程所在的数据库 Library→“可编程性”→“存储过程”节点，则在右边窗口中会显示该数据库中所有的存储过程，如图 9-3 所示。

③右击要修改的存储过程，在快捷菜单中执行“修改”命令，则会打开“修改存储过程”对话框，如图 9-4 所示。

④在“修改存储过程”对话框的“文本”框中修改存储过程的源代码。

9.2.4 使用对象资源管理器重命名存储过程

使用对象资源管理器修改存储过程名称的操作。

【例 9－4】将存储过程 p_book 重新命名为 p_book info。

具体操作步骤如下：

①在“Management Studio”窗口中展开 Library 数据库。

②展开“可编程性”→“存储过程”选项，右击“p_book”存储过程，在弹出的快捷菜单中选择“重命名”命令。如图 9－5 所示，此时便可修改存储过程的名称。

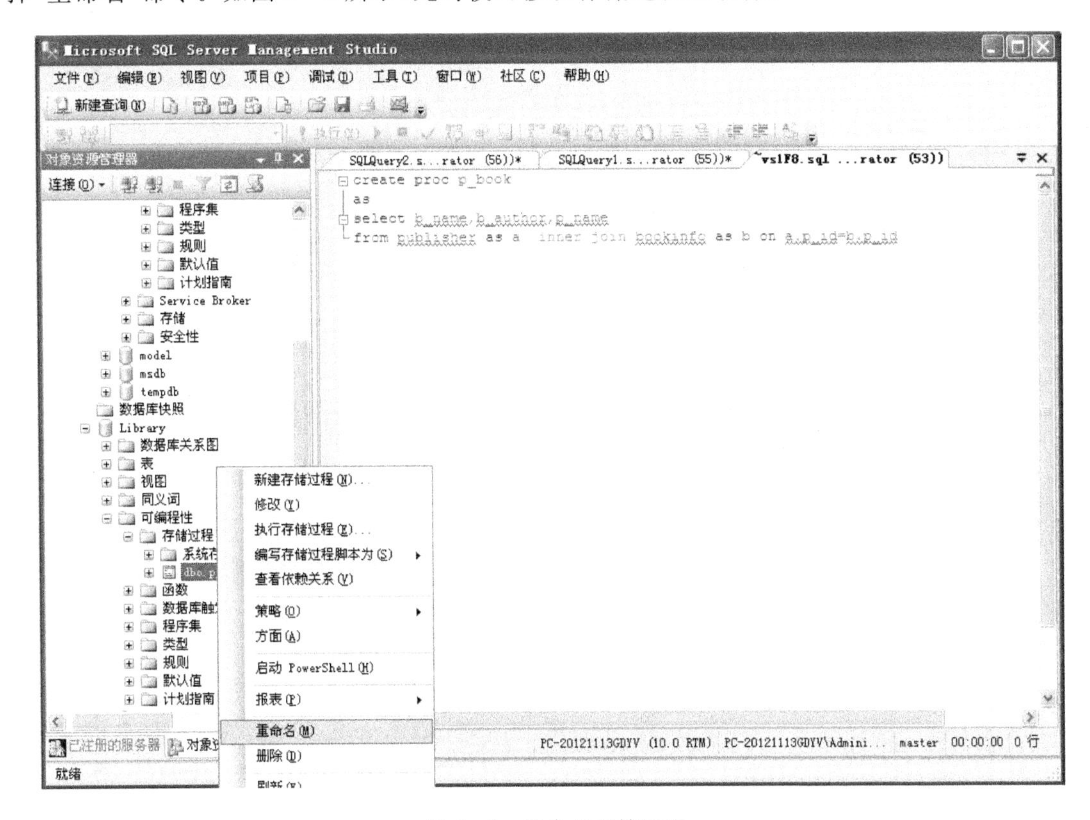

图 9－5　重命名存储过程

③输入存储过程名称“p_book info”。

④按 Enter 键完成修改。

9.2.5　使用对象资源管理器删除存储过程

【例 9－5】使用 SQL Server Managemet Studio 删除【例 9－1】中建立的存储过程。

具体操作步骤如下：

①在“SQL Server Management Studio”窗口中展开 Library 数据库。

②展开“可编程性”选项，再展开“存储过程”选项，右击“p_book”存储过程，在弹出的快捷菜单中选择“删除”命令，如图 9－6 所示。

③在弹出的对话框中单击【确定】按钮，如图 9－7 所示。

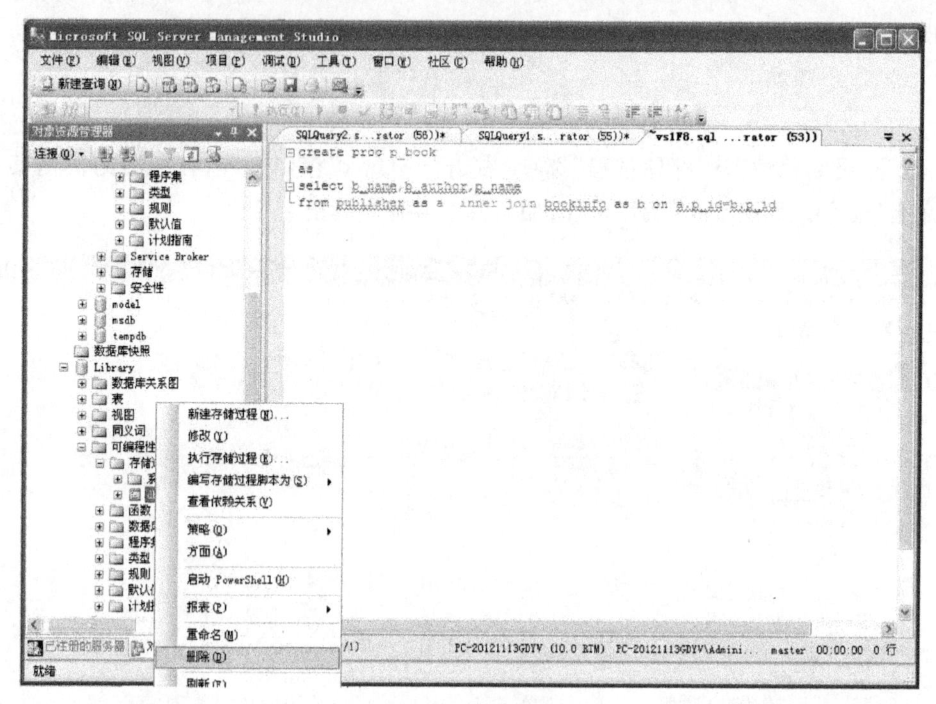

图 9-6 删除存储过程

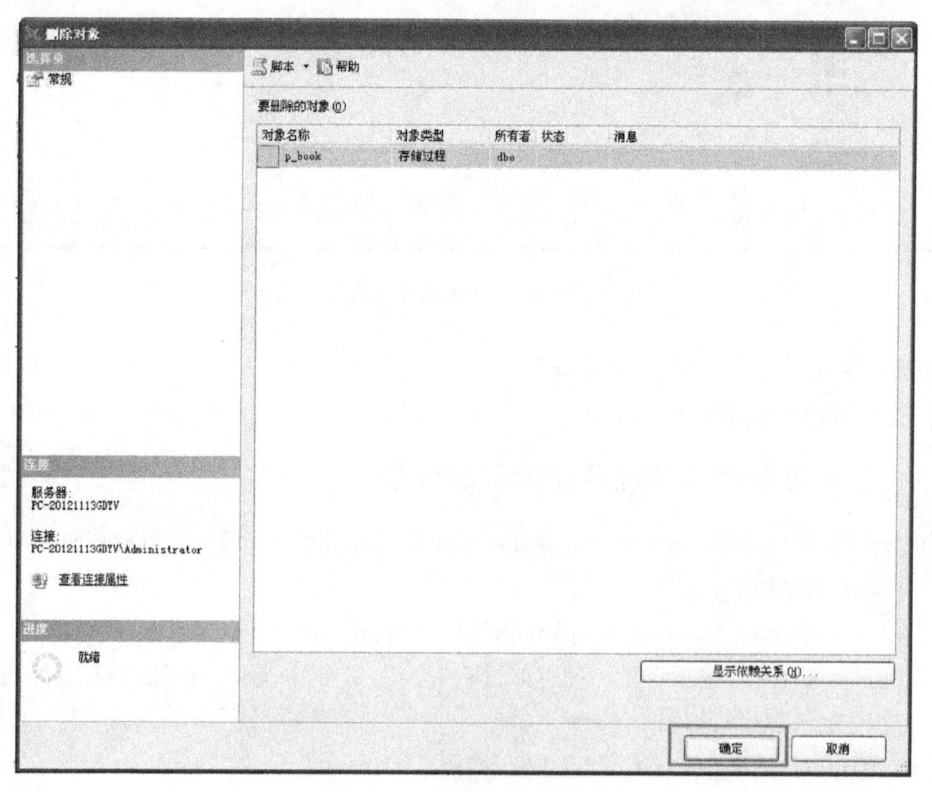

图 9-7 “删除对象窗口”

9.3　使用 T-SQL 语句管理存储过程

9.3.1　使用 T-SQL 创建存储过程

创建存储过程的基本语法如下：

```
CREATE PROCEDURE 存储过程名
    [@参数数据类型[=默认值][OUTPUT][,…]]
    [WITH ENCRYPTION]
    AS
SQL 语句块
```

说明：

①此语句必须作为一个独立的批处理。

②存储过程可以声明一个或多个参数，如果有参数，在调用存储过程时必须提供每个参数的值(除非指定了该参数的默认值)。

③"数据类型"用于指定参数的数据类型。

④"默认值"用于指定参数的默认值，如果指定了默认值，在调用存储过程时不必指定该参数的值，默认值必须是常量或 NULL。

⑤如果有"OUTPUT"，表示该参数是返回参数，使用"OUTPUT"可以将数据返回给调用过程。

⑥如果有"WITH ENCRYPTION"，表示对存储在系统表"syscomments"中的存储过程文本进行加密，这样可以防止他人查看存储过程的定义文本。

⑦"SQL 语句块"是指存储过程中包含的若干个 SQL 语句。

【例 9-6】创建存储过程 p_book，用于检索所有图书的图书名，作者名和相应的出版社名。

```
create proc p_book
as
select b_name,b_author,p_name
from publisher as a   inner join book info as b on a.p_id = b.p_id
```

【例 9-7】使用 Transcact-SQL 语句创建存储过程 p_reader，用于查询指定读者的信息。

在查询窗口执行如下语句：

```
create procedure p_reader
@reader_idchar(8)
as
select * from readers
where r_id = @reader_id
```

输入参数使用户能够灵活地按着自己的需要查询指定读者编号的信息，使存储过程更加实用。

【例 9-8】使用 Transcact-SQL 语句执行存储过程 p_book。

在查询窗口执行如下语句：

```
exec p_book
```

【例 9-9】使用参数名称传递参数值的方法执行存储过程 p_reader，查找读者编号是 zj1533701 的所有信息。

在查询窗口执行如下语句：

```
exec p_reader @reader = 'zj1533701'
```

【例 9-10】按位置传递参数值，执行存储过程 p_reader，查找 zj1533609 的读者信息。

在查询窗口执行如下语句：

```
exec p_reader'zj1533609'
```

按位置传递参数值比按参数名传递参数值简洁，适合参数值较少的情况。而按参数名传递参数值可读行强，特别是在输入参数数量较多时。建议用户使用按参数名传递参数值的方法，这样的程序易读、易维护。

【例 9-11】创建存储过程 p_getrname，使它能够根据给定的读者编号返回对应的读者姓名给用户。

```
create proc p_getrname
@id int
@name varchar(10) output
as
select @name = r_name
from readers
where r_id = @id
```

【例 9-12】执行存储过程 p_getrname。

在查询窗口执行如下语句：

```
declare @id int
declare @name varchar(10)
exec p_getrname'zj1533608',@name output
print'该编号对应的学生姓名是' + @name
```

9.3.2 使用 T-SQL 修改存储过程

使用 ALTER PROCEDURE 语句可修改存储过程，基本语法如下：

```
ALTER PROCEDURE 存储过程名
[@参数数据类型[=默认值][OUTPUT][,…]]
[WITH ENCRYPTION]
AS
SQL 语句块
```

【例 9-13】使用 Transcact-SQL 语句修改存储过程 p_book，加密存储过程。

在查询窗口执行如下语句：

```
alter proc p_book
with encryption
```

```
as
select b_name,b_author,p_name
from publisher as a  inner join book info as b on a.p_id = b.p_id
```

也可以使用 SQL Server Managemet Studio 修改存储过程。

注意:因为存储过程 p_book 已经加密,所以在 SQL Server Managemet Studio 中不能进行修改,如图 9-8 所示,修改命令已变灰色禁用状态。即使是 sa 和 dbo 用户也不能查看加密后的存储过程,所以对加密后的存储过程要以其他方式保存源代码文件。

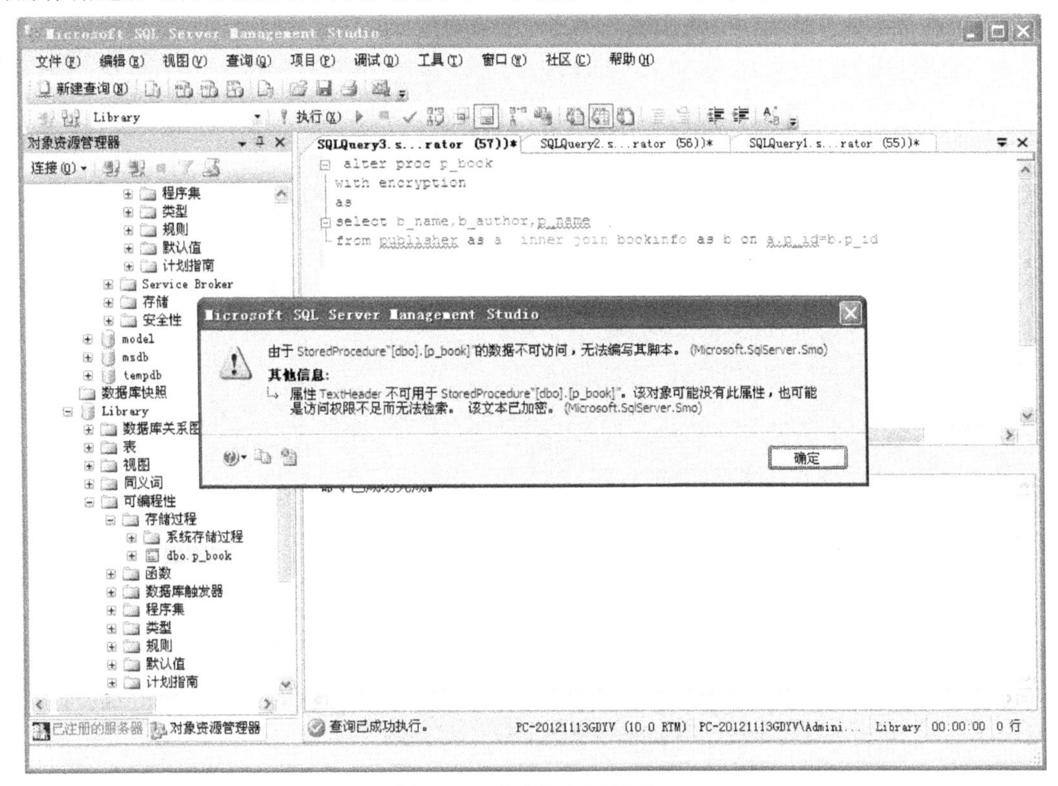

图 9-8　文本加密不能修改

9.3.3　使用 T-SQL 重命名存储过程

也可用系统存储过程 sp_rename 来修改存储过程的名称。基本语法如下:

```
sp_rename old_procdure_name ,new_procdure_name
```

在查询窗口执行如下语句:

```
sp_rename p_book,p_book info
```

9.4　删除存储过程

删除存储过程可以使用 DROP PROCEDURE 语句。

DROP PROCEDURE 存储过程名称

【例 9-14】 使用 Transcact-SQL 语句删除存储过程 p_book。

在查询窗口执行如下语句:

```
drop procedurep_book
```

小　结

本章学习了以下内容:

(1)如何创建、修改、删除和执行存储过程。

(2)重命名存储过程。

(3)存储过程不仅可以提高应用效率,确保一致性,还能提高系统性能。

实　训

1. 实训目的

(1)理解存储过程的作用。

(2)掌握创建存储过程的方法和步骤。

(3)掌握存储过程的使用方法。

2. 实训要求

(1)了解存储过程的基本概念和类型。

(2)了解创建存储过程的 SQL 语句的基本语法。

(3)了解查看、执行、修改和删除存储过程的 SQL 命令的用法。

3. 实训步骤

(1)创建和执行存储过程

①为学生选课数据库 XK 中的学生选课表 StuCou 创建存储过程 PROC1,用于返回选课志愿号为“1”的所有学生的学号,并执行该存储过程,观察结果是否正确。

②为学生选课数据库 XK 中的学生表 Student 创建存储过程 PROC2,要求能根据用户给定的班级编号,统计该班级学生的学号和姓名,执行该存储过程,观察结果是否正确。

(2)查看、修改和删除存储过程

①使用 sp_help 命令查看存储过程 PROC1 的一般信息。

②使用 sp_helpText 命令查看存储过程 PROC2 的文本信息。

③使用 sp_rename 将存储过程 PROC1 重命名为“过程 1”。

④删除存储过程 PROC2。

第10章　触发器

CHUFAQI

【知识目标】

(1)理解触发器的概念、作用。

(2)掌握触发器的创建、修改、删除。

【能力目标】

(1)能根据需要创建、修改、删除触发器。

(2)会根据需要禁用、启用触发器。

【相关知识】

触发器是一种特殊类型的存储过程。存储过程是通过存储过程名称被调用和执行的,而触发器主要是通过事件触发而被执行的。

10.1　触发器简介

10.1.1　触发器的概念

触发器是一个T-SQL命令集,它作为一个对象存储在数据库中。触发器是为应用程序开发人员和数据库分析人员提供的一种保证数据完整性的方法,它是一种特殊类型的存储过程,当有操作影响到触发器保护的数据时,触发器就自动执行,并可以包含复杂的T-SQL语句,用于处理各种复杂的操作。触发器是在特定表或视图上进行定义的,这些表或视图也成为触发器表或触发器视图。

(1)触发器的作用

SQL Server主要提供了两种机制来强制业务规则和数据完整性:约束和触发器。触发器在指定的表进行添加(insert)、修改(update)或删除(delete)操作时被触发。SQL Server将触发器和触发它的语句作为可在触发器内回滚的单个事务对待,如果检测到严重错误(例如,磁盘空间不足),则整个事务即自动回滚,恢复到原来的状态。

(2)触发器的常用功能

①完成更复杂的数据约束。触发器可以实现比约束更为复杂的数据约束。例如check约束只能根据逻辑表达式或同一个表中的另一列来验证列值,如果应用程序要求根据另一个表中的列来验证列值,则必须使用触发器。

②检查SQL所做的操作是否允许:触发器可以检查SQL所做的操作是否被允许。

③可以实现数据库中多个表的级联更改。例如,当修改“出版社”表中的“出版社号”时,如果“图书表”中存在对应的“出版社号”,则可以使其自动更改为新的“出版社号”。

④返回自定义的错误信息。约束只能通过标准的系统错误信息来传递错误信息,如果应用程序要求使用自定义信息和较为复杂的错误处理,则必须使用触发器。

⑤可以比较数据库修改前后的数据状态,并根据其差异采取相应的措施。由于 insert、delete、update 等语句引起的数据变化,触发器可以比较数据变化的前后状态,因此用户可以在触发器中引用由于修改所影响的记录行,并采取相应的措施。例如原本的 SQL 语句是要删除数据表里的记录,但该数据表里的记录是重要记录,不允许删除的,那么触发器可以不执行该语句。

⑥审核和控制服务器会话。可以通过跟踪登录活动、限制 SQL Server 的登录名或限制特定登录名的会话数。

10.1.2　inserted 表和 deleted 表

SQL Server 为每个触发器都创建了两个专用表:inserted 表和 deleted 表。这是两个逻辑表,用户不能对它们进行修改,只有读取的权限。这两个表的结构与被触发器作用的表的结构相同。触发器执行完毕后,与该触发器相关的这两个表也会被删除。

当执行 insert 语句时,inserted 表中保存要向表中插入的所有行。

当执行 deleted 语句时,deleted 表中保存要从表中删除的所有行。

当执行 updated 语句时,相当于先执行一个 delete 操作,再执行一个 insert 操作。所以,修改前的数据行首先被移动 deleted 表中,然后将修改后的数据行插入及或触发器的表和 inserted 表中。

10.1.3　触发器的类型

在 SQL Server2008 中包括三种常规类型的触发器:DML 触发器、DDL 触发器和登录触发器。

(1)DML 触发器

DML 触发器是当数据库服务器中发生数据操作语言(DML)事件时执行的存储过程。

(2)DDL 触发器

DDL 触发器是在响应数据定义语言(DDL)事件时执行的存储过程。DDL 触发器一般用于执行数据库中管理任务。如审核和规范数据库操作、防止数据库表结构被修改等。

(3)登录触发器

登录触发器将为响应 logon 事件而激发的存储过程。与 SQL Server 实例建立用户会话时将引发此事件。

10.2　创建触发器

在 SQL Server 中,可以使用对象资源管理器或 T-SQL 语句创建触发器。一个表可以建立多个触发器，用户可以分别为 insert、delete、update 操作创建触发器，当用户进行这些操作时，相应的触发器就会被存“触发”。

10.2.1　使用对象资源管理器创建 DML 触发器

【例 10－1】利用对象资源管理器中创建触发器要求每当在 book kind 表中出入数据时，向客户端显示一条“记录已添加!”的消息。

具体操作步骤如下：

①打开对象资源管理器。

②展开要创建触发器的数据库 Library→“表”节点→“触发器”。

③右击“触发器”，在快捷菜单中执行“新建触发器”命令，此时会打开“新建触发器”对话框，如图 10－1 所示。

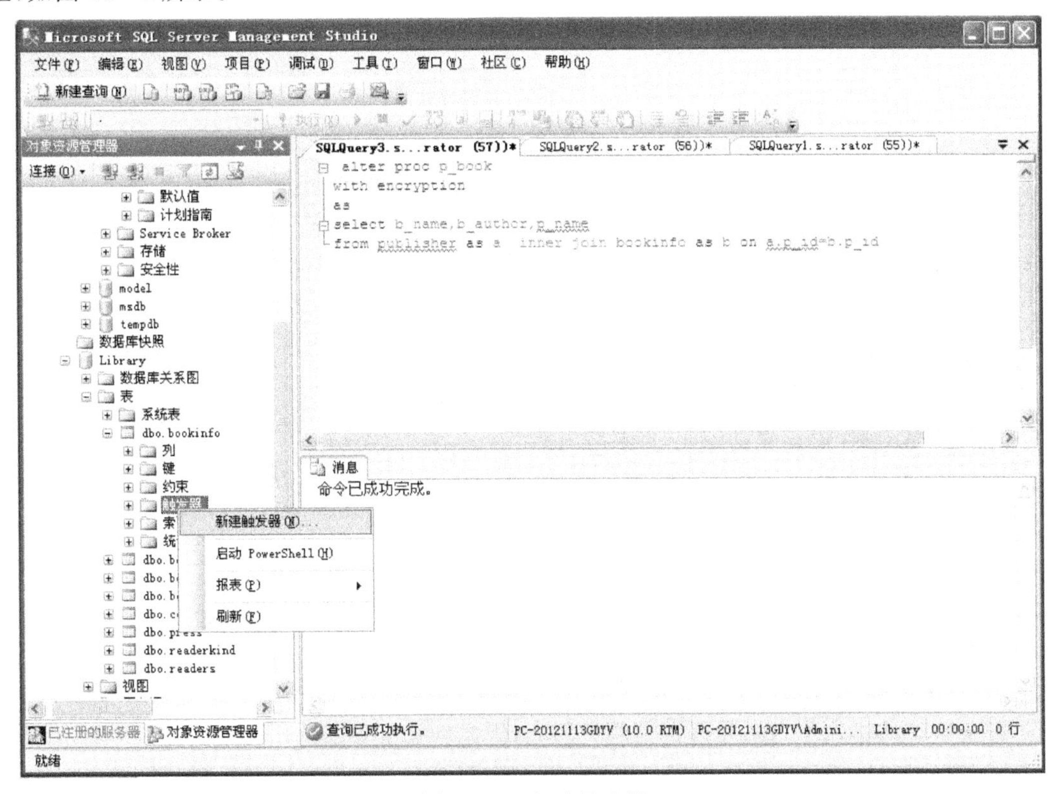

图 10－1　新建触发器

④在“新建触发器”对话框的“文本”框中输入触发器文本，如图 10－2 所示。

⑤可以单击工具栏上的【执行】按钮，完成触发器的创建。

⑥单击“新建触发器”对话框的【关闭】按钮。

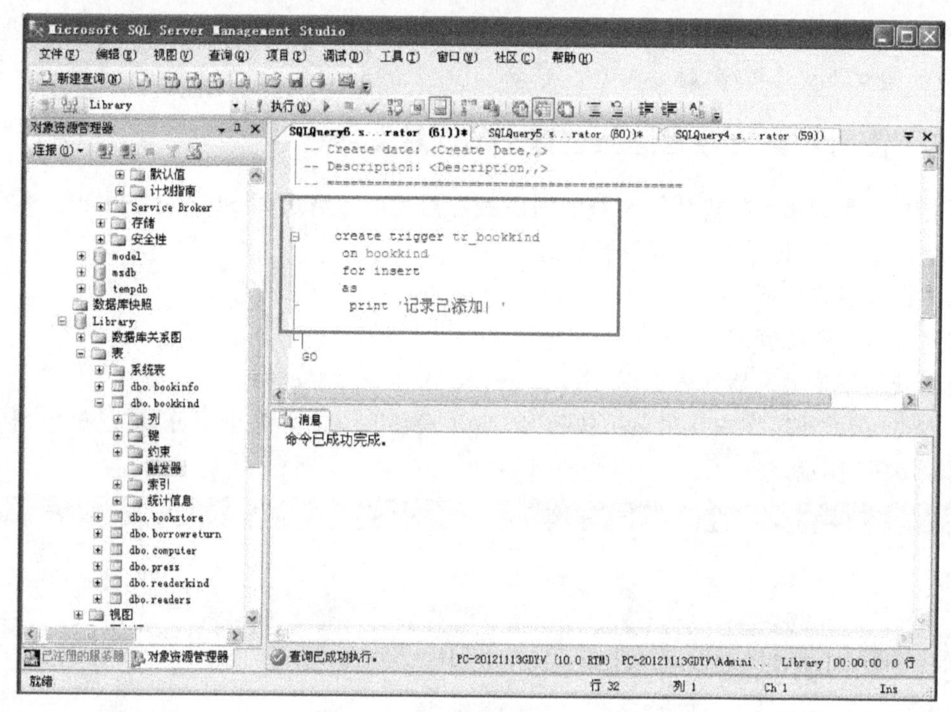

图 10-2 “新建触发器”对话框

10.2.2 使用 T-SQL 创建 DML 触发器

创建 DML 触发器使用 create trigger 命令，基本语法如下：

```
CREATE TRIGGER 触发器名
ON 表名|视图名
[WITH ENCRYPTION]
FOR|AFTER|INSTEAD OF [INSERT][,DELETE][,UPDATE]
AS
SQL 语句块
```

此语句必须是批处理中的第一条语句，且在该批处理中，此语句之后不能有其他语句，否则 SQL 会将这些语句作为触发器定义的一部分，因此创建触发器的语句应作为一个独立的批处理。

参数说明如下：

with encryption：对 create trigger 语句的文本进行加密。

for|after：for 与 after 同义，后触发器。触发器在数据变动(insert、delete、update 操作)完成以后才被触发。after 触发器只能在表上定义，每个表可以建多个 after 触发器。

instead of：在数据变动以前被触发，并取代变动数据的操作(insert、delete、update 操作)，即变动数据的操作并不执行，而是定义触发器定义的操作。instead of 触发器可以在表或视图上定义，每个表或视图的每个 insert、delete、update 操作只能定义一个 instead of 触发器。

[delete][,][insert][,][update]：指定在表或视图上执行哪种操作时会激活触发器的关键字，必须至少指定一个选项。在触发器定义中允许使用这些关键字的任意组合。

as:关键字

SQL 语句块:定义触发器被触发后,将执行数据库操作。它指定触发器执行的条件和动作。触发器条件是除引起触发器执行的操作外的附加条件;触发器动作是指当前用户执行触发器的某种操作并满足触发器的附件条件时,触发器所执行的动作。

【例 10-2】 创建一个触发器,要求每当在 book kind 表中出入数据时,向客户端显示一条"记录已添加!"的消息。

在查询分析器中执行如下语句:

```
create triggertr_book kind
on book kind
for insert
as
print'记录已添加!''
```

在查询分析器中执行如下语句:

```
insert into book kind
values('23','W 电子图书','null')
```

执行结果如图 10-3 所示。

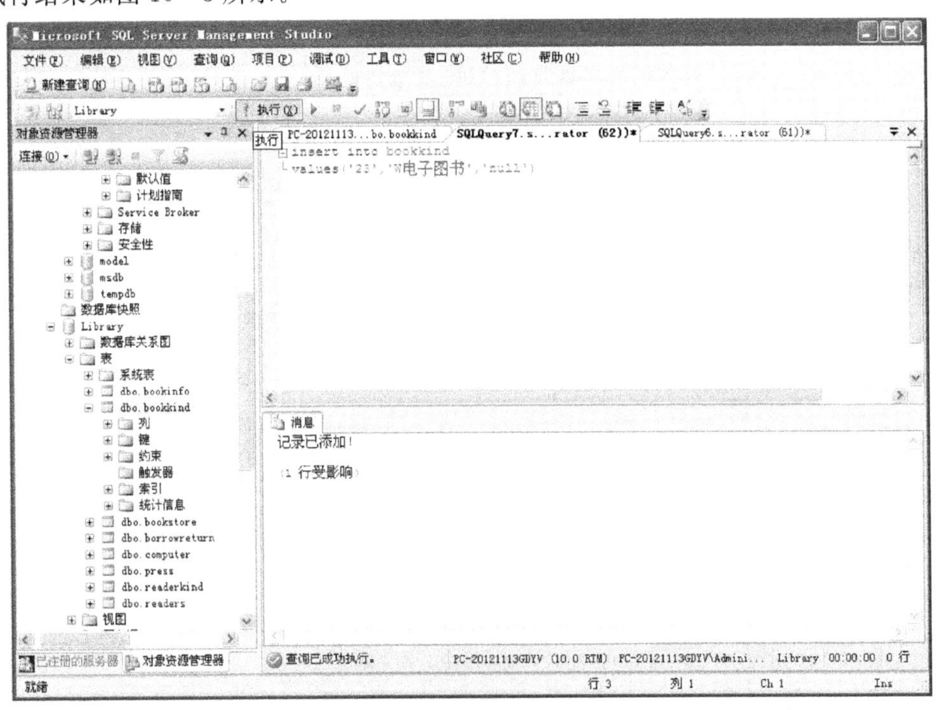

图 10-3　触发触发器

从图中可以看到返回消息"记录已添加!",说明在插入记录时触发器已触发。

【例 10-3】 删除"publisher"表中的记录时,通过触发器删除"book info"表中和该出版社相关记录。

在查询分析器中执行如下语句:

```
create trigger tr_del_publisher
```

```
on press
after delete
as
begin
  delete from book info
  wherep_id   in (select p_id from deleted)
end
```

【例 10-4】 当有人试图删除 book kind 表数据时,利用触发器跳过修改数据的 SQL 语句(防止数据被删除),并向客户端显示一条消息。

```
create triggertr_ins_book kind
on book kind
instead of delete
as
begin
raiserror('警告:你无权删除图书类别表中的数据!',16,10)
end
```

对触发器进行测试,在查询分析器中执行如下语句:

```
select * from book kindwherebk_id = '07'
go
delete book kind where bk_id = '07'
go
select * from book kindwherebk_id = '07'
```

执行结果如图 10-4 所示。

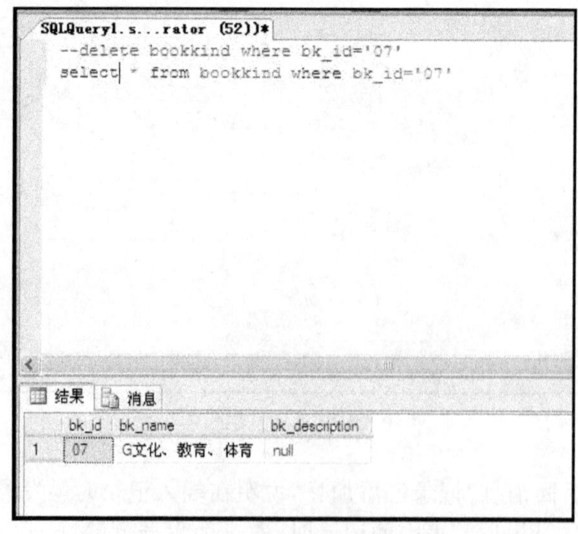

图 10-4　执行前

从图中所示,结果是一样的,说明 delete 语句没有起作用。

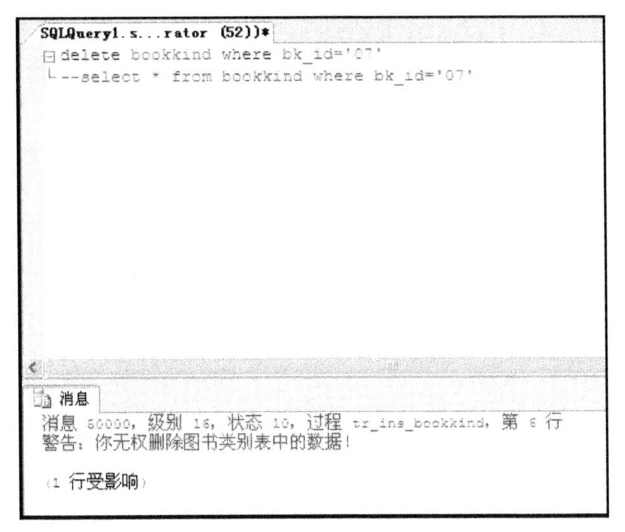

图 10-5　执行触发器

图 10-6　执行后

10.2.3　创建 DDL 触发器

创建 DDL 触发器使用 create trigger 命令，基本语法格式如下：

CREATE TRIGGER 触发器名

ON ALL SERVER

{ FOR | AFTER } LOGON

AS

SQL 语句

说明：

ALL SERVER：将 DDL 触发器的作用域应用于当前服务器。如果指定了此参数，则只要当前服务器中出现 EVENT_TYPE 或 EVENT_GROUP,就会激发该触发器。

EVENT_TYPE:执行之后将导致激发 DDL 触发器的 T-SQL 语言事件的名称。

EVENT_GROUP:预定义的 T-SQL 语言事件分组的名称。

【例 10-5】在 Library 数据库中创建一个 DDL 触发器,实现在修改表时弹出提示信息“数据表已修改!”

```
create trigger tr_altertable
on database
for alter_table
as
begin
print'数据表已被修改!'
end
```

对触发器进行测试,在查询分析器中执行如下语句:

```
alter table book kind
add bk_bz char(10)
```

如图 10-7 所示。

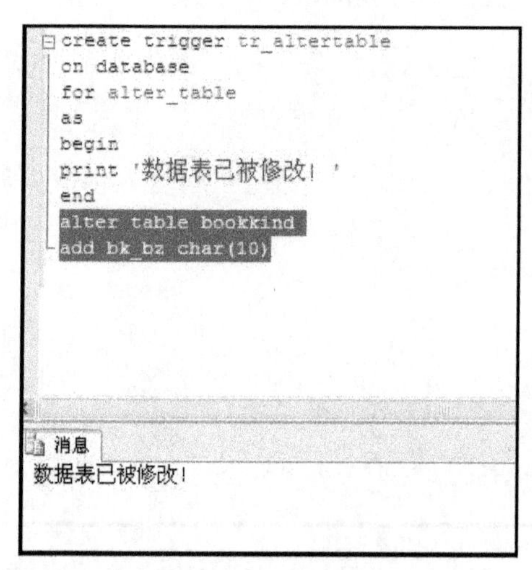

图 10-7 DDL 触发器

使用触发器应注意的以下几个问题:

①create trigger 必须是批处理中的第一条语句,并且只能应用到一个表中。

②触发器只能在当前的数据库中创建,但可以引用当前数据库的外部对象,如其他表。

③在同一条 create trigger 语句中,可以为多个事件(如 insert、update、delete)定义相同的触发器操作。

10.3 修改和查看触发器

用户可以使用 alter trigger 语句修改触发器。基本语法如下:

ALTER TRIGGER 触发器名

ON 表名|视图名
[WITH ENCRYPTION]
FOR|AFTER|INSTEAD OF [INSERT][,DELETE][,UPDATE]
AS
SQL 语句块}

【例 10-6】 修改【例 10-3】的触发器，用于防止用户修改表的 bk_id。

```
alter trigger tr_ins_book kind
on book kind
for update
as
if update(bk_id)
begin
raiserror('警告:你无权修改图书类别表中的数据!'16,10)
end
```

也可以在 SQL Server Management Studio 下修改已创建的触发器。具体步骤如下：

①在“对象资源管理器”窗口下展开 Library 数据库。

②依次展开“表”选项，“book kind”选项，“触发器”选项。

③右击“tr_ins_book kind”，在弹出的快捷菜单中选择“修改”命令，如图 10-8 显示该触发器的定义，此时可以进行修改，如图 10-9 所示。

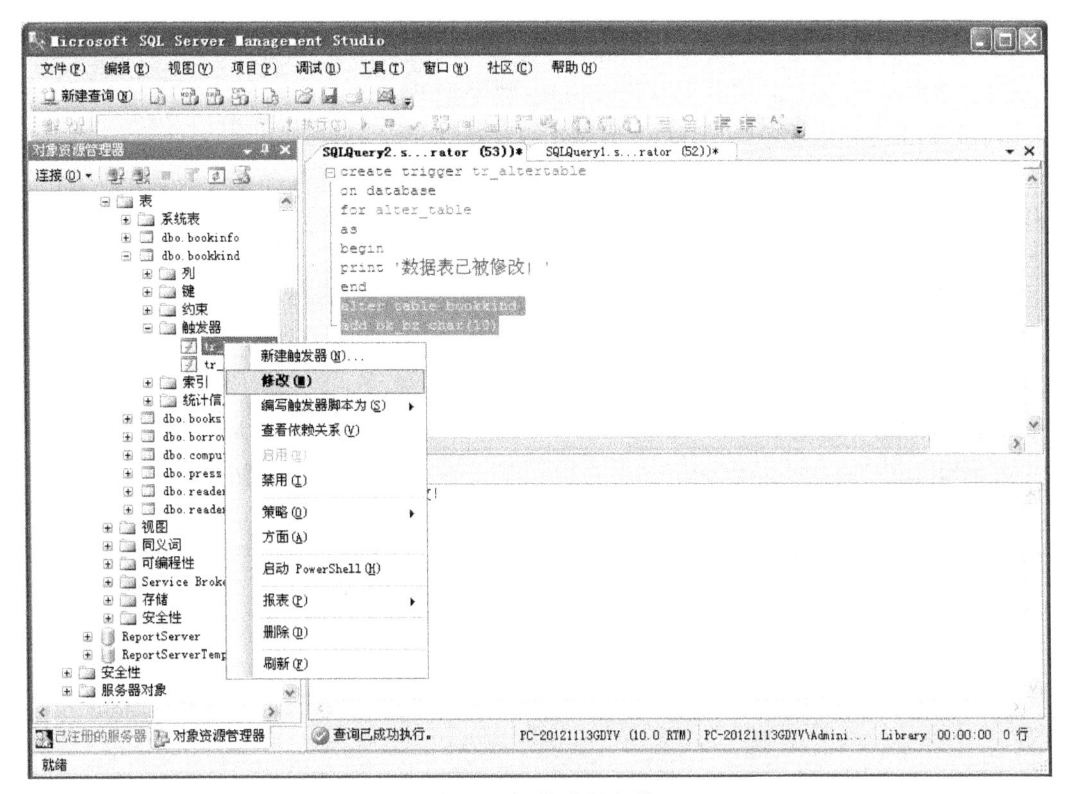

图 10-8　修改触发器

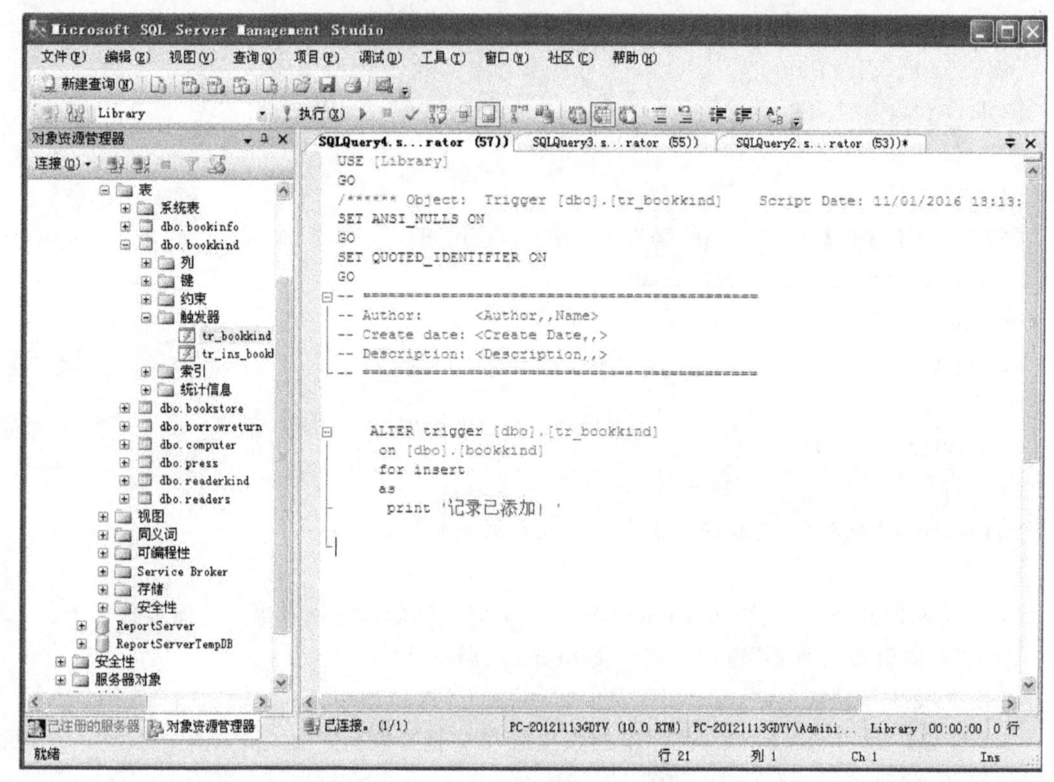

图 10-9 “修改触发器”对话框

查看触发器与修改触发器的步骤相似：

①在“对象资源管理器”窗口下展开 Library 数据库。

②依次展开“表”选项，“book kind”选项，“触发器”选项。

③双击“tr_ins_book kind”，弹出“查询编辑器”对话框，对话框里显示的是该触发器的内容。

也可以通过系统存储过程来查看触发器。

①利用 sp_help 可以了解触发器的名称、类型、创建时间等基本信息，基本语法如下：

sp_helptrigger_name

【例 10-7】 查看触发器 tr_del_publisher

在查询分析器中执行如下语句：

sp_helptrigger tr_del_publisher

②利用 sp_helptext 可以查看触发器的文本信息，基本语法如下：

sp_help text trigger_name

【例 10-8】 也可以用 sp_helptext 查看。

在查询分析器中执行如下语句：

sp_help text tr_del_publisher

10.4　删除触发器

使用 DROP TRIGGER 可删除触发器，基本语法如下：

DROP TRIGGER 触发器名[,…]

删除触发器所在表时，SQL Server 将会自动删除与该表相关的触发器。

【例 10-9】 使用 T-SQL 语句删除触发器 tr_ins_book kind

在查询分析器中执行如下语句：

```
drop trigger tr_ins_book kind
```

也可以使用 SQL Server Management Studio 删除触发器 tr_ins_book kind

具体步骤如下：

①在“对象资源管理器”窗口下展开 Library 数据库。

②依次展开“表”选项，“book kind”选项，“触发器”选项。

③右击“tr_ins_book kind”，在弹出的快捷菜单中选择“删除”命令，如图 10-10 所示。

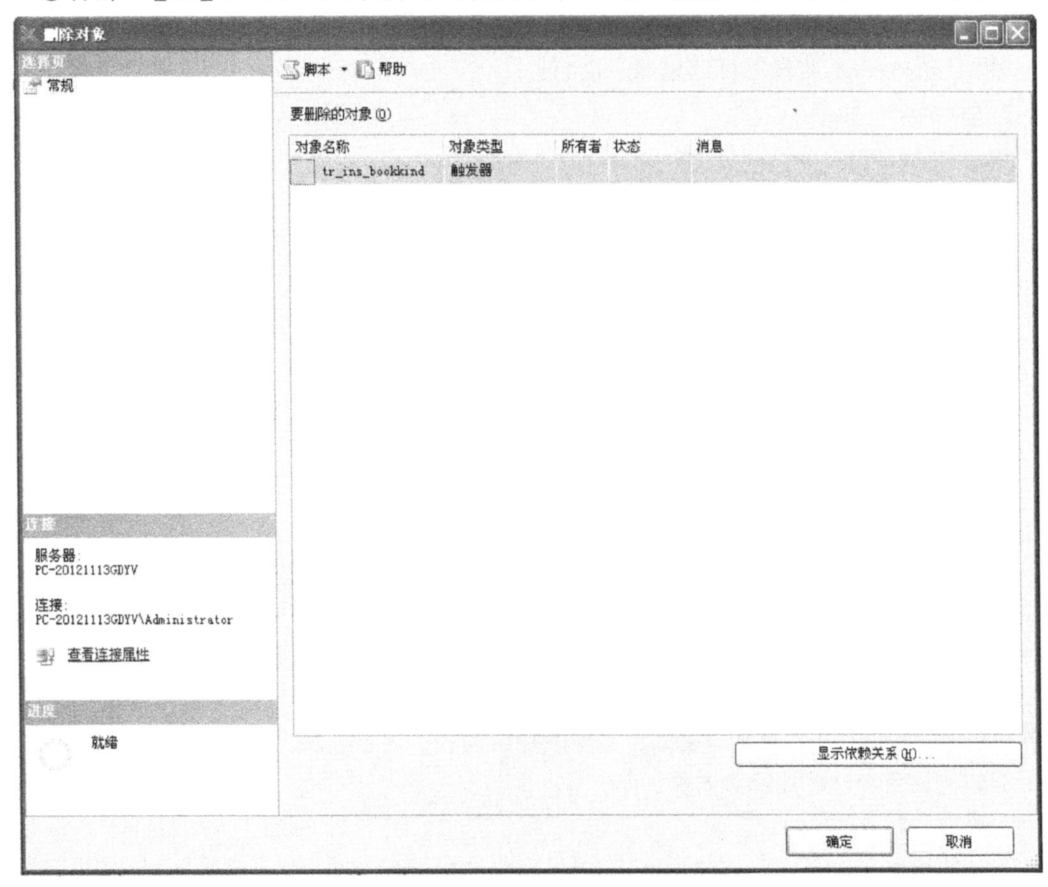

图 10-10　删除触发器

④在弹出的对话框中单击【确定】按钮完成。

10.5 重新命名触发器

使用 sp_rename 可以修改触发器的名称,基本语法如下:

```
sp_rename old_name ,new_name
```

【例 10-10】使用 T-SQL 语句将触发器 tr_del_publisher 更名为 tr_ publisher

在查询分析器中执行如下语句:

```
sp_rename tr_del_publisher,tr_ publisher
```

10.6 禁用/启用触发器

【例 10-11】使用 T-SQL 语句禁用触发器 tr_ins_book kind。

在查询分析器中执行如下语句:

```
alter table book kind
disable trigger tr_ins_book kind。
```

禁用后的触发器要恢复可以用如下语句:

```
alter table book kind
enable trigger tr_ins_book kind。
```

也可以使用 SQL Server Management Studio 来禁用、启用触发器。具体步骤如下:

①在"对象资源管理器"窗口下展开 Library 数据库。

②依次展开"表"选项,"book kind"选项,"触发器"选项。

③右击"tr_ins_book kind",如图 10-9 所示,在弹出的快捷菜单中选择"禁用"/"启用"命令。

小　结

本章学习了以下内容:

触发器是一种特殊类型的存储过程,其在特定的表或视图上定义,当表中的数据被修改时,SQL Server 自动执行触发器。对表中的数据进行修改的操作包括 INSERT、DELETE、UPDATE 操作,如果对某个表的 INSERT、DELETE、UPDATE 操作定义了触发器,则对该表执行这些操作时,相应的触发器就会被自动执行。使用触发器可以实现更为复杂的数据完整性约束,可以完成使用普通约束无法实现的复杂功能。需要掌握:

①如何创建、修改、删除触发器。

②重命名触发器。

③会使用触发器完成业务规则,已达到简化程序设计的目的,但一定要慎用,滥用触发器会导致数据系统效率下降。

实　训

1. 实训目的

使用触发器实现数据完整性。

2. 实训要求

(1)理解触发器的作用。

(2)学会使用对象资源管理器和查询分析器创建触发器。

(3)学会触发器的管理方法。

3. 实训步骤

(1)创建 insert 触发器

①创建一个触发器,要求每当在 StuCou 表中插入数据时,向客户端显示一条“记录已添加!”的消息。

②创建一个触发器,要求每当用户插入 Student 表的记录时,自动显示表中所有内容。

③创建一个触发器,要求每当 用户插入 Student 表的记录后,自动显示 Student 表中插入的记录。

(2)创建 delete 触发器

在 Student 表上创建触发器 del_trg,当删除表中某一个学生的记录时,能自动删除该学生在 StuCou 表中所报的选修课程。

(3)创建 update 触发器

①为 Course 表创建一个 UPDATE 触发器,当更新了某门课程的课程信息时,就激活该触发器级联更新 XK_Course 表中相关的课程号信息,并使用 PRINT 语句返回一个提示信息。

②创建触发器,当修改 Student 表中的“学号”字段后,自动修改 StuCou 表中相应的学号(以前采用外键方式)。

(4)管理触发器

①修改触发器。

②删除触发器。

第 11 章　数据库系统的安全管理

SHUJUKUXITONGDEANQUANGUANLI

【知识目标】

(1)理解及使用数据库的安全管理机制。

(2)掌握用户、角色和权限的管理操作。

【能力目标】

(1)能够正确设置 SQL Server 2008 的登录身份验证模式。

(2)能够创建并管理用户和角色。

(3)能够正确设置数据库权限。

【相关知识】

网络数据库系统的安全十分重要。SQL Server 2008 的安全管理是建立在认证和访问许可两者机制上的。认证是用来确定登录 SQL Server 的用户的登录账号和密码是否正确,以此来验证其是否具有连接 SQL Server 的权限。但是通过认证阶段并不代表能够访问 SQL Server 中的数据,用户只有获取访问数据库的权限之后才能够对服务器上的数据库进行权限许可下的各种操作,主要是针对数据库对象,如表、视图和存储过程等。这种用户访问数据库权限的设置是通过账号来实现的。

11.1　身份验证

在学习身份验证之前,先学习一下 SQL Server 安全体系。

11.1.1　SQL Server 安全体系

要了解 SQL Server 2008 安全体系构成,就要了解 SQL Server 2008 的网络体系构成。

(1)SQL Server 2008 网络构成

①安装 SQL Server 2008 的客户机:用户通过此客户机获得服务。

②网络连接:用户的请求和服务器的答复通过网络传输。

③SQL Server 2008 服务器:为用户提供服务。

④数据库及数据库对象:被操作的对象。

(2)SQL Server 2008 安全体系构成

SQL Server 2008 的网络构成决定了其安全体系的构成,一个完整的 SQL Server 2008 安全体系包括五部分。

①SQL Server 2008 客户机的安全机制。

用户想要得到SQL Server 2008服务器的服务，必须能够登录到SQL Server 2008客户机，然后通过客户机的SQL Server 2008应用系统和客户机管理工具来访问。SQL Server 2008的安全机制决定用户能否使用本客户机，如果用户登录不了客户机，更谈不上登录到SQL Server 2008的服务器。

②传输网络的安全机制。

网络传输的安全机制主要是数据的加密和解密。

③SQL Server 2008服务器的安全机制。

SQL Server 2008数据库管理系统通过安全账户认证控制用户连接到服务器，用户必须提供账号和密码。

④数据库的安全机制。

当用户成功连接到SQL Server 2008后，系统根据数据库中保存的与服务器登录标识相对应的用户账户来判断他们是否具有对数据库的访问权限。一般成功登录账号和密码都对应一个默认工作数据库，数据库的安全机制决定了用户能够使用哪个数据库。

⑤数据库中数据对象的安全机制。

用户被允许使用一个数据库后，并不是对数据库中的所有数据对象拥有所有访问权限，访问权限的大小由数据库对象所有者授权。常见的访问权限包括：select权限、update权限、insert权限、delete权限。

11.1.2　身份验证模式及设置

安全账户认证是用来确认登录SQL Server的用户登录账号和密码的正确性，由此来验证其是否具有连接SQL Server的权限。SQL Server 2008提供了两种确认用户登录账号和密码的认证模式：Windows验证模式和混合验证模式。

（1）Windows验证模式

SQL Server数据库系统通常运行在Windows服务器平台上，当Windows作为网络操作系统，本身就具备管理登录、验证用户合法性的能力。因此Windows认证模式正是利用了这一用户安全性和账号管理的机制，允许SQL Server也可以使用Windows的用户名和口令。在这种模式下，用户只需要通过Windows的认证，就可以连接到SQL Server。

（2）混合验证模式

混合认证模式允许用户使用Windows身份验证或SQL Server身份验证与SQL Server实例连接。在此模式下，系统将区分用户账号在Windows操作系统下是否可信，对于可信连接用户，系统直接采用Windows身份验证机制，否则SQL Server 2008会通过账户的存在性和密码的匹配性自行进行验证。

Windows验证模式和SQL Server验证模式各有优势，Windows验证模式更加安全，因Windows操作系统具有较高安全性，其安全性达到美国国防部定义的C2级安全标准。SQL Server验证模式管理较为简单，它允许应用程序的所有用户使用同一个登录标识，而Windows需要为每一个用户建立用户账户。

【例11-1】利用SQL Server Management Studio设置为SQL Server和Windows身份验证模式。

具体操作步骤如下：

①启动“SQL Server Management Studio”,右击要设置验证模式的服务器,从快捷菜单中选择“属性”命令,如图 11-1 所示。

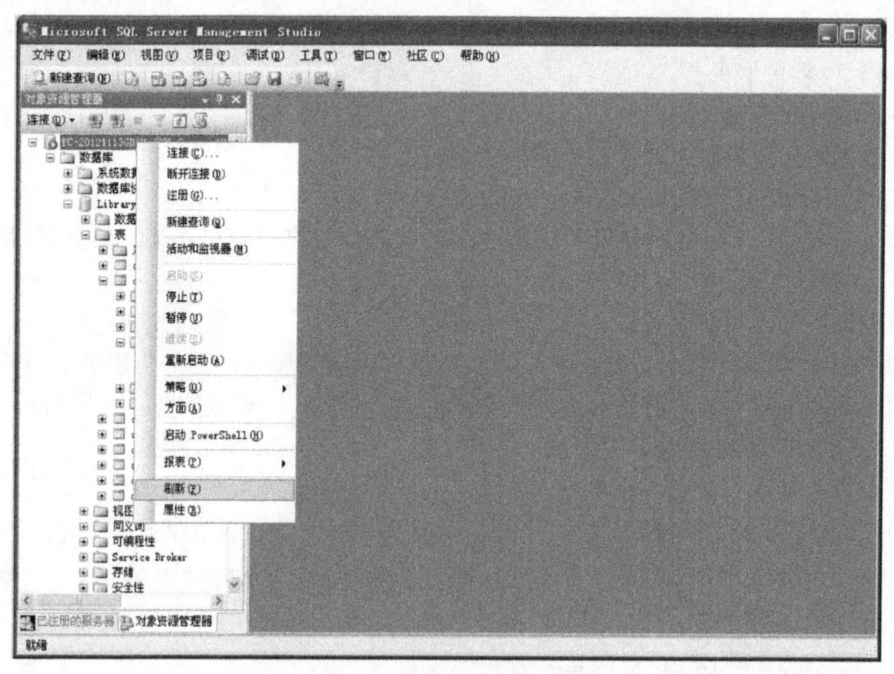

图 11-1　选择“属性”命令

②在弹出的“SQL Server 属性”窗口中选择“安全性”选项,如图 11-2 所示。

图 11-2　“安全性”选项

③在“安全性”选项页面中，“安全性”栏的“服务器身份验证”可以选择要设置的认证模式，同时在“登录审核”中还可以选择跟踪记录用户登录是的各种信息。

11.2　用户管理

在 SQL Server 中，账号有两种，一种是登录服务器登录账号(Login Name)；另一种是使用数据库的用户账号(User Name)。登录账号只是让用户登录到 SQL Server 中，登录名(即登录数据库服务器的账号)本身并不能让用户访问服务器中的数据库。要访问特定的数据库，还必须具有用户名。每个登录账号在一个数据库中只能有一个账号，但是每个登录账号可以在不同的数据库中各有一个用户账号。

安装 SQL Server 后，默认数据库中包含两个用户：dbo 和 guest。任何一个登录账号都可以通过 guest 账号来存取相应的数据库。但是建立一个新的数据库时，默认只有 dbo 账号而没有 guest 账号。如果在新建登录账号的过程中，指定对每个数据库具有存取权限，则在该数据库中将自动创建一个与该登录账号同名的用户账号。

11.2.1　使用 SQL Server Management Studio 创建和管理登录账号、用户

1. 使用 SQL Server Management Studio 创建和维护服务器账号

(1)使用 SQL Server Management Studio 创建服务器登录

【例 11-2】使用 SQL Server Management Studio 创建以 SQL Server 身份认证的登录名 newlogin1。使登录名 newlogin1 成为 Library 数据库用户。

具体操作步骤如下：

①在“SQL Server Management Studio”窗口中展开服务器。

②展开“安全性”选项，右击“登录名”选项，然后在弹出的快捷菜单中选择“新建登录名”选项，如图 11-3 所示。

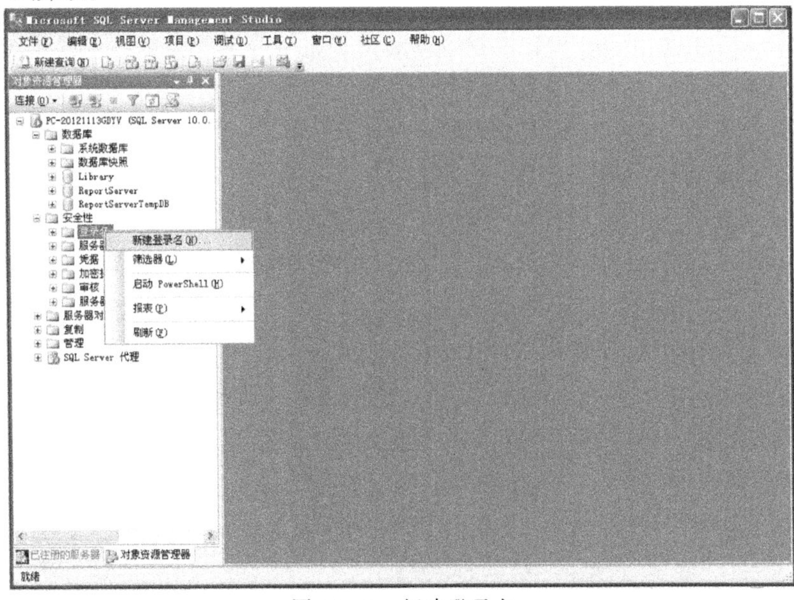

图 11-3　新建登录名

③单击“新建登录名”选项，弹出“SQL Server 登录属性—新建登录”对话框，选择“常规”选项，在“名称”编辑框中输入登录名“newlogin1”；在“身份验证”选项栏中选择新建的用户账号是 Windows 身份验证，还是 SQL Server 身份验证；在“默认设置”栏中的“数据库”下拉列表框选择数据库“Library”如图 11－4 所示。

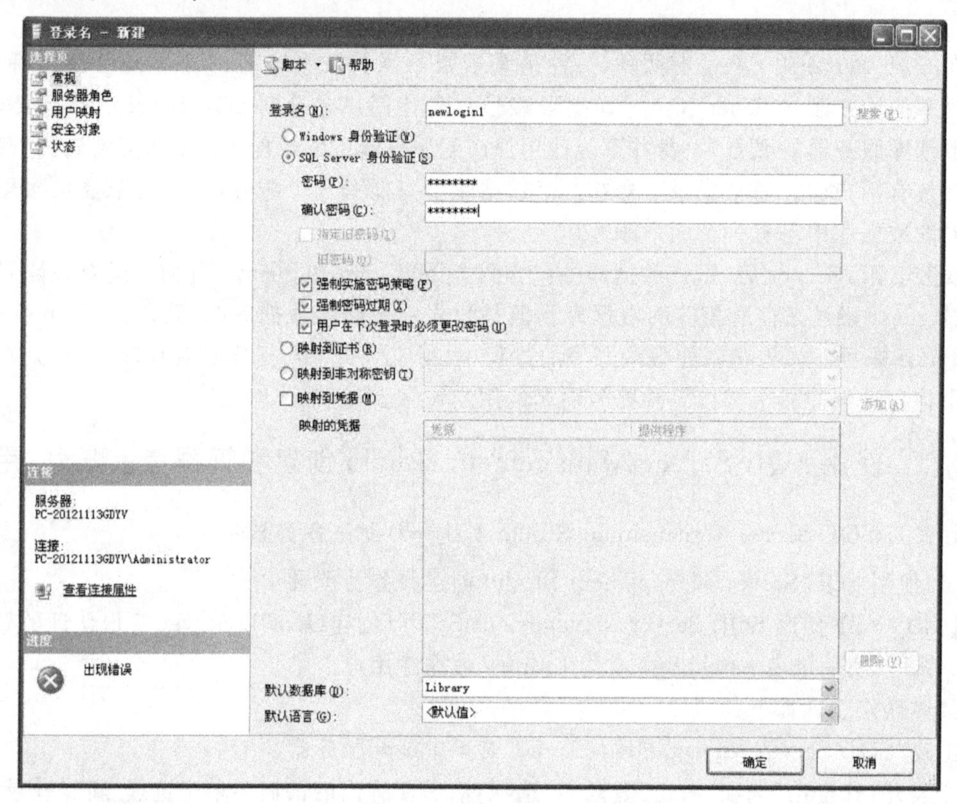

图 11－4　“常规”选项

④选择“服务器角色”选项，可以设置账号是否属于某些服务器角色，在“服务器角色”列表框中，列出了系统的固定服务器角色，可以进行选择，如图 11－5 所示。

⑤选择“用户映射”选项，该页面的列表框列出了本账号可以访问的数据库，单击“映射”左边的复选框，表示该用户可以访问相应的数据库以及本账号在数据库中的用户名，在“数据库角色成员身份”列表框中可以设置账号属于某个数据库角色，如图 11－6 所示。

⑥选择“状态”选项，在“设置”区域设置“是否允许连接到数据库引擎”选项为“授予”；设置“登录”选项为“启用”，如图 11－7 所示。

⑦单击【确定】按钮，完成操作。

(2)使用 SQL Server Management Studio 修改或删除服务器登录

【例 11－3】 使用 SQL Server Management Studio 删除 SQL Server 登录名 newlogin1。

具体操作步骤如下：

①在“SQL Server Management Studio”窗口中展开服务器。

②展开“安全性”选项，再展开“登录名”选项。

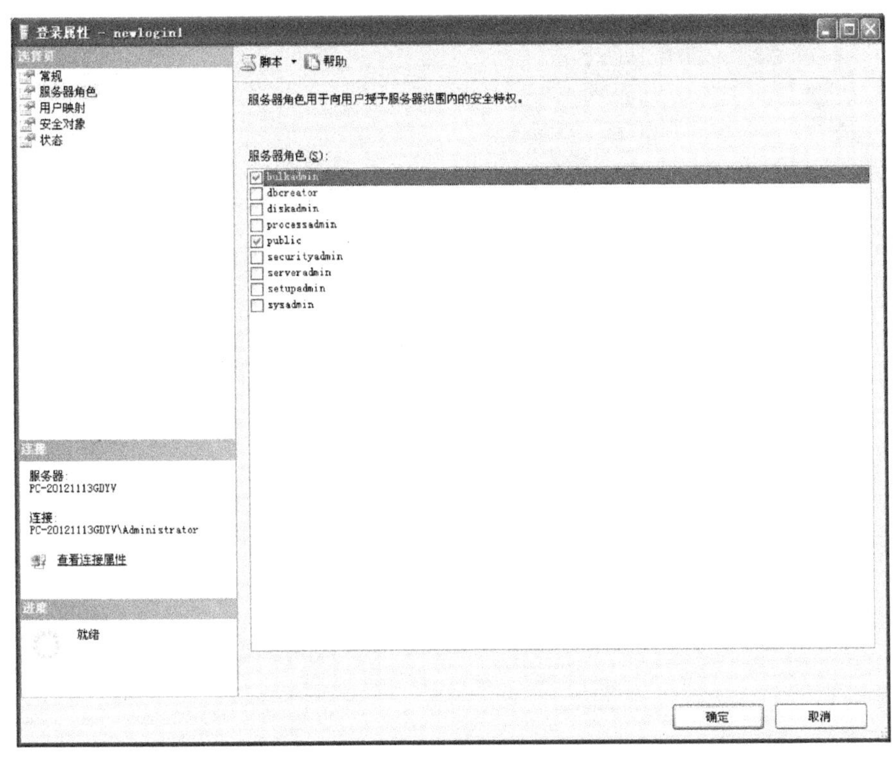

图 11-5　“服务器角色”选项

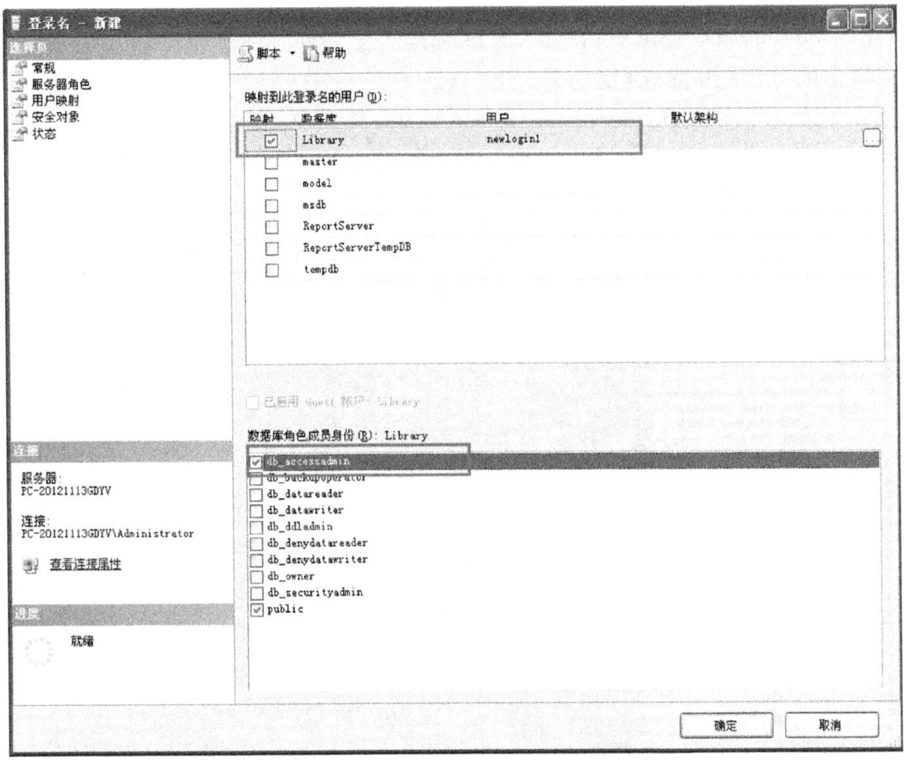

登录名 - 新建
选择页
常规
服务器角色
用户映射
安全对象
状态
脚本
帮助
映射到此登录名的用户(U):
映射　数据库　用户　默认架构
Library　newlogin1
master
model
msdb
ReportServer
ReportServerTempDB
tempdb
已启用 Guest 帐户: Library
数据库角色成员身份(R): Library
db_accessadmin
db_backupoperator
db_datareader
db_datawriter
db_ddladmin
db_denydatareader
db_denydatawriter
db_owner
db_securityadmin
public
连接
服务器:
PC-20121113GDYV
连接:
PC-20121113GDYV\Administrator
查看连接属性
进度
就绪
确定
取消

图 11-6　“用户映射”选项

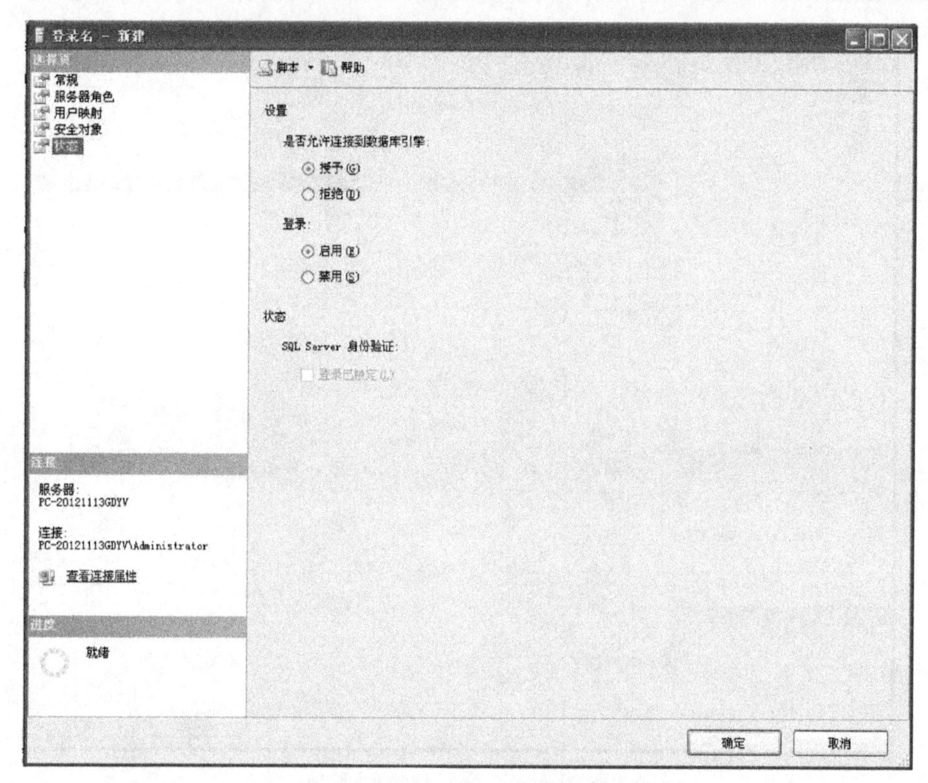

图 11-7 "状态"选项

③右击要删除的用户登录名，在弹出的快捷菜单中选择"删除"命令，如图 11-8 所示。

④在弹出的对话框中单击【确定】按钮完成。

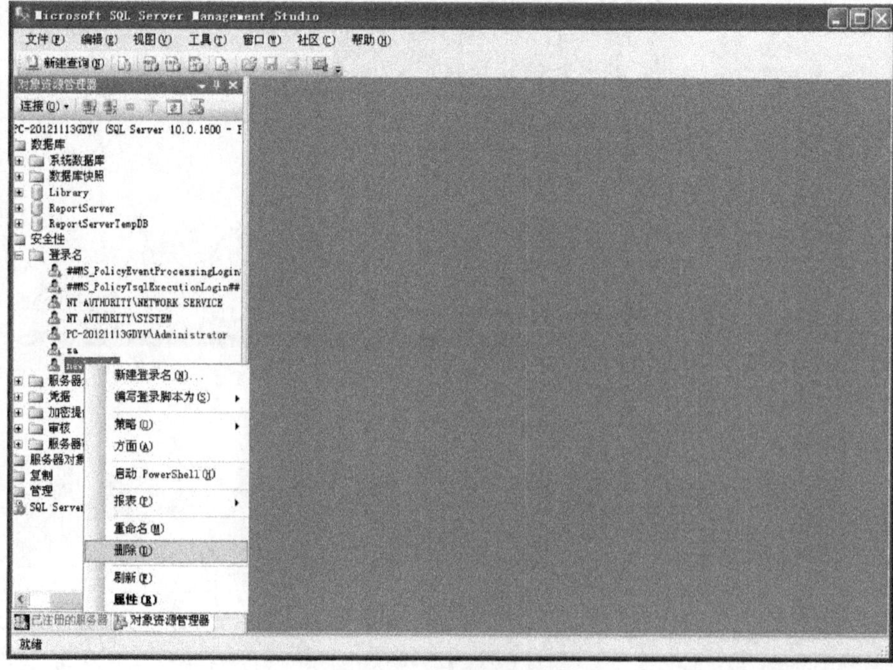

图 11-8 删除登录名

注意：删除后，为了保证系统完整性，删除后要恢复。

2. 使用 SQL Server Management Studio 创建和管理用户账号

安装 SQL Server 后，默认数据库包含两个用户：dbo 和 guest。任何一个登录账号都可以通过 guest 账号来存取相应的数据库。但是建立一个新的数据库时，默认只有 dbo 账号而没有 guest 账号。

每个登录账号在一个数据库中只能有一个账号，但是每个登录账号可以在不同的数据库中各有一个用户账号。如果在新建登录账号的过程中，指定对每个数据库具有存取权限，则在该数据库中将自动创建一个与该登录账号同名的用户账号。

如果在创建新的登录账号时没有指定对每个数据库的存取权限，则在该数据库中，为新的登录账号创建一个用户账号后，该登录账号会自动具有对该数据库的访问权限。

【例 11 - 4】 在 Library 数据库中创建一个用户账号 user1。

①在“SQL Server Management Studio”窗口中展开服务器。

②展开“安全性”选项，再展开“用户”选项，在弹出的快捷菜单中选择“新建用户”命令，如图 11 - 9 所示。

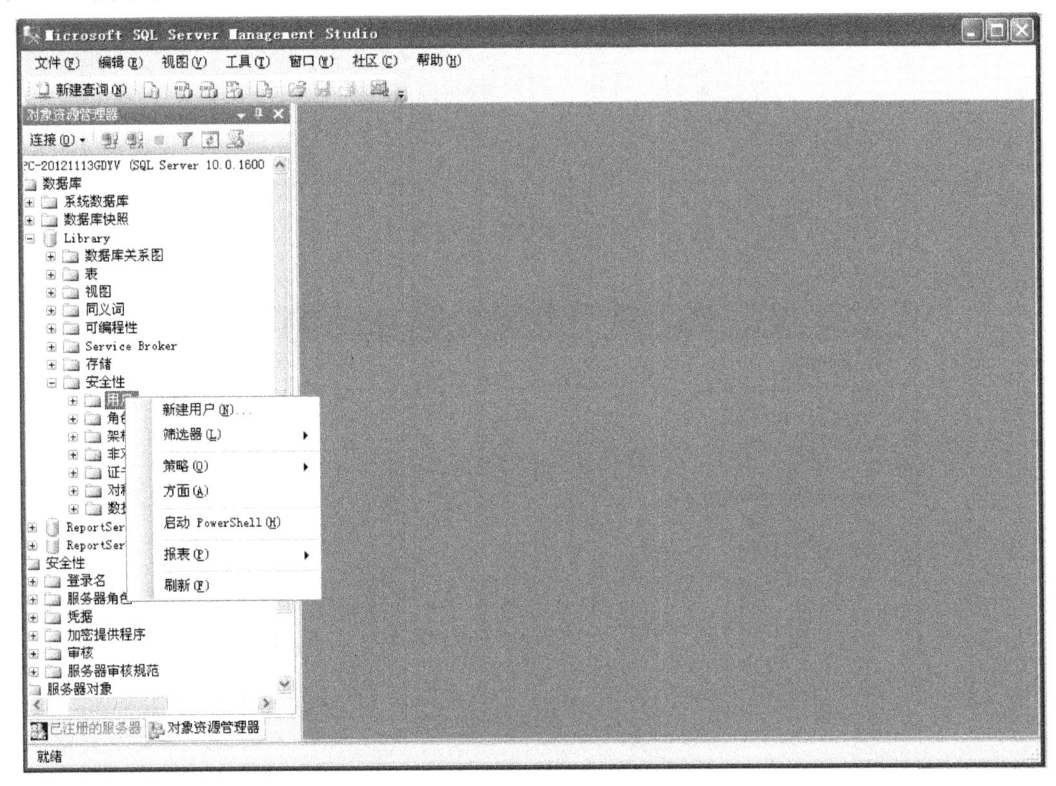

图 11 - 9　“新建数据库用户”选项

③在弹出的“数据库用户 — 新建”对话框中，登录名文本框中输入 user1，如图 11 - 10、11 - 11、11 - 12 所示。

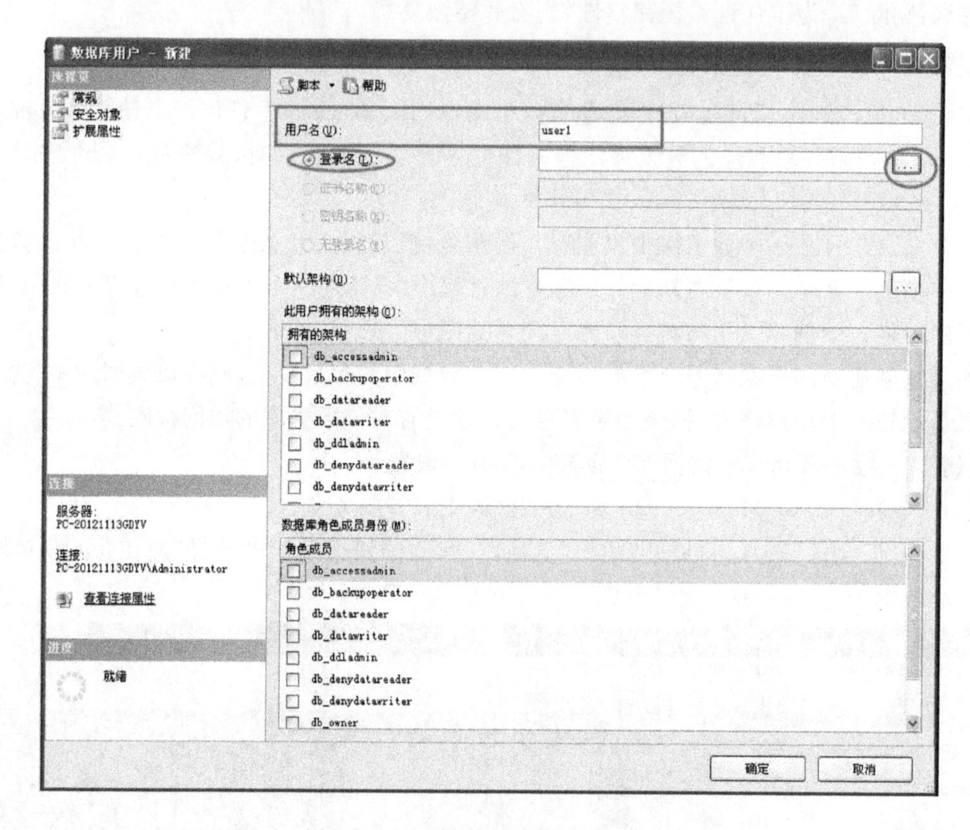

图 11-10 “数据库用户-新建”窗口

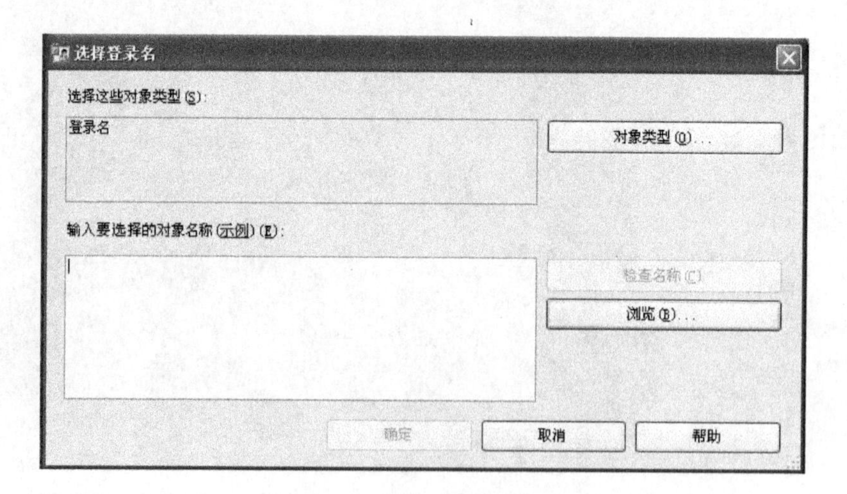

图 11-11 “选择登录名”窗口

④设置完成后,单击所有弹出对话框的【确定】按钮。

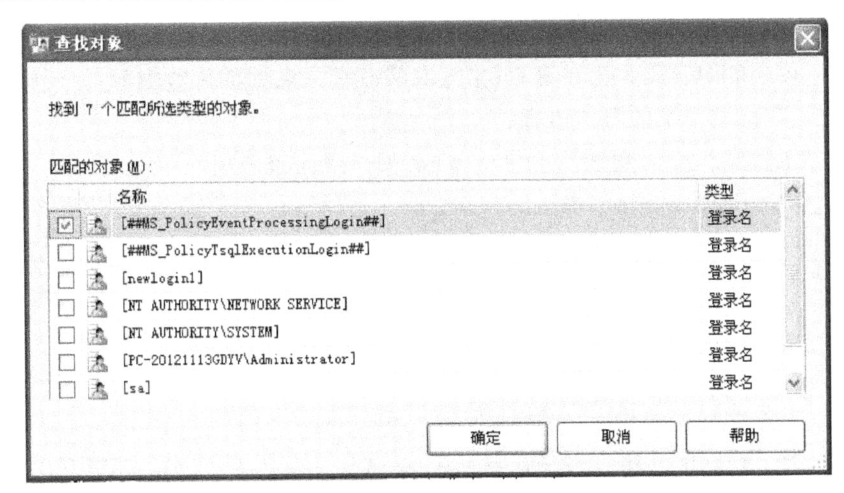

图 11-12　“查找对象”对话框

11.2.2　使用 T-SQL 创建和管理登录账号和用户

1. 使用 T-SQL 语句创建和维护服务器账号

(1)使用系统存储过程创建服务器登录

语法格式:sp_addlogin‘登录名称’,登录密码’,默认数据库’,‘默认语言’

语句功能:创建 SQL Server 认证模式的登录账号。

参数说明:

①“登录名称”和“登录密码”可以包含 1—128 个字符、汉字和数字。但是,登录名称不能包含有反斜线“\”、保留的登录名称(如 sa)或已经存在的登录名称,也不能是空字符串或 NULL。

②在使用 sp_addlogin 时,除登录名称外,其余参数均可为空,如果为空,

③其选项则设为默认值。

④sp_addlogin 只能用在 SQL Server 认证模式。

【例 11-5】创建一个密码为“123456”和主默认数据库的登录 newlogin1。

EXEC sp_addlogin'newlogin1','123456'

【例 11-6】创建一个有密码和默认数据库登录 newlogin2,并指定密码为“123”,默认数据库名为“Library”。

EXEC sp_addlogin 'newlogin2', '123', 'Library'

(2)使用系统存储过程修改服务器登录

SQL Server 提供了下面三个系统存储过程修改一个登录的密码、默认数据库和默认语言。

语法格式:

格式一:sp_password '旧密码', '新密码', '登录名'

格式二:sp_defaultdb '登录名', '默认数据库的名称'

格式三:sp_defaultlanguage '登录名', '默认语言'

语句功能及参数说明：

格式一把登录的旧密码改为新密码；格式二修改登录名的默认数据库，但新的默认数据库必须存在；格式三修改登录的默认语言。

【例 11-7】将“Library”更改为登录 newlogin1 的默认数据库。

```
EXEC sp_defaultdb 'newlogin1', 'Library'
```

(3)使用系统存储过程删除服务器登录

语法格式：sp_droplogin ‘登录名称’

语句功能：删除登录账号，禁止其访问 SQL Server。

参数说明：

①不能删除系统管理者 sa 以及当前连接到 SQL Server 的登录。

②如果与登录相匹配的用户仍存在数据库 sysusers 表中，则不能删除该登录账号。

③sp_droplogin 只能用在 SQL Server 认证模式。

【例 11-8】从从 SQL Server 中删除上面新建的登录 newlogin1。

```
EXEC sp_droplogin 'newlogin1'
GO
```

2. 使用 T-SQL 语句创建和管理用户账号

(1)创建新数据库用户

语法格式：sp_grantdbaccess ‘登录账号名称’，‘用户账号名称’

语句功能：为 SQL Server 登录者建立一个相匹配的数据库用户账号。

参数说明：除了 guest 用户外，数据库用户账号总是与某一登录账号相关联。

【例 11-9】将用户 LTXY 加到数据库“Library”中，其用户名为 lyj。

```
Exec sp_grantdbaccess 'LTXY','lyj'
```

(2)删除数据库用户

语法格式：sp_revokedbaccess’用户账号名称’

语句功能：将数据库用户从当前数据库中删除。

参数说明：

①删除数据库用户，其相匹配的登录者就无法使用该数据库。

②如果被删除的数据库用户在当前数据库中拥有任一对象(如表、视图或存储过程)，将无法用该语句将它从数据库中删除，只有在删除其所拥有对象后，才能将数据库用户删除。

【例 11-10】删除“Library”数据库用户 lyj。

```
Use Library
sp_revokedbaccess ‘lyj’
```

(3)查看数据库用户信息

语法格式：sp_helpuser‘用户账号名称’

语句功能：显示当前数据库的指定用户信息。

参数说明：省略‘用户账号名称’，则显示所有用户信息。

【例 11-11】显示“Library”所有用户信息。

```
use Library
```

```
execsp_helpuser
```

11.3　权限管理

权限是用来指定授权用户可以使用的数据库对象及可以对这些数据库对象执行的操作的。数据库中的每一个对象都由一个数据库的用户所拥有，数据库对象刚刚创建以后，只有该对象的所有者才能访问。如果其他用户想访问该对象，需要获得数据库对象所有者所赋予的权限。

11.3.1　权限的分类

在 SQL Server 中包含三种类型的权限：对象权限、语句权限和预定义权限。

(1)对象权限

对象权限表示用户在特定的数据库对象，即表，视图、字段和存储过程上执行 select、insert、update、delete 语句及执行存储过程的能力，它决定了能对表、视图等数据库对象执行哪些操作。

(2)语句权限

语句权限具有创建数据库或数据库对象的权限。语句权限决定用户能否执行下面的语句。create database、create table、create view、create rule、create default、create procedure、create index、backup database、backup log。

(3)预定义权限

预定义权限是指系统安装以后对固定的服务器角色、固定的数据库角色和数据库对象所有者预定义的权限。固定角色的所有成员自动继承角色的预定义权限。

11.3.2　使用 SQL Server Management Studio 管理权限

1. 用 SQL Server Management Studio 授予对象的权限

对象权限可以由 sysadmin 服务器角色、数据库所有者或特定的数据库角色中的成员进行授予、拒绝和取消。SQL Server Management Studio 提供了一个查看和管理权限的界面。

【例 11 - 12】使用 SQL Server Management Studio 管理 book info 表的权限。

具体操作步骤如下：

①在“SQL Server Management Studio”窗口中展开服务器。

②展开“表”选项，右击表：“book info”，然后在弹出的快捷菜单中选择“属性”命令，如图 11 - 13 所示。

③在弹出的“表属性”对话框中，选择“权限”选项，如图 11 - 14 所示。

④单击【搜索】按钮，打开“选择用户或角色”对话框，如图 11 - 15 单击【浏览】按钮。

⑤选择指定的用户 user1，如图 11 - 16 所示。

⑥对特定的权限(alter、control 和 delete 等)设置【授予】、【具有授予权限】和【拒绝】，如图 11 - 17。

这样，user1 用户就对 book info 表有了选择的权限。

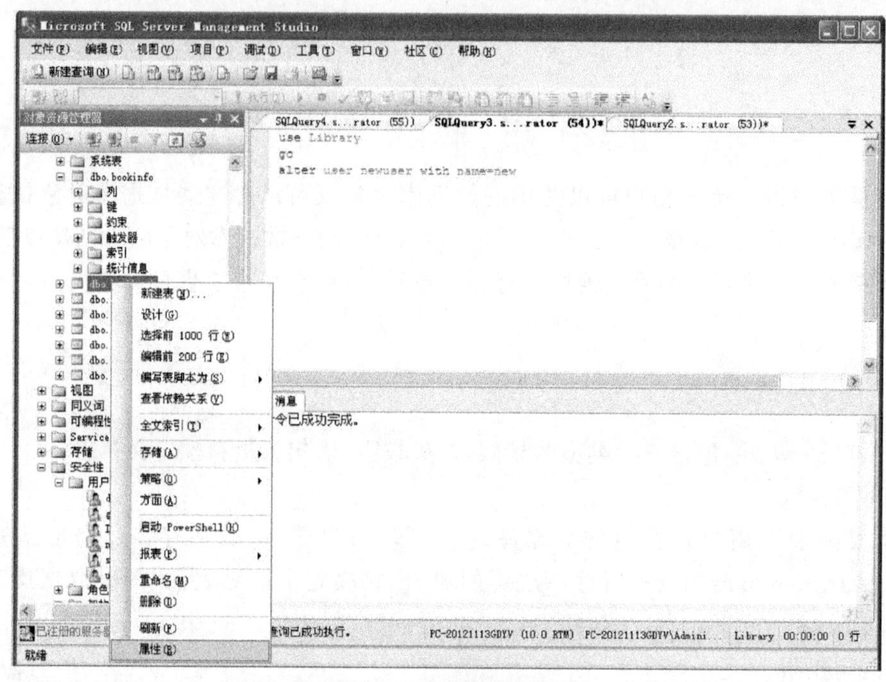

图 11-13 “选择【属性】”窗口

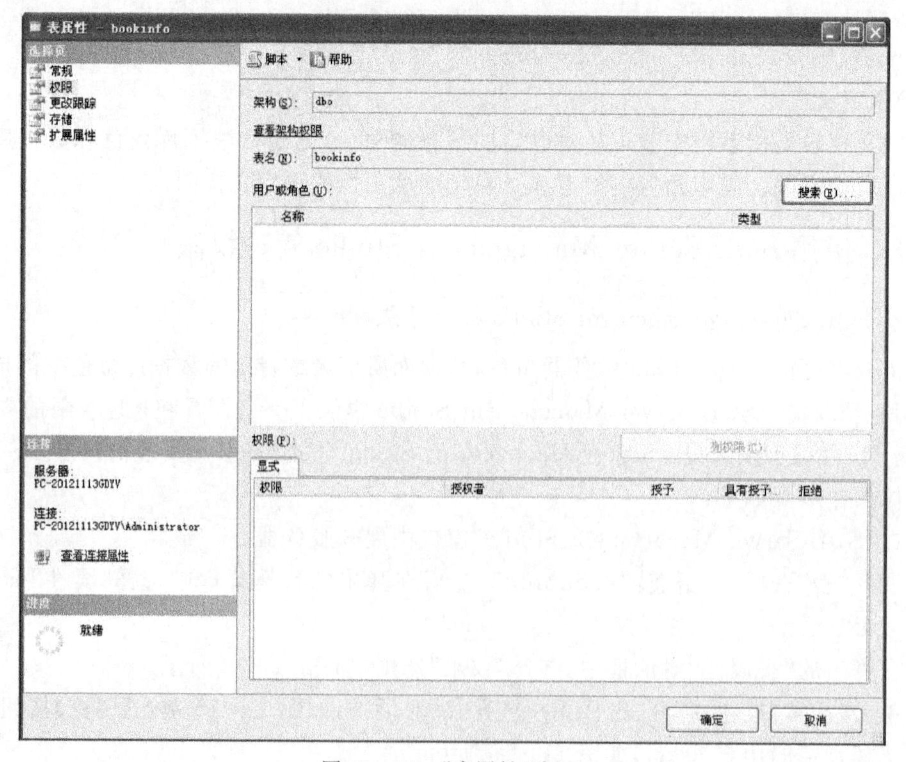

图 11-14 “表属性”窗口

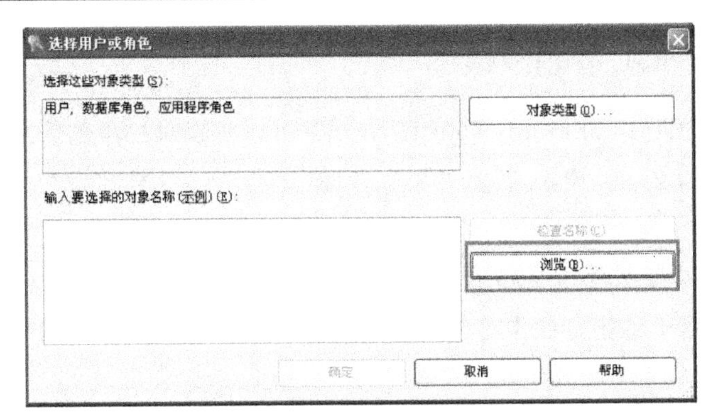

图 11-15　“选择用户或角色”窗口

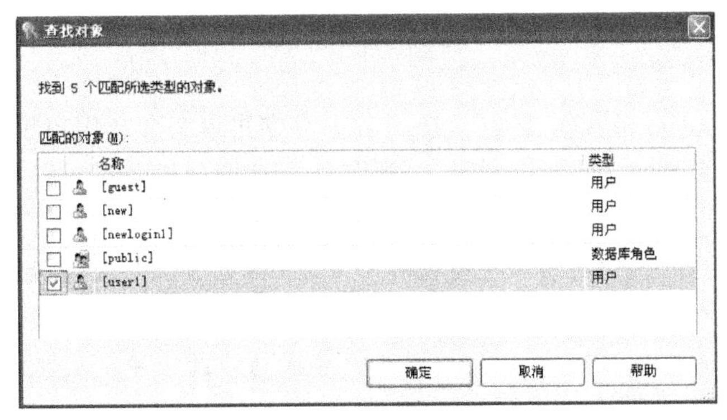

图 11-16　“查找对象”窗口

图 11-17　授予权限

11.3.3 使用 T-SQL 管理权限

也可以使用 T-SQL 语句 grant、deny 和 revoke 可以实现对权限的管理。

T-SQL 语句使用 grant、deny 和 revoke 三种命令来完成对象和语句权限的授予、禁止和取消。

1. 使用 T-SQL 语句管理对象权限

使用 GRANT 用于将特定操作对象的对象权限授予指定的用户,DENY 用于拒绝给用户或角色授予对象权限,并防止指定的用户、组或角色,通过其组和角色成员继承权限,REVOKE 取消以前用户授予或拒绝了的对象权限。

语法格式:

GRANT 权限名称 [,…n]ON 表名 | 视图名 | 存储过程名 TO 用户账户名称 [WITH GRANT OPTION]

DENY 权限名称 [,…n]ON 表名 | 视图名 | 存储过程名 TO 用户账户名称

REVOKE 权限名称 [,…n]ON 表名 | 视图名 | 存储过程名 TO 用户账户名称

说明:

①对象权限总是针对表、视图和存储过程而言,它决定了能对表、视图和存储过程执行哪些操作(如 UPDATE、DELETE、INSERT、EXECUTE)。如果用户想要对某一对象进行操作,其必须具有相应的操作的权限。例如,当用户要成功修改表中的数据时,则前提条件是他已经被授予表的 UPDATE 权限。

②对象权限一般为:表(SELECT、INSERT、UPDATE、DELETE、REFERENCE),视图(SELECT、INSERT、UPDATE、DELETE),存储过程(EXECUTE),列(SELECT、UPDATE)。

③GRANT 如果选择了 WITH GRANT OPTION 子句,则获得某种权限的用户还可以把这种权限再授予其他的用户;否则,获得某种权限的用户只能使用该权限,而不能传播该权限。

【例 11-13】 使用 T-SQL 语句授予用户"user1"对 Library 数据库中的 book kind 表的查询和删除权限。

在查询分析器中输入如下语句:

```
use Library
go
grant select,delete
on book kind
to user1
go
```

【例 11-14】 使用 T-SQL 语句禁止用户"user1"对 Library 数据库中的 book kind 表的查询和删除权限。

```
use Library
go
deny select,delete
```

```
on book kind
to user1
go
```

【例 11-15】 使用 T-SQL 语句取消用户“user1”对 Library 数据库中的 book kind 表的查询和删除权限。

```
use Library
go
deny select,delete
on book kind
to user1
go
```

11.4　角色管理

角色是数据库访问权限的管理单位，其成员继承角色所拥有的访问权限，角色是对权限的集中管理机制。SQL Server 管理者在设置访问权限时，应首先建立角色，然后将某些用户设置为某一角色，使该用户称为角色成员，这样只对角色进行权限设置便可以实现对该角色所有用户权限的设置，极大地减少了管理员的工作量。

11.4.1　角色的分类

SQL Server 支持三种角色：服务器角色、数据库角色和应用程序角色。

(1)服务器角色

服务器角色是指根据 SQL Server 的管理任务，以及这些任务相对的重要性等级来把具有 SQL Server 管理职能的用户划分为不同的用户组，每一组所具有的管理 SQL Server 的权限都是 SQL Server 内置的，即不能对其进行添加、修改和删除，只能向其中加入用户或者其他角色。8 种常用的固定服务器角色如表 11-1 所示。

表 11-1　SQL Server 的 8 种常用的固定服务器角色

名称	作用
系统管理员(sysadmin)	拥有 SQL Server 所有的权限许可
服务器管理员(setupadmin)	管理 SQL Server 服务器端的设置
磁盘管理员(serveradmin)	管理磁盘文件
进程管理员(securtityadmin)	管理 SQL Server 系统进程
安全管理员(processadmin)	管理和审核 SQL Server 系统登录
安装管理员(diskadmin)	增加、删除连接服务器，建立数据库复制及管理扩展存储过程。
数据库创建者(dbcreator)	创建数据库并对数据库进行修改
批量管理员(bulkadmin)	可以执行 bulk insert 语句，执行大容量数据插入操作

(2)数据库角色

数据库角色为某一用户或某一组用户授予不同级别的管理或访问数据库以及数据库对象的权限,这些权限是数据库专有的,并且还可以使一个用户属于同一数据库的多个角色。

SQL Server 提供两种不同类型的数据库角色,分别是固定的数据库角色和用户自定义的数据库角色。

①固定的数据库角色。固定的数据库角色都是为了系统创建的,用户不能创建,只能将用户加入,使其成为固定的数据库角色成员,SQL Server 的 10 种固定的数据库角色如表 11-2 所示。

表 11-2　SQL Server 的 10 种固定数据库角色

名称	作用
public	维护全部默认许可
db_owner	数据库的所有者,可以对所拥有的数据库执行任何操作
db_accessadmin	可以增加或者删除数据库用户、工作组和角色
db_addladmin	可以增加、删除和修改数据库中的任何对象
db_securityadmin	执行语句许可和对象许可
db_backupoperator	可以备份和恢复数据库
db_datareader	能且仅能对数据库中的任何表执行 select 操作,从而读取所有表的信息
db_datawriter	能够增加、修改和删除表中的数据,但不能进行 select 操作
db_denydatareader	不能读取数据库中任何表中的数据
db_denydatawriter	不能对数据库中的任何表执行增加、修改和删除数据操作

②用户自定义的数据库角色

创建用户自定义的数据库角色就是创建一组用户,这些用户具有相同的一组许可。如果一组用户需要执行在 SQL Server 中指定的一组操作并且不存在对应的 Windows NT 组,或者没有 Windows NT 用户账号的许可,就可以在数据库中建立一个用户自定义的数据库角色,然后将这些用户加入,成为自定义的数据库角色成员。

(3)应用程序角色

应用程序角色是一种比较特殊的角色。当我们打算让某些用户只能通过特定的应用程序间接地存取数据库中的数据而不是直接地存取数据时,就应该考虑使用应用程序角色。当某一用户使用了应用程序角色时,他便放弃了已被赋予的所有数据库专有权限,他所拥有的只是应用程序角色被设置的角色。

11.4.2　角色的管理

1. 使用 SQL Server Management Studio 管理角色

(1)添加服务器角色的成员

【例 11－16】使用 SQL Server Management Studio，将登录名“newlogin”添加到 sysadmin 固定服务器角色。

具体操作步骤如下：

①在“SQL Server Management Studio”窗口中展开服务器。

②展开“安全性”→“登录名”节点，右击“sysadmin”，然后在弹出的快捷菜单中选择“属性”命令，如图 11－18 所示。

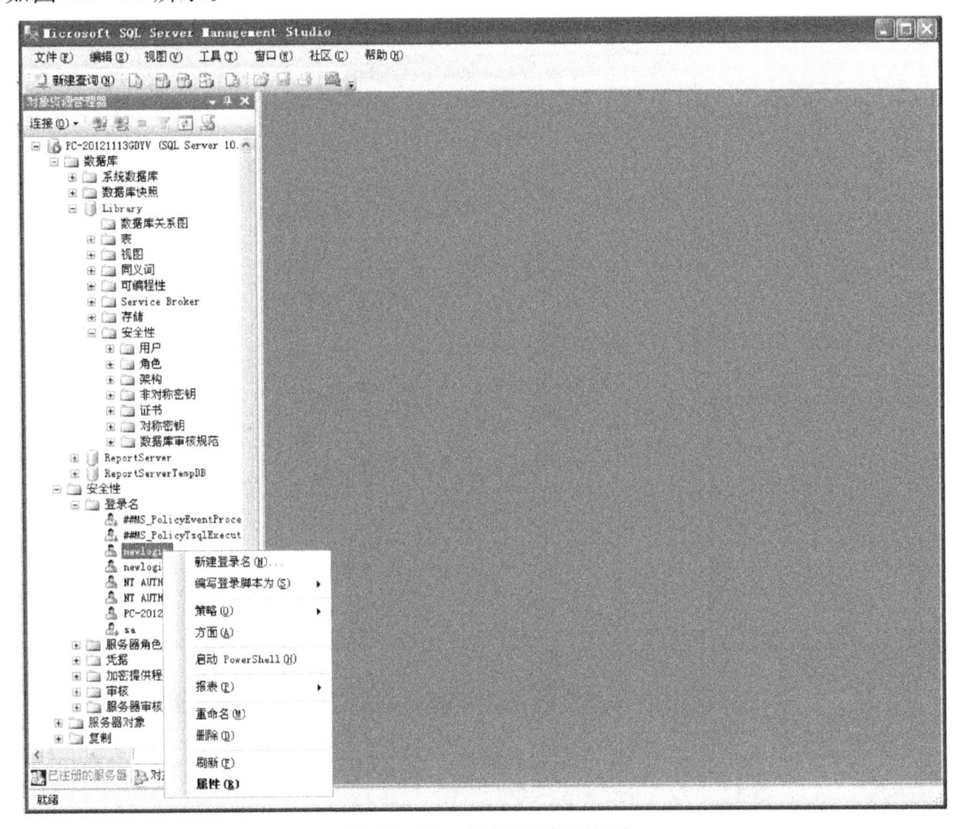

图 11－18　选择“属性”选项

③打开“登录属性－newlogin”对话框，在对话框左侧的选择列表中选择“服务器角色”选项，在右侧的“服务器角色”列表中选中“sysadmin”选项，如图 11－19 所示。

④单击【确定】按钮，完成将 newlogin 添加为服务器角色 sysadmin 的成员的设置。

(2)查看服务器角色的成员

启动“SQL Server Management Studio”，展开指定的服务器，再展开“安全性”→“服务器角色”节点，双击 sysadmin 选项，打开“服务器角色属性－sysadmin”对话框，可以看到在角色中已经存在添加的 newlogin 登录名，如图 11－20 所示。

【例 11－17】使用 SQL Server Management Studio 创建用户定义数据库角色 db_user。

①在“SQL Server Management Studio”窗口中展开服务器。

②展开“安全性”→“角色”节点，右击“数据库角色”，选择“新建数据库角色”如图 11－21 所示。

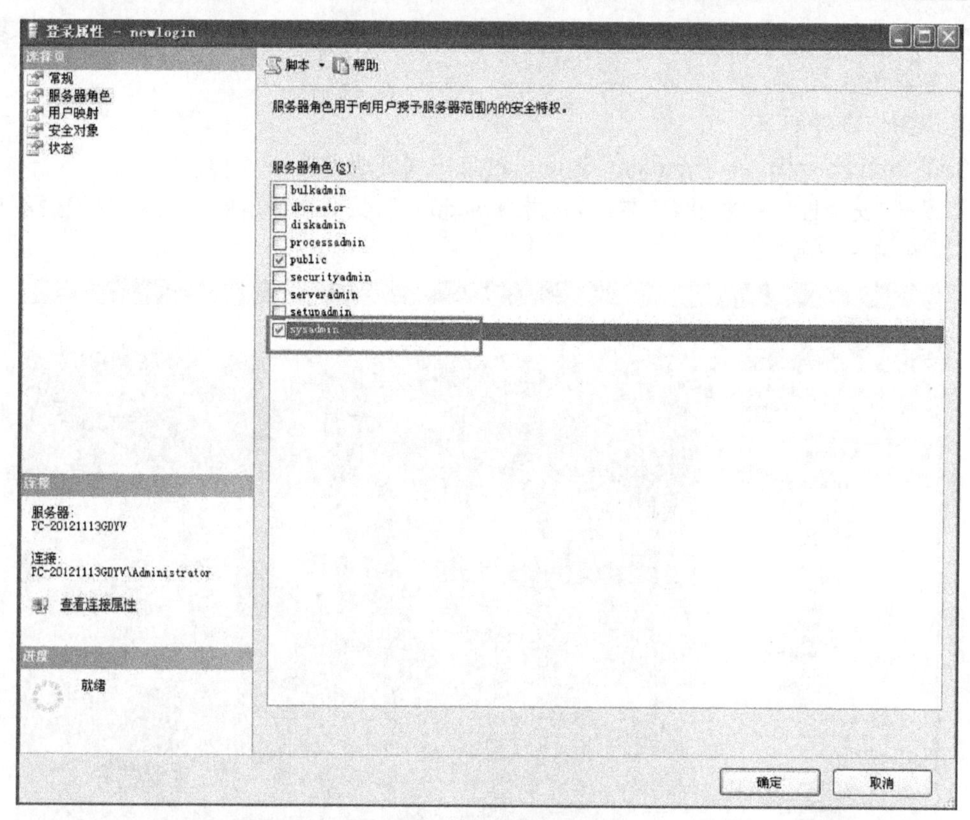

图 11-19 “服务器角色登录”

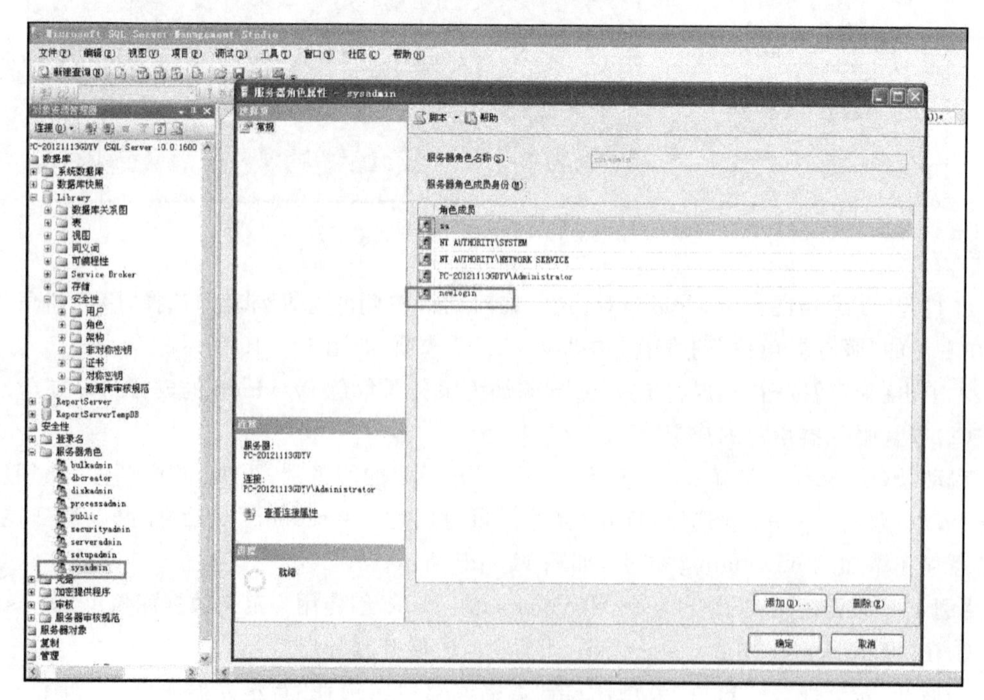

图 11-20 “服务器角色属性”对话框

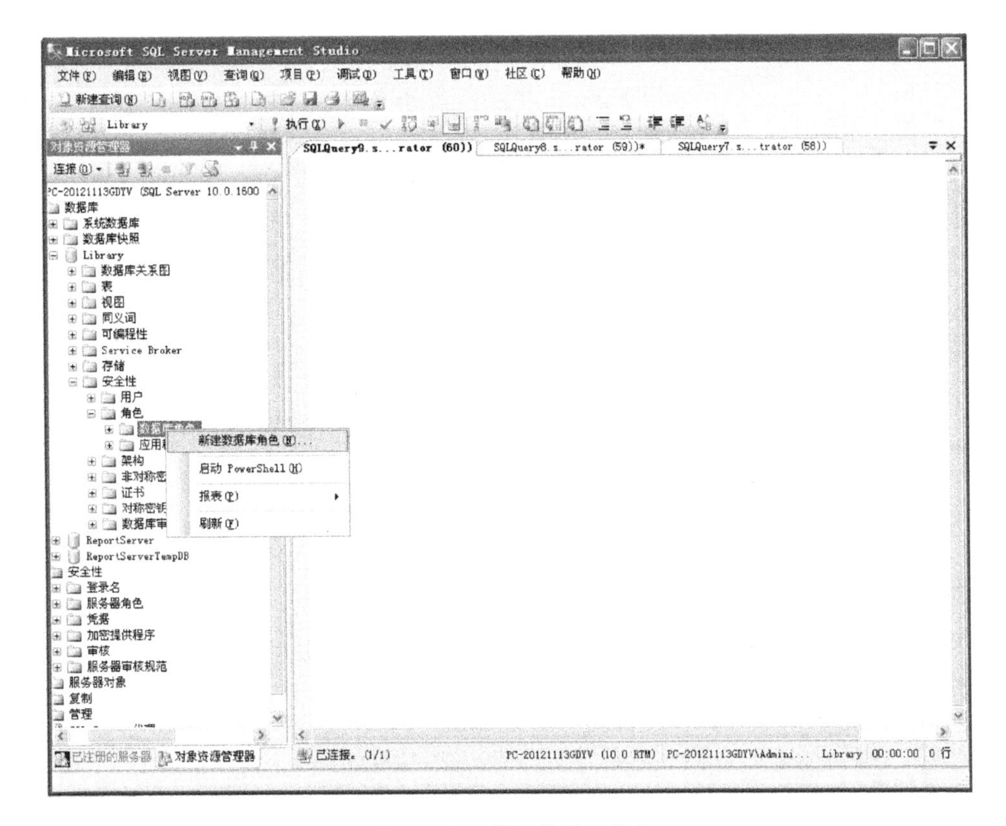

图 11－21　新建数据库角色

③从快捷菜单中选择“新建数据库角色”命令，如图 11－21 所示。

④在“名称”框中输入新角色名称“db_user”，单击【添加】按钮，在弹出的“选择数据库用户或角色”对话框中选择要添加的用户，如图 11－22、11－23、11－24、11－25 所示。

⑤单击【确定】按钮，则选定的用户成为相应的数据库角色，返回“数据库角色”对话框，如图 11－26 所示。

2. 使用 T-SQL 语句管理角色

(1)使用存储过程管理服务器角色

在 SQL Server 中主要使用 sp_addsrvrolemember 和 sp_drosprvrolemember 两个存储过程来管理服务器角色。

语法格式：sp_addsrvrolemember‘登录账号’，‘服务器角色’

语句功能：将登录账号添加到服务器角色中。

参数说明：

将某一登录账号加入到服务器角色中，使其成为该服务器角色的成员。

服务器角色必须是表中 8 种常见的固定服务器角色值之一。

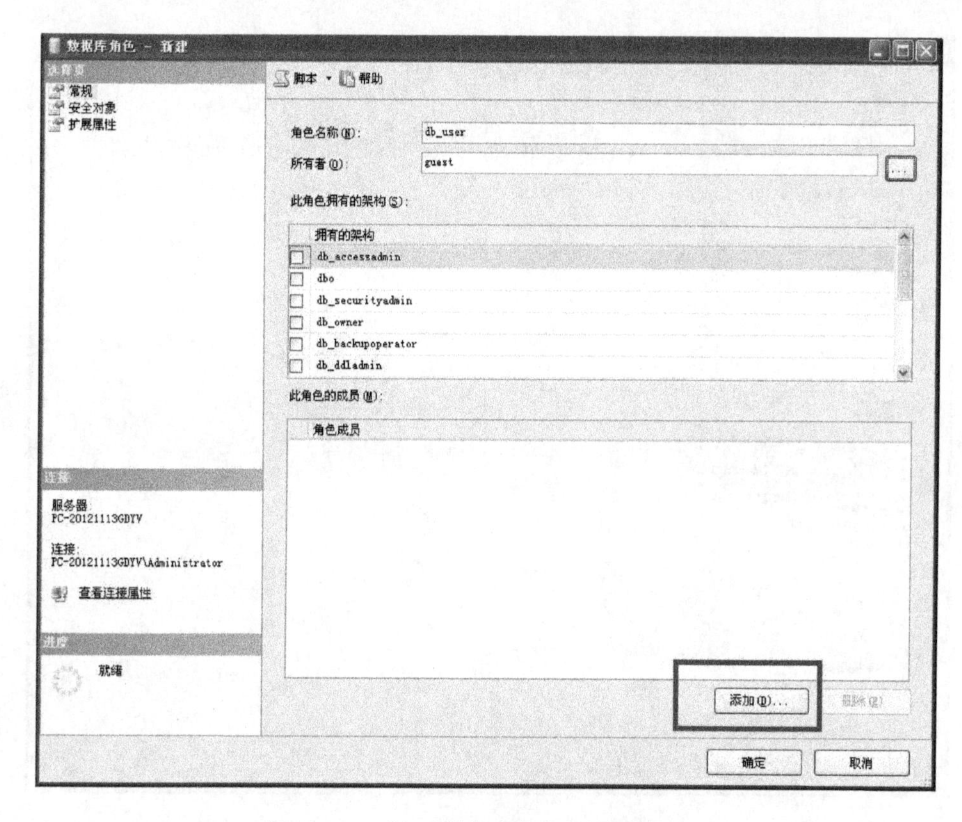

图 11-22 “新建数据库角色-新建”对话框

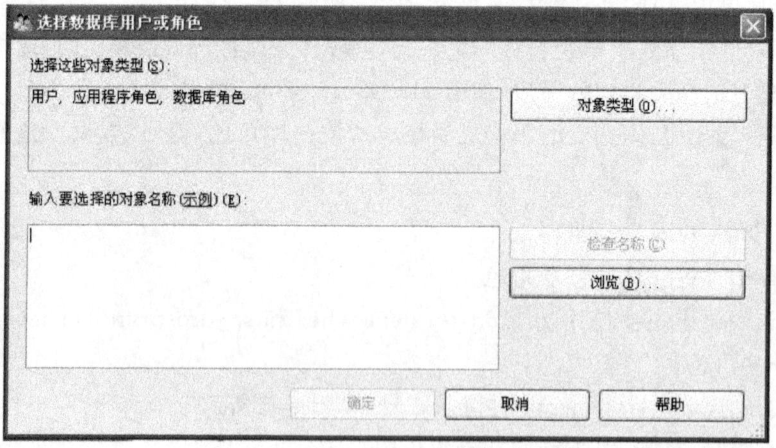

选择数据库用户或角色
选择这些对象类型(S):
用户，应用程序角色，数据库角色
对象类型(O)...
输入要选择的对象名称(示例)(E):
检查名称(C)
浏览(B)...
确定
取消
帮助

图 11-23 “选择数据库用户或角色-1”对话框

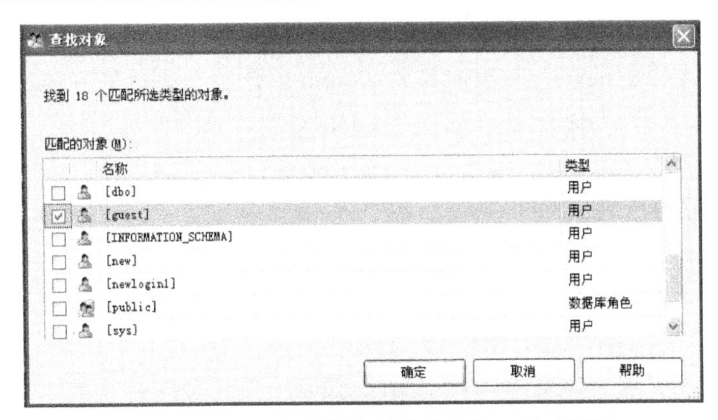

图 11-24　"选择数据库用户或角色—2"对话框

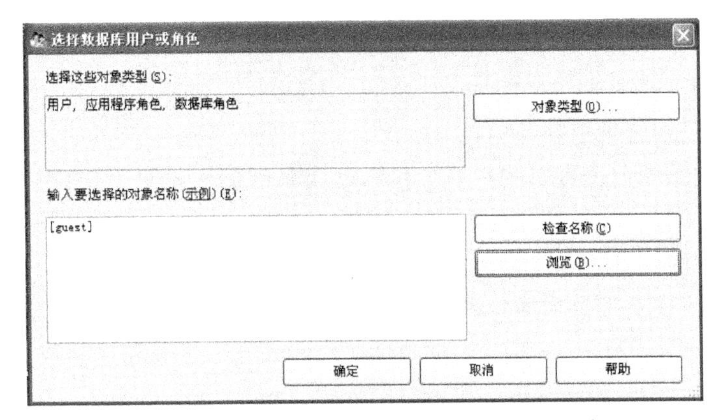

图 11-25　"选择数据库用户或角色—3"对话框

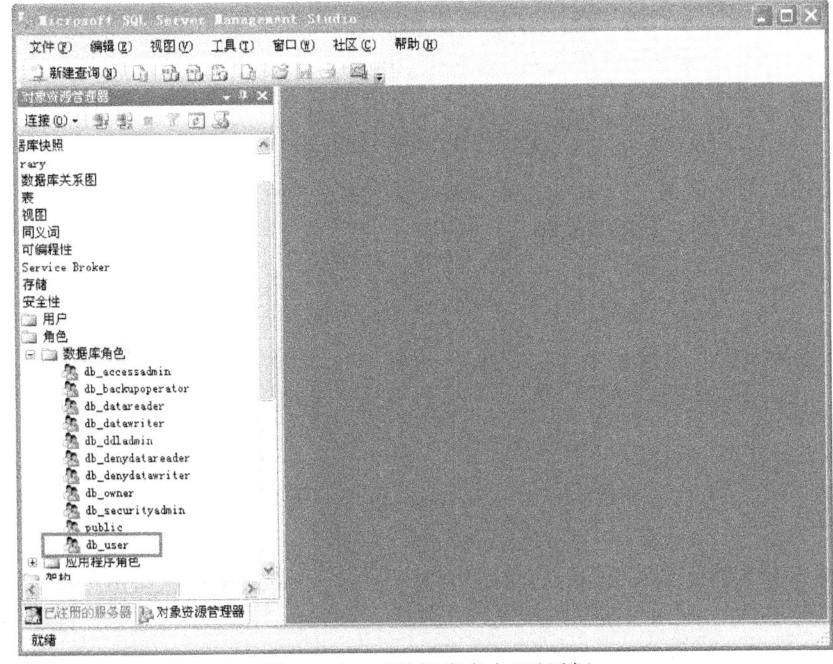

图 11-26　"数据库角色"对话框

示例：

【例 11－18】将登录 newlogin 添加到 sysadmin 固定服务器角色中。

```
EXEC sp_addsrvrolemember'newlogin','sysadmin'
GO
```

(2)删除服务器角色成员

语法格式：sp_drosprvrolemember'登录账号','服务器角色'

语句功能：将登录账号从服务器角色中删除。

参数说明：

将某一登录账号从某一服务器角色中删除，使其不再具有该服务器角色所设置的权限。

服务器角色必须是表中 8 种常用的固定服务器角色值之一。

【例 11－19】将登录 newlogin 从 sysadmin 固定服务器角色中删除。

```
EXEC sp_dropsrvrolemember'newlogin','sysadmin'
GO
```

(3)使用存储过程管理数据库角色

只有自定义数据库角色可以调用系统存储过程来创建和删除，但也不是所有用户都有权限使用这些系统存储过程，只有 sysadmin 固定服务器角色及 db_securityadmin 和 db_owner 固定数据库角色中的成员才能执行下面的系统存储过程。

在 SQL Server 中支持数据库角色管理的存储过程有两大类：一是创建、删除和显示数据库角色(sp_addrole、sp_droprole 和 sp_helprole)；二是添加、删除和显示数据库角色成员(sp_addrolemember、sp_droprolemember 和 sp_helprolemember)。

语法格式：

sp_addrole'要创建的数据库角色名称','数据库角色的所有者'

sp_droprole'要删除的数据库角色名称'

sp_helprole'预定义的数据库角色'

语句功能：

sp_addrole 创建新的自定义数据库角色。

sp_droprole 删除数据库中某一自定义数据库角色。

sp_helprole 显示数据库角色信息。

说明：

sp_addrole 中'要创建的数据库角色名称'必须是有效标识符，并且在当前数据库中不能已经存在；'数据库角色的所有者'省略，默认值为数据库所有者即 dbo，不用默认值也必须是当前数据库中的某个用户或角色。

sp_droprole 中'要删除的数据库角色名称'必须已经存在于当前的数据库中。

sp_helprole 中'预定义的数据库角色'可以省略，若省略则默认显示所有数据库角色信息。

【例 11－20】下面语句在"Library"数据库中建立一个自定义数据库角色 student。

```
use Library
go
```

```
sp_addrole 'reader1'
go
```

【例 11－21】下面语句将删除“Library”数据库中刚建立的自定义数据库角色 reader1。

```
use Library
go
sp_droprole 'student'
go
```

(4)添加、删除和显示数据库角色成员

无论是固定数据库角色还是用户自定义数据库角色，都使用下面三个系统存储过程添加、删除和显示它们中的成员。

语法格式：

sp_addrolemember'数据库角色'，'数据库用户或 NT 用户或用户组'

sp_droprolemember'数据库角色'，'数据库用户或 NT 用户或用户组'

sp_helprolemember'数据库角色'

语句功能：

sp_addrolemember：向某一数据库角色中添加数据库用户。

sp_droprolemember：删除数据库角色中某一角色的成员。

sp_helprolemember：显示数据库角色成员信息。

参数说明：

①上述中'数据库角色'是当前数据库中用户自定义角色的名称或固定数据库角色名称。

②上述中'数据库用户或 NT 用户或用户组'必须为所有有效的 SQL Server 用户、SQL Server 角色或是所有已授权访问当前数据库的 WindowsNT 用户或组。

③上述中'数据库角色'可以省略，若省略则默认显示所有数据库角色成员。

【例 11－22】将“Library”数据库下的用户 lyj，添加成为“Library”数据库 reader1 角色的成员。

```
use  Library
  go
    EXEC sp_addrolemember 'reader', 'lyj'
    go
```

小　结

本章学习了如下内容：

(1)从安全认证模式、创建安全账户、管理安全账户、角色管理、权限管理等几方面论证了如何保障 SQL Server 2008 的安全。

(2)分别使用 T-SQL 语句和 SQL Server Management Studio 如何创建账户，管理账户、删除账户、创建服务器角色和数据库角色、添加角色成员、授予对象权限和授予语句权限。

实　训

1. 实训目的

(1)理解 SQL Server2008 的身份验证模式。

(2)会创建和管理登录账户。

(3)会创建和管理角色。

(4)会授予、拒绝或撤销权限。

2. 实训要求

(1)为学生选课数据库 XK 设置身份验证模式。

(2)为学生选课数据库 XK 创建登录账户。

(3)为学生选课数据库 XK 创建数据库用户和角色。

(4)为学生选课数据库 XK 中的用户设置相应的权限。

3. 实训内容与步骤

(1)创建登录账户

①使用 SQL Server Management Studio 创建 SQL Server2008 身份验证模式的登录,其中,登录名是 xk_login1,密码是 123456,默认数据库是 XK,其他保持默认值。

②使用 SQL Server Management Studio 创建 Windows 身份验证模式的登录。

首先创建系统用户 xk_login2,密码是 123456,然后在 SQL Server Management Studio 中将该用户添加到 SQL Server2008 登录中。

③使用存储过程 SP_ADDLOGIN 创建登录,登录名为 xk_login3,密码是 123456,默认数据库为 XK,在查询分析器中输入和执行语句。

④使用 SQL Server Management Studio 删除 xk_login1 和 xk_login2.

⑤使用存储过程 SP_DROPLOGIN 从 SQL Server2008 中删除登录账户 xk_login3,在查询分析器中输入和执行语句。

(2)创建和管理数据库用户和角色

①创建一个新用户,登录名是 xk_user1,密码是 123456,默认数据库为 XK,并能连接到 XK 数据库。

②使用 SQL Server Management Studio 创建数据库角色(标准角色),角色名为 xk_role1,然后将角色成员 xk_user1 添加到标准角色中,最后在资源管理器中删除角色 xk_role1.

③使用系统存储过程 SP_ADDROLE,添加名为 xk_role2 的标准角色到 XK 数据库,再使用系统存储过程 SP_DROPROLE 创建名为 xk_role3 的应用程序角色,授权其具有 Department 表中的 SELECT 权限。

④创建一个应用程序角色 xk_approle,使之能够访问 XK 数据库,并具有读取、修改数据表的权限。

(3)管理权限

①把 Department 表的权限授给用户 xk_user1。

②把对 Department 表的全部操作权限授予用户 xk_user1。

③把对 Department 表的 INSERT 权限授予用户 xk_user1，并允许将此权限在授予其他用户。

④撤销所有用户对 Department 表的查询权限。

第 12 章　管理和维护数据库

GUANLIHEWEIHUSHUJUKU

【知识目标】

(1)理解数据库备份、数据导入、数据导出的意义及其重要性。

(2)掌握对数据库进行日常维护和管理的各种方法及操作。

【能力目标】

(1)能够正确备份和还原数据库。

(2)能够正确导入、导出数据。

【相关知识】

数据的安全性和完整性对于数据库来说是至关重要的,数据的损坏或丢失往往会带来严重的不良后果。因此,在实际应用中往往需要根据实际情况对数据库进行备份,当数据库中的数据损坏或丢失时,再根据备份的数据对数据库进行恢复。

12.1　数据库备份

造成数据损坏或丢失的因素很多,如存储介质错误、用户操作或服务器永久性损坏等。为了尽量避免由于数据损坏或丢失而造成的损失,应当对数据库进行适当的备份,当数据损坏或丢失时,再根据备份的数据对数据库进行恢复。备份是指将 SQL Server 的数据库或事务日志复制到某种存储介质上。当数据库受到破坏时,可以使用备份的数据库进行恢复。

在备份数据库之前,需要从以下几个方面进行。

12.1.1　备份类型

提供了四种备份方式,分别是完全数据库备份、差异备份、事务日志备份、数据库文件和文件组备份。

(1)完全数据库备份

完全数据库备份是对所有数据库操作和事务日志中的事务进行备份,它可以作为系统失败时恢复数据库的基础。使用完全数据库备份恢复数据库时,只能恢复到最后一次备份的状态,备份之后所作的改变都会丢失。

(2)差异备份

差异备份是对最近一次数据库备份后发生改变的数据进行备份。对于一个经常需要对数据进行操作的数据库进行备份,最好在完全数据库备份的基础上进行差异备份,而不要频繁地进行完全数据库备份。单独的一个差异备份无法对数据进行恢复，它必须以上一次的完全数据库备份为基础。对一个已经进行了完全数据库备份和差异备份的数据库进行恢复，必须首先恢复完全数据库备份，然后再恢复差异备份。

(3)事务日志备份

事务日志备份是对数据库发生的事务进行备份，包括从上一次进行事务日志备份、差异备份和数据库完全备份之后所有已经完成的事务。因为事务日志备份只是对数据库的事务日志进行备份，因此其备份速度快、所需的空间小。

与差异备份一样，单独使用事务日志备份也无法完成对数据库进行恢复。使用事务日志备份恢复数据库，应首先恢复完全数据库备份，然后一般要恢复差异备份，最后按顺序恢复每次事务日志备份。

(4)数据库文件和文件组备份

数据库文件和文件组备份是对数据库文件或文件组进行备份。

12.1.2 备份策略

在制定备份策略时，应考虑备份的内容和方式、确定备份的频率和选择备份介质。

(1)制定备份内容和方式

在进行数据库备份时，备份的内容包括系统数据库、用户数据库和日志。

(2)确定备份的频率

确定备份频率应考虑两个因素：一是存储介质出现故障或其他故障可能导致丢失的工作量大小；二是数据库事务的数量。在通常情况下数据库应每周备份一次，事务日志应每天备份一次，在一些重要的联机事务处理领域，数据库可以按日进行备份，事务日志可以每小时或更短时间备份一次。

(3)选择备份介质

SQL Server 支持的备份介质包括磁盘、磁带和命名管道设备等。在进行备份时，要根据实际情况选择合适的备份介质。

12.1.3 备份设备

在进行备份以前，必须先创建或指定备份设备。备份设备是用来存储数据库、事务日志或文件和文件组备份的存储介质。备份设备可以是硬盘、磁带或管道。当使用磁盘时，SQL Server 允许将本地主机的硬盘或远程主机上的硬盘作为备份设备，备份设备在硬盘中是文件的方式存储的。SQL Server 数据库引擎使用物理设备名称或逻辑设备名称表示备份设备。其中物理备份设备是操作系统用来表示备份设备的名称，如 F:\data\bak\backup01。逻辑备份设备是用户定义的别名，用来表示物理备份设备。逻辑设备的名称可以是 Library_Backup。

管理设备备份可以使用 SQL Server Management Studio 或 T-SQL 语句来实现，备份设备的管理包括创建和删除备份设备。

1. 使用 SQL Server Management Studio 管理设备备份

(1)使用 SQL Server Management Studio 创建备份设备。

【例 12-1】 利用 SQL Server Management Studio 创建磁盘备份设备

具体操作步骤如下：

①启动“SQL Server Management Studio”,展开“服务器对象”节点。

②右键单击“备份设备”,选择新建“新建备份设备”,如图 12-1 所示。

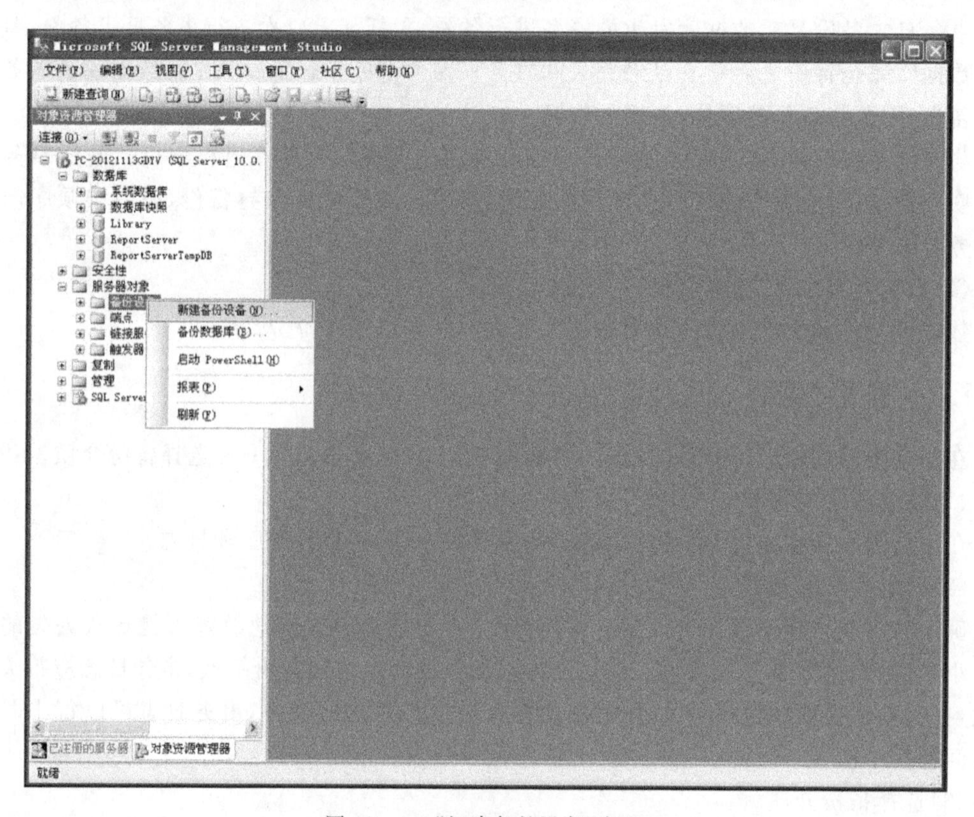

图 12-1 “新建备份设备”窗口

③打开“备份设备”对话框,在“设备名称”文本框中输入“Library”,对应的物理文件名为,也可以通过“文件”单选按钮旁边的指定备份设备对应的物理文件名,如图 12-2 所示。

④设置完成以后,单击【确定】按钮,完成备份设备的创建。

(2)使用 SQL Server Management Studio 删除备份设备

【例 12-2】 利用 SQL Server Management Studio 删除磁盘备份设备

①启动“SQL Server Management Studio”。

②展开“服务器对象”→“备份设备”节点“Library”。

③右击要删除的备份设备“Library”,在快捷菜单中执行“删除”命令,则会出现如图 12-3、12-4 所示的窗口。

④单击【确定】按钮可删除指定设备。

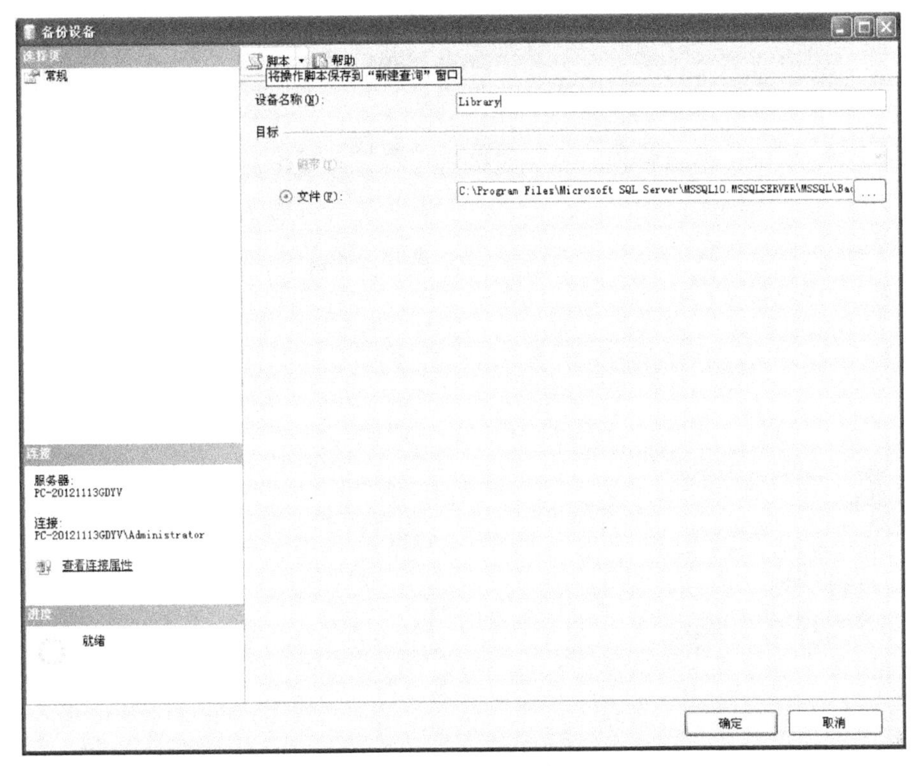

图 12-2　“备份设备”窗口

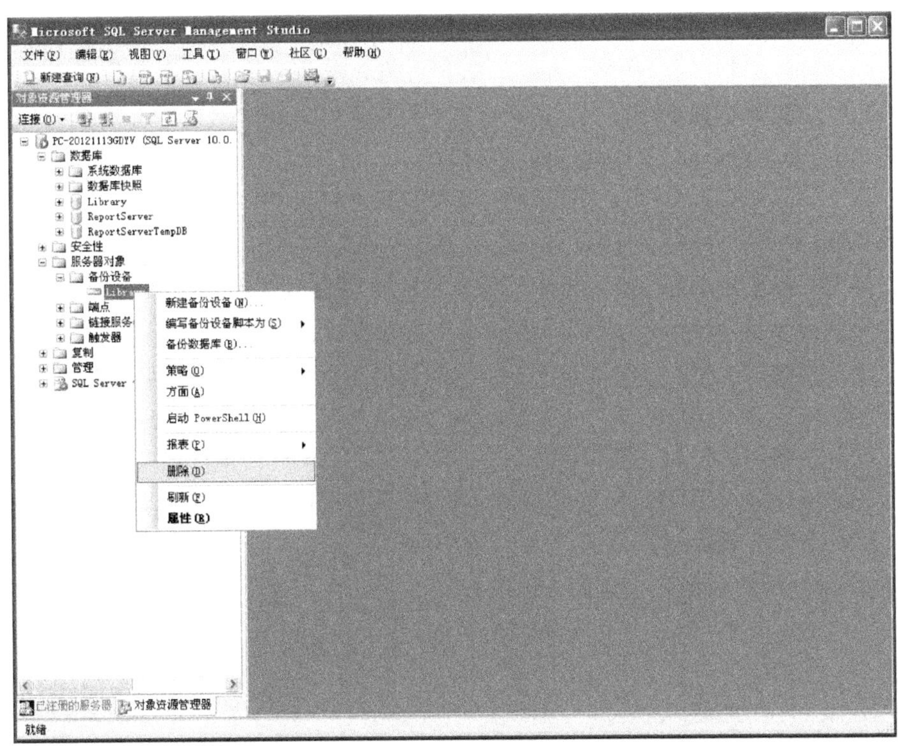

图 12-3　删除备份

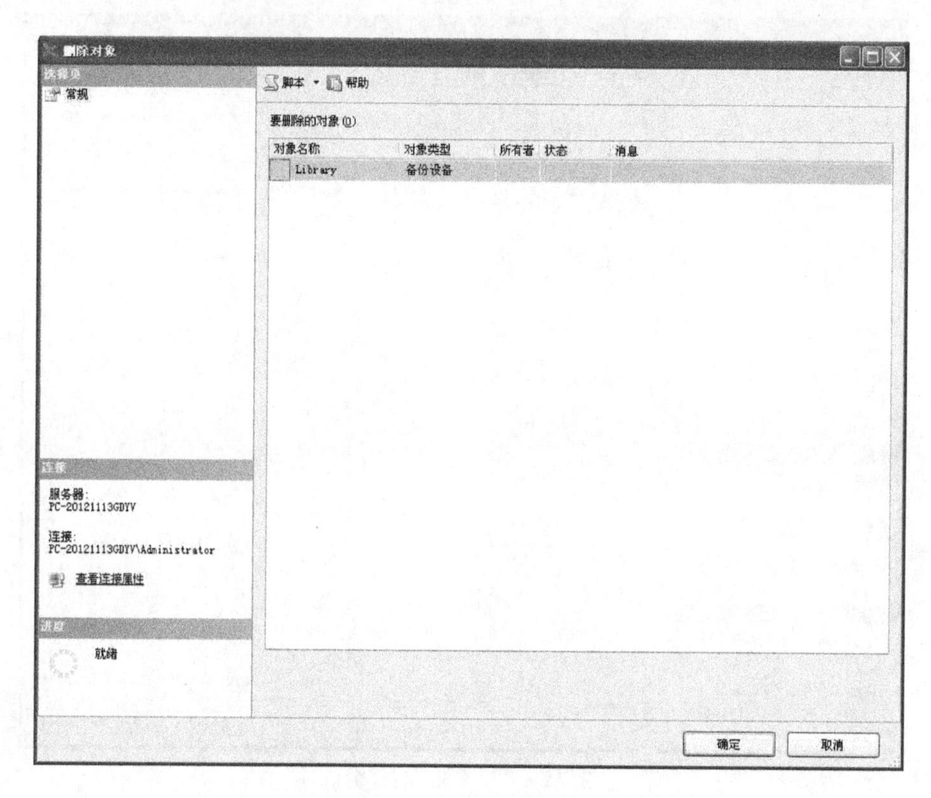

图 12－4 “删除对象”窗口

2. 使用 T-SQL 语句管理设备

(1)使用 T-SQL 创建备份设备

使用 sp_addumpdevice 创建指定的备份设备。

语法格式：sp_addumpdevice 设备类型，设备逻辑名称，设备物理名称。

说明：

设备类型可以使用 disk、tape、pipe。disk 表示使用磁盘文件作为备份设备；tape 表示使用磁带作为备份设备；pipe 表示使用命名管道作为备份设备。

【例 12－3】创建一个设备备份“DiskDevice2”，并将其映射为磁盘文件：F:\backup \DiskDevice2。

在查询分析器中输入如下语句：

```
sp_addumpdevice'disk','DiskDevice2','F:\backup \DiskDevice2'
```

(2)使用 T-SQL 删除备份设备

使用 sp_dropdevice 删除指定的备份设备。

语法格式：sp_dropdevice 备份设备逻辑名称。

【例 12－4】删除备份设备“DiskDevice2”。

```
sp_dropdevice'DiskDevice2'
```

12.1.4　数据库备份

在 SQL Server 中，可以使用三种方法来备份数据库，一是使用 SQL Server Management Studio 进行备份；二是使用向导进行备份；三是使用 T-SQL 语句进行备份。

1. 使用 SQL Server Management Studio 进行备份

【例 12－5】使用 SQL Server Management Studio 进行备份完成“Library”的完整备份。

具体操作步骤如下：

①启动“SQL Server Management Studio”，展开“数据库”节点“Library”。

②右键单击“Library”，选择“任务”→“备份”，如图 12－5 所示。

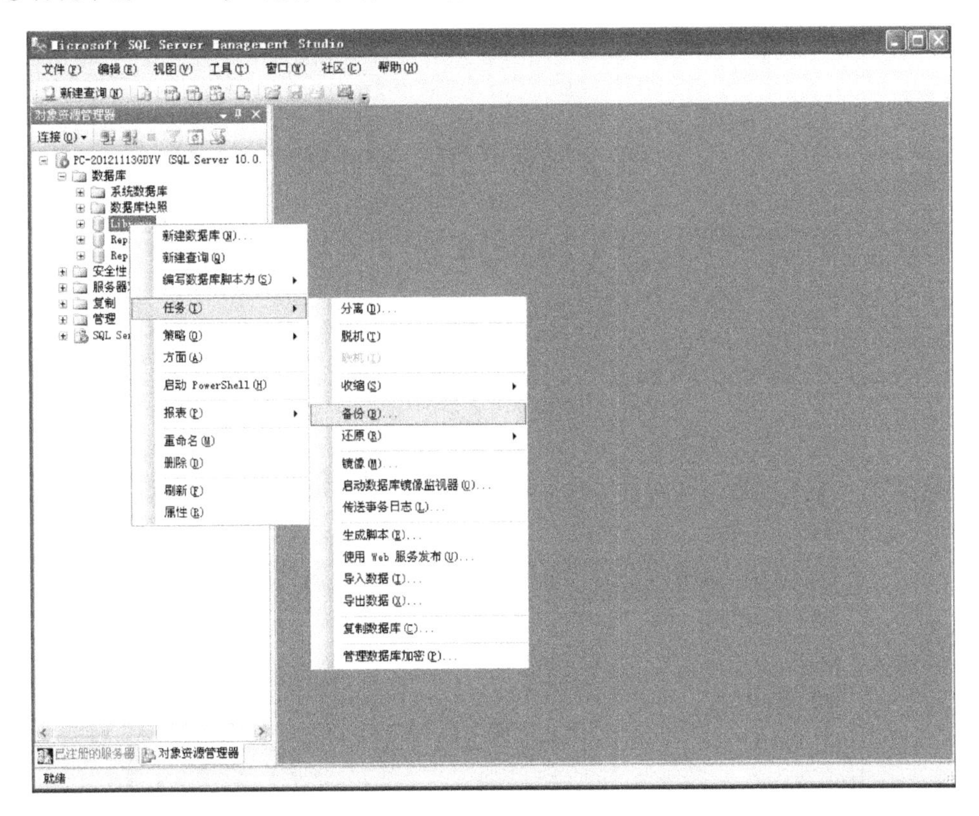

图 12－5　“备份”选项

③打开“备份数据库”对话框，如图 12－6 所示，进行如下设置。

数据库：指定要备份的数据库。

备份类型：如果选择的是“数据库”，可以选择完整、差异和事务日志三种形式；如果选择的是“文件和文件组”，可以通过弹出的对话框选择备份文件或文件组。

名称：指定备份集的名称。

备份过期时间：指定备份过期从而可以被覆盖的时间。

在“备份到”栏中单击【添加】按钮可以添加备份设备，单击【删除】按钮可以删除选定的备份设备，单击【内容】按钮可以查看选定的备份设备的备份内容。如本处单击【添加】按钮，则会

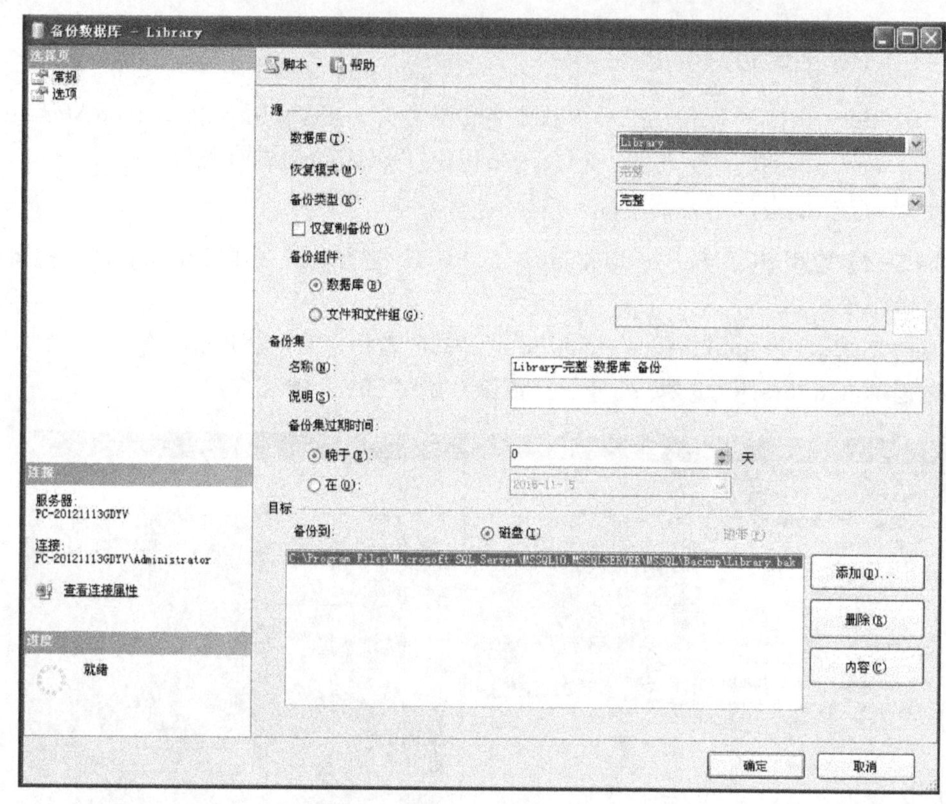

图 12-6 “备份数据库”对话框

打开“选择备份目标对话框”,在此选定备份设备“Library”。如图 12-7,单击【确定】按钮,返回图 12-6 所示界面。

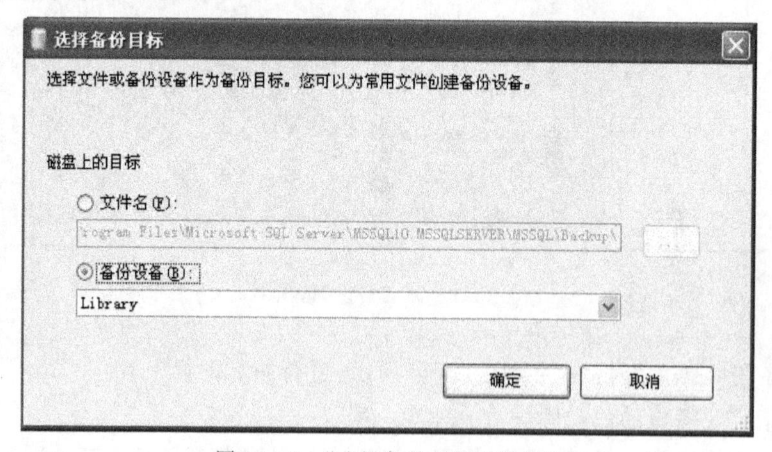

图 12-7 “选择备份目标对话框”

④设置完成后,单击【确定】按钮。

2. 使用 T-SQL 进行备份

使用 T-SQL 语句对数据库进行备份,可以分为数据库备份(完全数据库备份和差异备份)、文件和文件组备份、事务日志备份。

(1)数据库备份

使用 BACKUP DATABASE,将指定的数据库进行完全备份或差异备份。

语法格式:

```
BACKUP DATABASE 数据库名
TO 备份设备[,…]
[WITH
        [DIFFERENTIAL]
        [,NAME=备份集名称]
        [,NOINIT| INIT]
        [,RESTART]
]
```

说明:参数[DIFFERENTIAL]表示备份方式为差异备份。

[NAME=备份集名称]用于指定备份集的名称。

NOINIT:表示将备份内容添加到当前备份内容之后;INIT 表示将新的备份内容覆盖原有的备份内容。默认值为 NOINIT。

RESTART:表示 BACKUP 语句从上次备份中断点开始重新执行被中断的备份操作。

(2)文件或文件组备份

使用 BACKUP DATABASE 将指定数据库按文件或文件组备份的方式进行备份。

语法格式:

```
BACKUP DATABASE 数据库名,
[FILE=数据库文件名[,…]| FILEGROUP=数据库文件组名[,…]]
    TO 备份设备[,…]
        [WITH
            [DIFFERENTIAL]
            [,NOINIT| INIT]
            [,RESTART]
        ]
```

说明:

"FILE=数据库文件名[,…]| FILEGROUP=数据库文件组[,…]",表示备份方式为数据库文件或文件组备份。

其余参数的用法与数据库备份相同。

(3)文件或文件组备份

使用 BACKUP LOG 将指定数据库按事务日志备份的方式进行备份。

语法格式:

```
BACKUP LOG 数据库名
    TO 备份设备[,…]
        [WITH
            [,NAME=备份集名称]
```

```
    [,NOINIT| INIT]
    [,RESTART]
  ]
```

说明:各参数的用法与数据库备份相同。

【例 12-6】使用 T-SQL 语句新建备份设备 backup1,并完成对 Library 数据库的完整备份。

```
use Library
go
execsp_addumpdevice 'disk','backup1','f:\data\back\backup1.bak'
backup database Library
to backup1
```

12.2 数据库恢复

在 SQL Server 中,有两种数据库恢复操作:一是系统自动执行的恢复操作;另一种是用户执行的数据库恢复操作。SQL Server 每次启动时,都会自动执行数据库的恢复操作,以确保在系统异常关闭之前已经完成的事务都写到数据库文件中,而未完成的事务回滚。用户执行的数据库恢复操作是指在系统出现故障时,由系统管理员或数据库的所有者从数据库备份或日志备份中恢复系统数据库或用户数据库。

1. 使用 SQL Server Management Studio 恢复数据库

【例 12-7】使用 SQL Server Management Studio 恢复 Library 数据库的完整备份 backup。

具体操作步骤如下:

(1)启动"SQL Server Management Studio",右键单击【Library】选择"任务"→"还原"→"数据库"命令,如图 12-8 所示,打开"还原数据库—Library"窗口,如图 12-9 所示。

(2)还原数据库窗口有两个选项:常规和选项,默认的窗口为"常规"选项窗口,如图 12-9 所示。其中:

①目标数据库。指定要恢复的目标数据库。

②目标时间点。指定将数据库还原到备份的最近可用时间或特定的时间点。

在"指定有于还原的备份集的源和位置"选项按钮组中选定还原方式有如下两种:

①源数据库。选择该项时,可以从"显示数据库备份"下拉式列表框中选定数据库;还可以从"要还原的第一个备份"下拉式列表框中选择首先使用哪一个备份集恢复数据库,此时在数据库备份列表框中列出指定备份集中所有的备份供管理员选择使用。

②源设备。单击选择按钮,进入【指定备份】还原数据库的对话框,在【备份媒体】下拉选择框中有"文件"和"备份设备"两种选择。

(3)"选项"窗口可完成"还原选项"和"恢复状态"的设置。如图 12-10 所示。

(4)完成"还原数据库"对话框的"选项"和"常规"各项设置以后,单击【确定】按钮即可执行数据库的恢复操作。

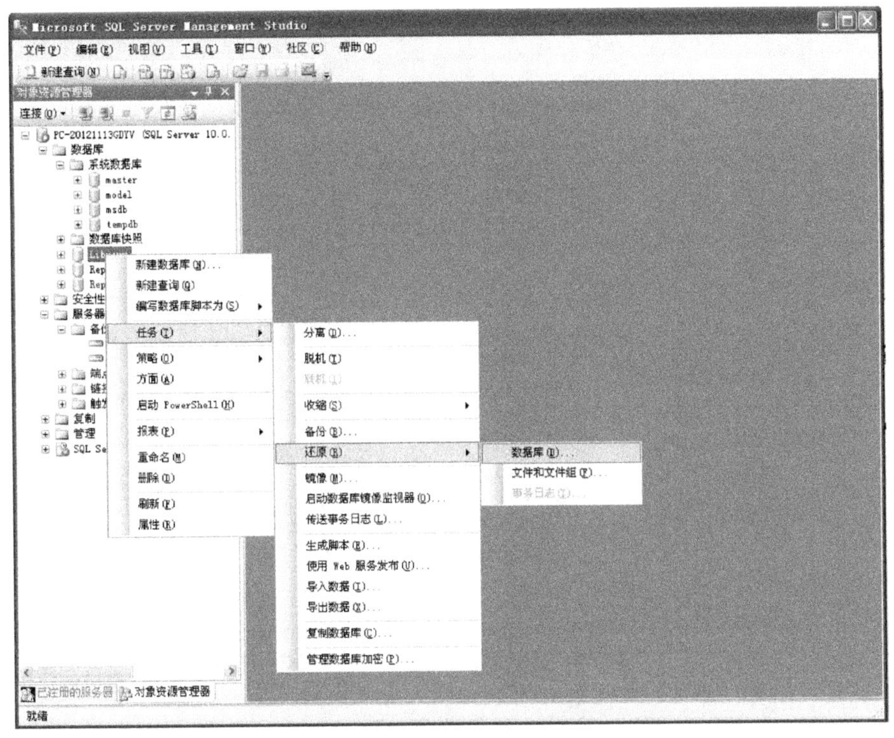

图 12-8　还原数据库选项

图 12-9　“还原数据库”窗口

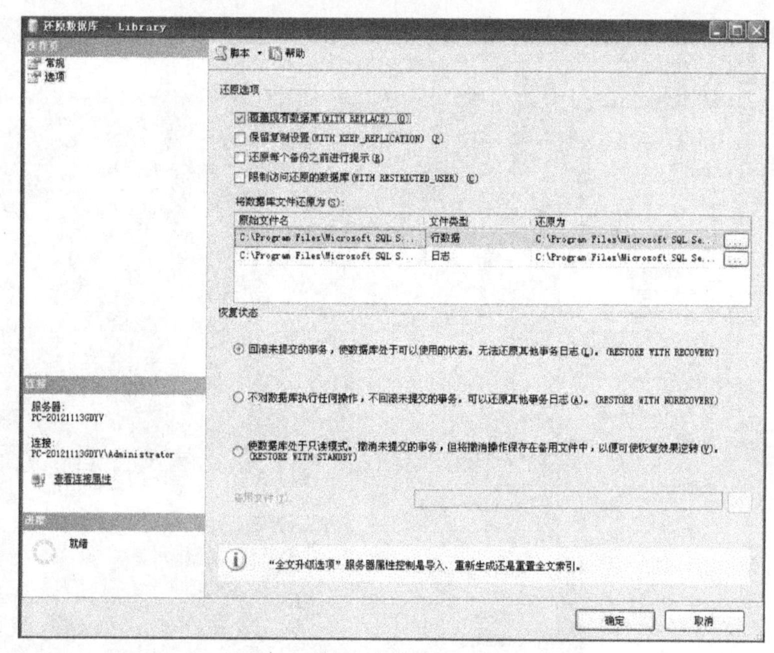

图 12-10 “还原数据库-选项”窗口

2. 使用 T-SQL 执行恢复

还原数据库可以使用 restore database 语句完成。还原数据库根据不同的类型，有不同的语法格式。

还原整个数据库的基本语法如下：

语法格式：

```
RESTORE DATABASE 数据库名
    FROM 备份设备[,…]
    [WITH
       [FILE=备份序号]
       [,MOVE '逻辑文件名' TO '物理文件名']
       [,NORECOVERY]
       [,REPLACE]
       [,RESTART]
    ]
```

说明：

“FROM 备份设备[,…]”，表示从指定的备份设备中恢复数据库。

“FILE=备份序号”表示恢复数据库时使用该备份设备中第几次备份的数据。

“MOVE ‘逻辑文件名’ TO ‘物理文件名’”表示将‘逻辑文件名’指定的数据文件移动到'物理文件名'所指定的位置。

“NORECOVERY”表示在执行数据库恢复操作后不回滚未提交的事务，如果恢复某一个数据库备份后又要恢复多个事务日志备份，或恢复过程中要执行多个 RESTORE 语句，则除了最后一个 RESTORE 语句外，其他的 RESTORE 语句必须选用该参数。

“REPLACE”表示关闭数据库恢复操作前的安全检查，不管同名的数据库文件是否存在，重新建立所有的数据库及其相关文件。

【例 12－8】使用 T-SQL 恢复 Library 数据库的完整备份 backup1

```
restore  database Library
from backup1
```

【例 12－9】使用 T-SQL 恢复 Library 数据库的事务日志备份 backup2

```
use master
go
restore log Library
from back2
```

12.3　数据导出/导入

在 SQL Server2008 中提供了数据导出/导入功能，可使用数据转换服务（DTS）在不同类型的数据源之间导入和导出数据。通过数据导出/导入功能可以完成在 SQL Server2008 数据库和其他类型数据库（如 Excel 表格、Access 数据库和 Oracle 数据库）之间进行数据的转换，从而实现各种不同应用系统之间的数据一致和共享。

12.3.1　数据导出

【例 12－10】使用 SQL Server Management Studio 将 Library 数据库的数据导出到 Excel 文件 library.xls。

具体操作步骤如下：

①启动 SQL Server Management Studio，展开“数据库”节点。右键“Library”，选择“任务”→“导出数据”，如图 12－11 所示。

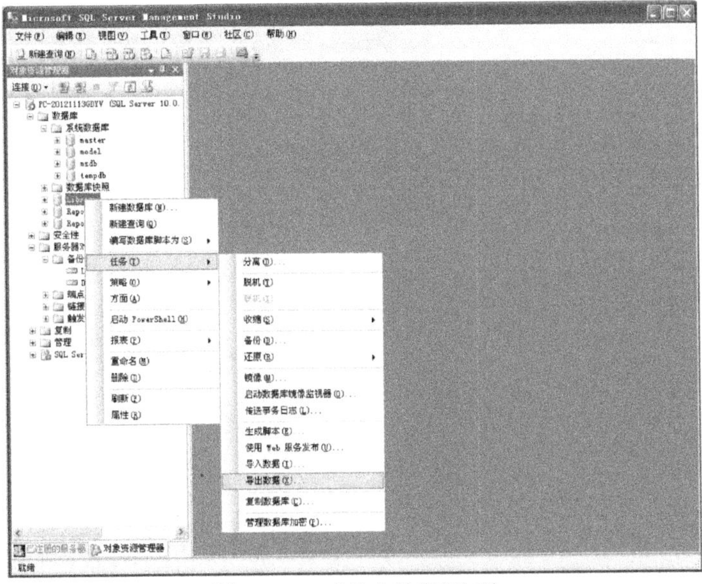

图 12－11　“导出数据”选项

②打开“欢迎使用 SQL Server 导入和导出向导”对话框,如图 12-12 所示。

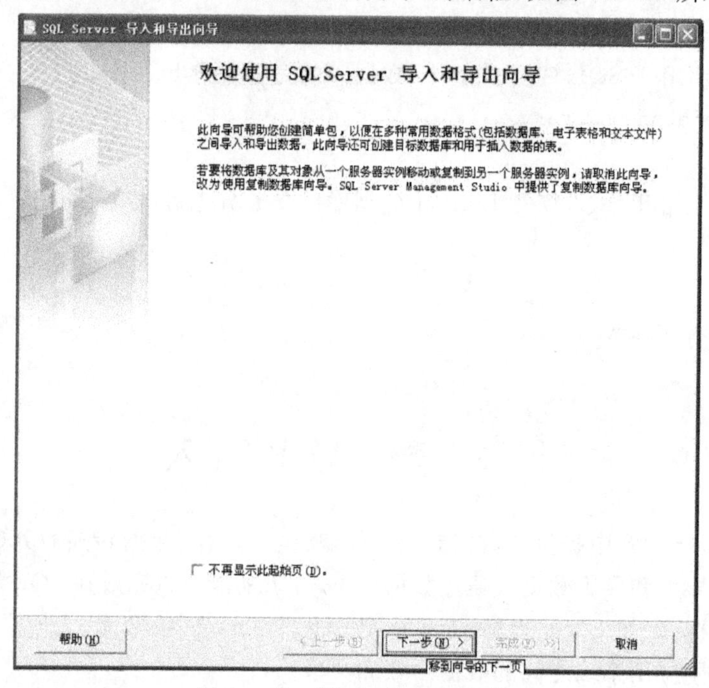

图 12-12 “导入-导出”对话框

③单击【下一步】按钮,打开“选择数据源”对话框,在“数据源”中选择“Microsoft OLE DB Provider for SQL Server”,表示将从 SQL Server 导出数据;也可以根据实际情况设置“身份验证”模式和选择【数据库】项目,如图 12-13 所示。

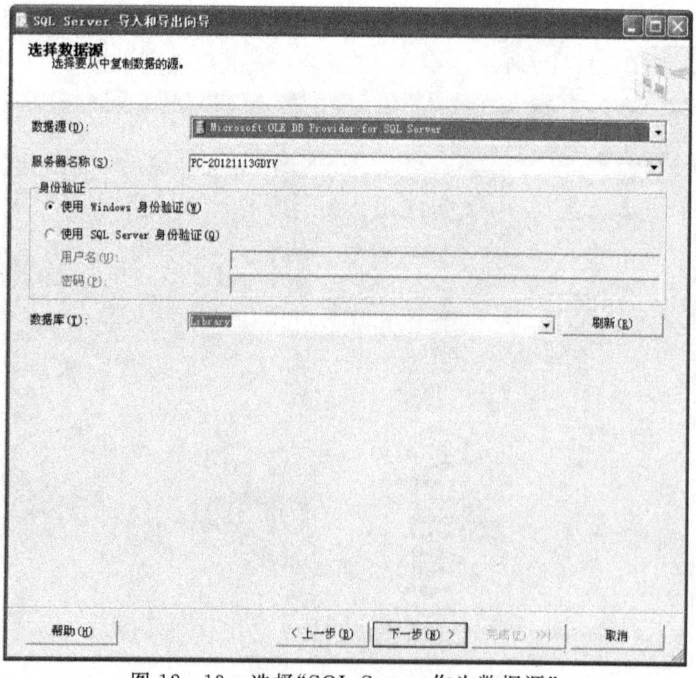

图 12-13 选择“SQL Server 作为数据源”

④单击【下一步】按钮，打开"选择目标"对话框，在"目标"中选择"Microsoft Excel"表示将把数据导出到 Excel 表，如图 12-14 所示。

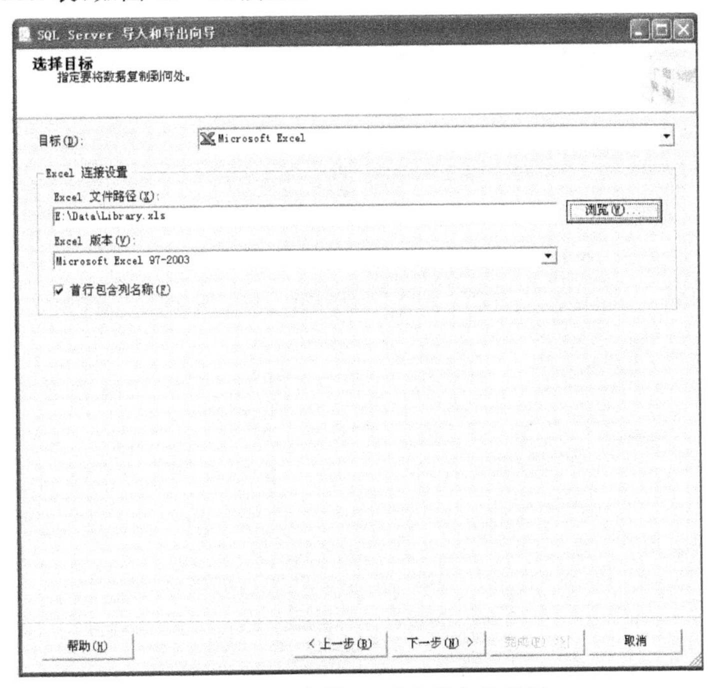

图 12-14　选择 Excel 表格作为目标

⑤单击【下一步】按钮，打开"表复制或查询"对话框，默认选择"复制一个或多个表或视图的数据"，如图 12-15 所示。

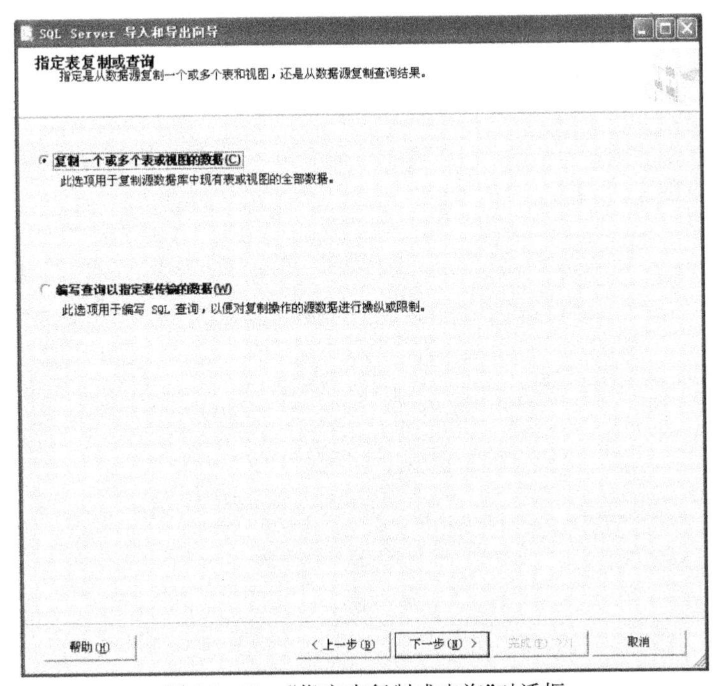

图 12-15　"指定表复制或查询"对话框

⑥单击【下一步】按钮,打开“选择源表和源视图”对话框。选中 Library 数据库中的 book kind 表和 press 表,单击【编辑映射】按钮可以编辑源数据和目标数据之间的映射关系,如图 12 - 16 所示。

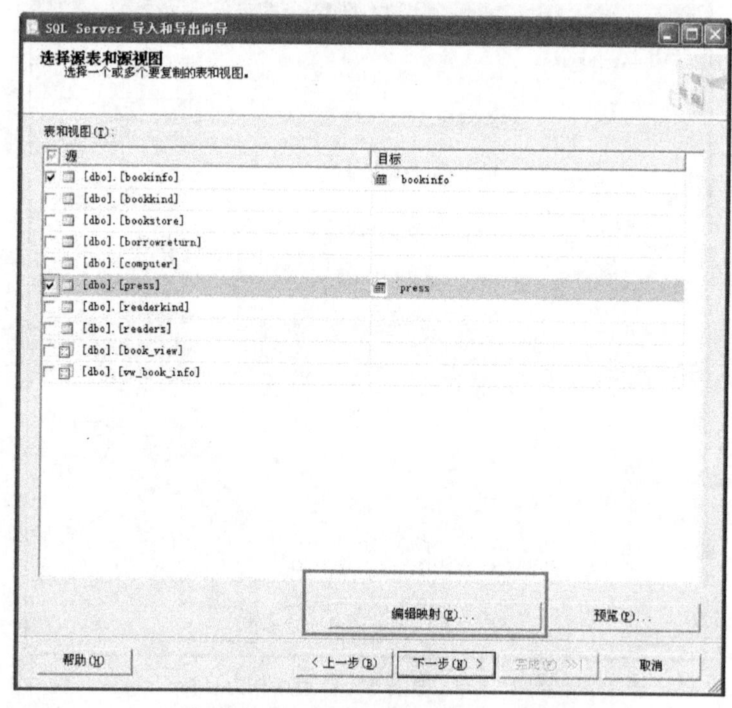

图 12 - 16 “选择源表和视图”对话框

⑦单击【下一步】按钮,打开“查看数据类型映射”对话框,如图 12 - 17 所示。

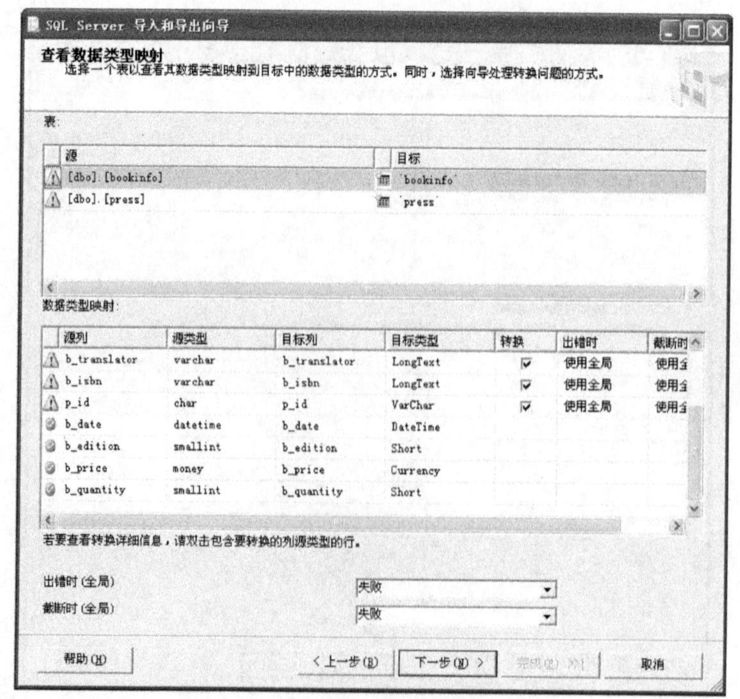

图 12 - 17 “查看数据类型映射”对话框

⑧单击【下一步】按钮，显示“保存并执行包”对话框，如图 12－18 所示。

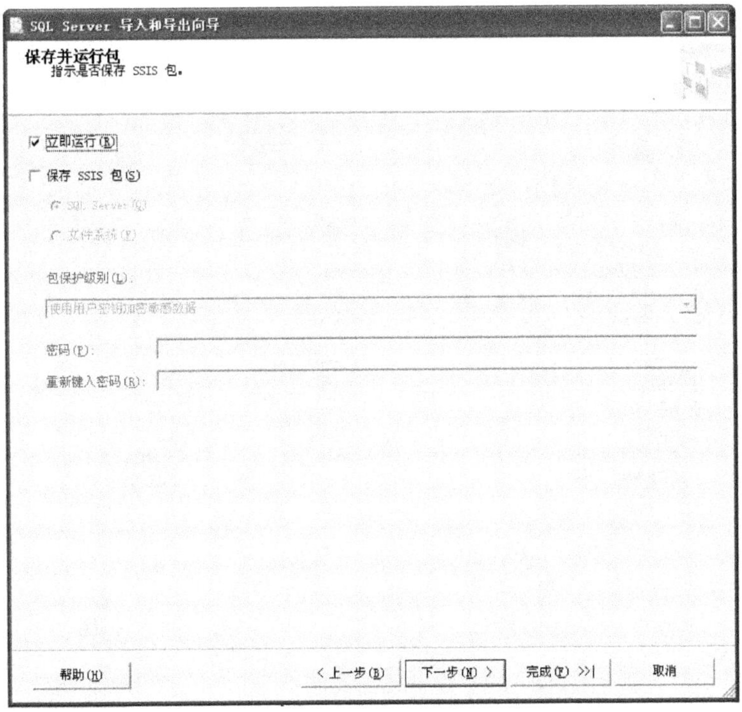

图 12－18　“保存并执行包”对话框

⑨单击【下一步】按钮，打开“完成该向导”对话框，如图 12－19。

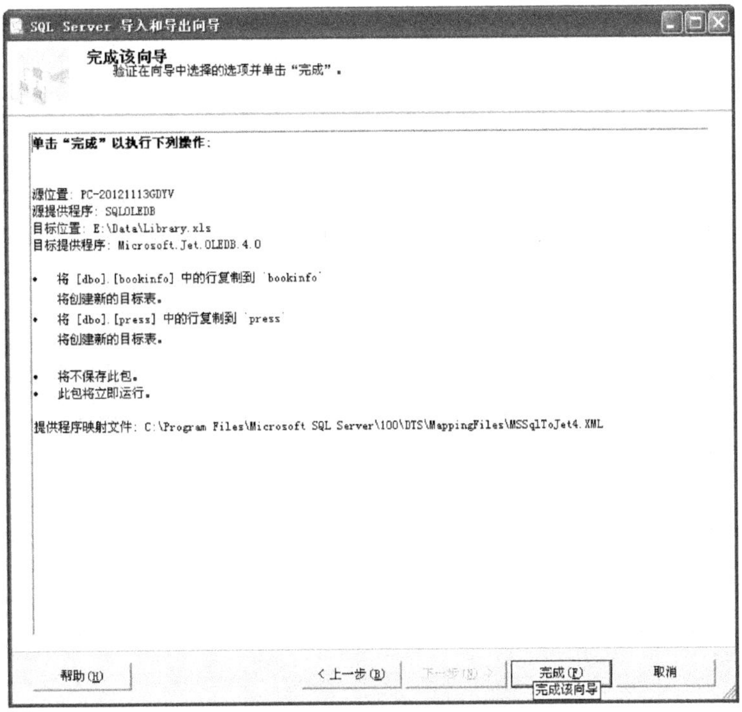

图 12－19　“完成该向导”对话框

⑩单击【完成】按钮,打开“执行成功”对话框,如图 12－20 所示。

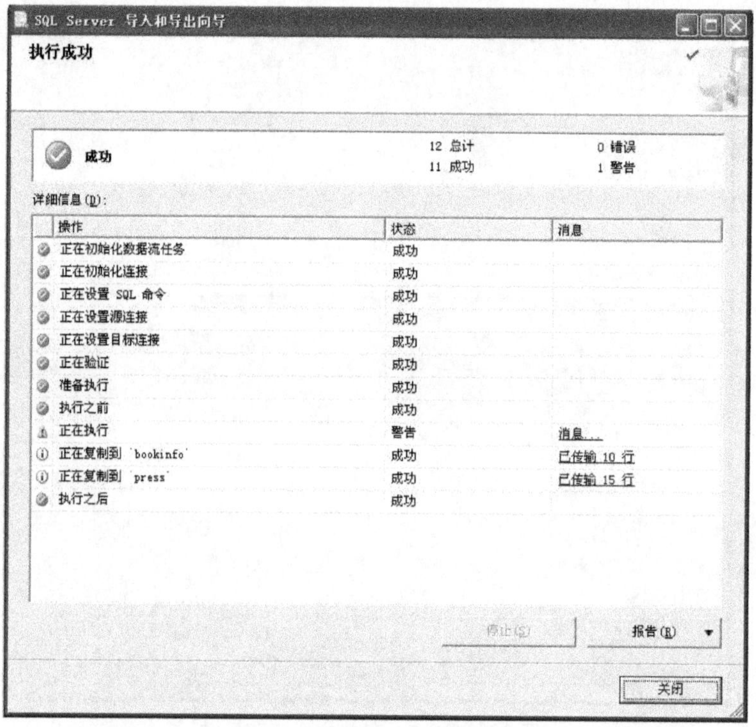

图 12－20 “执行成功”对话框

12.3.1 数据导入

【例 12－11】使用 SQL Server Management Studio 将 F:\data 文件夹中 Access 数据库 2016.mdb 导入到 SQL Server 中。

①启动 SQL Server Management Studio,展开“数据库”节点。右键“Library”,选择“任务”→“导入数据”,如图 12－21 所示。

②打开“欢迎使用 SQL Server 导入和导出向导”对话框,如图 12－22 所示。

③单击【下一步】按钮,如图所示,打开“选择数据源”对话框,在“数据源”下拉列表中选择“Microsoft Access”如图 12－23 所示。

在“文件名”文本框中输入源数据库的文件名和路径,如要登录到源数据库,分别在“用户名”和“密码”文本框中输入登录用户名和所用密码。

④单击【下一步】按钮,打开“选择目标”对话框,如图 12－24 所示。

在“目标”下拉列表中选择“Microsoft OLE DB Provider for SQL Server”。

在“服务器”下拉列表中选择或输入服务器名称。

⑤单击“下一步”按钮,如图 12－25 所示。

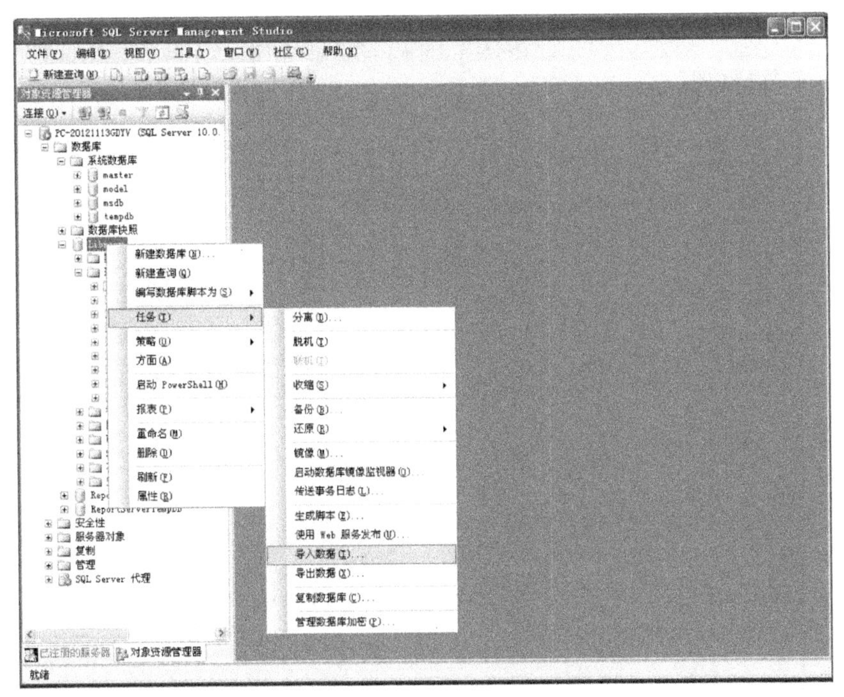

图 12－21　“导入数据”窗口选项

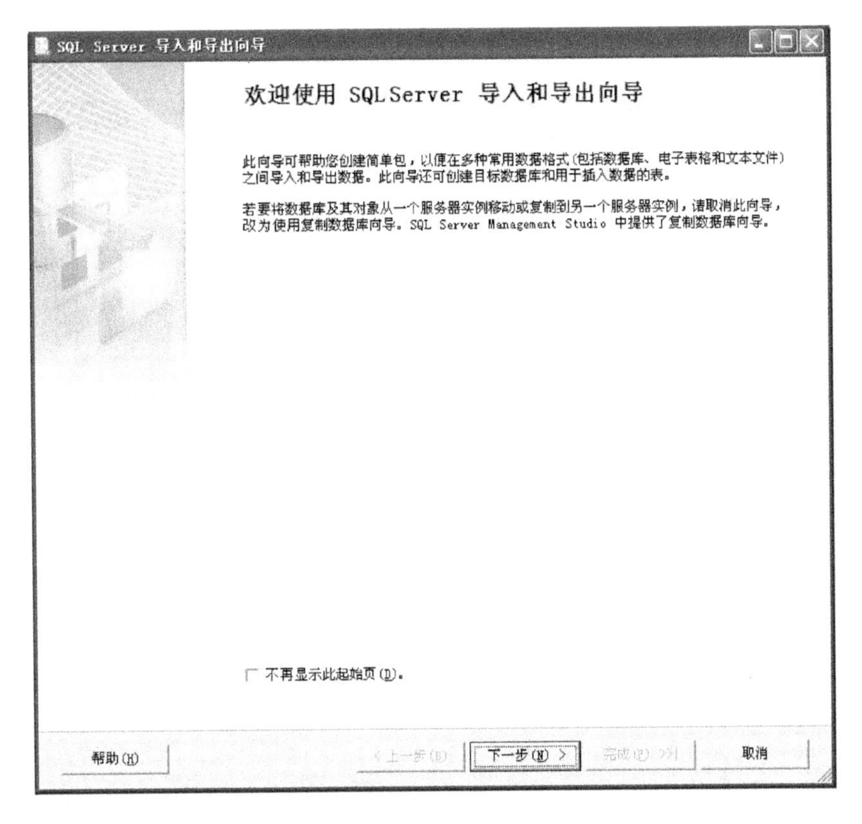

图 12－22　“导入导出”窗口

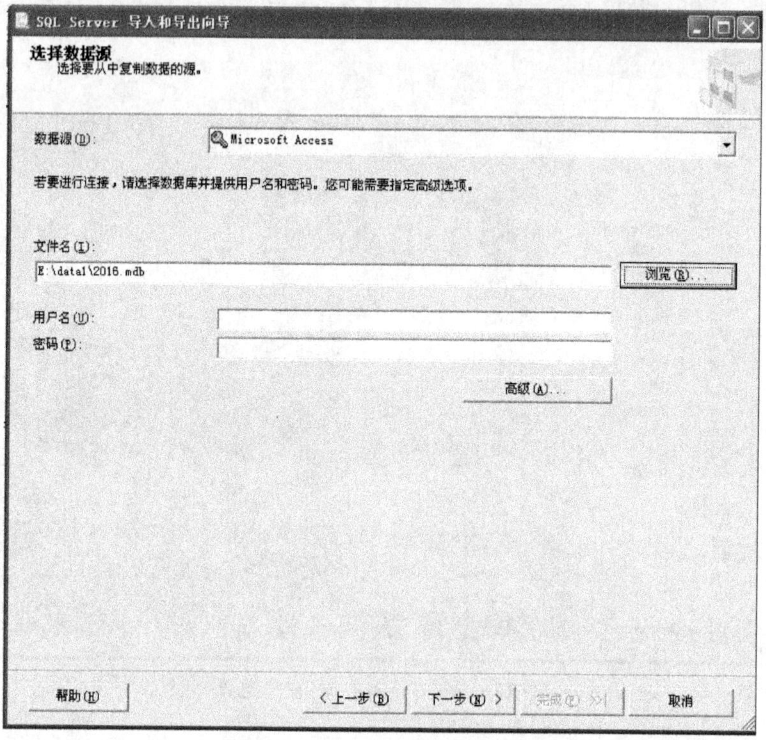

图 12-23　选择数据源

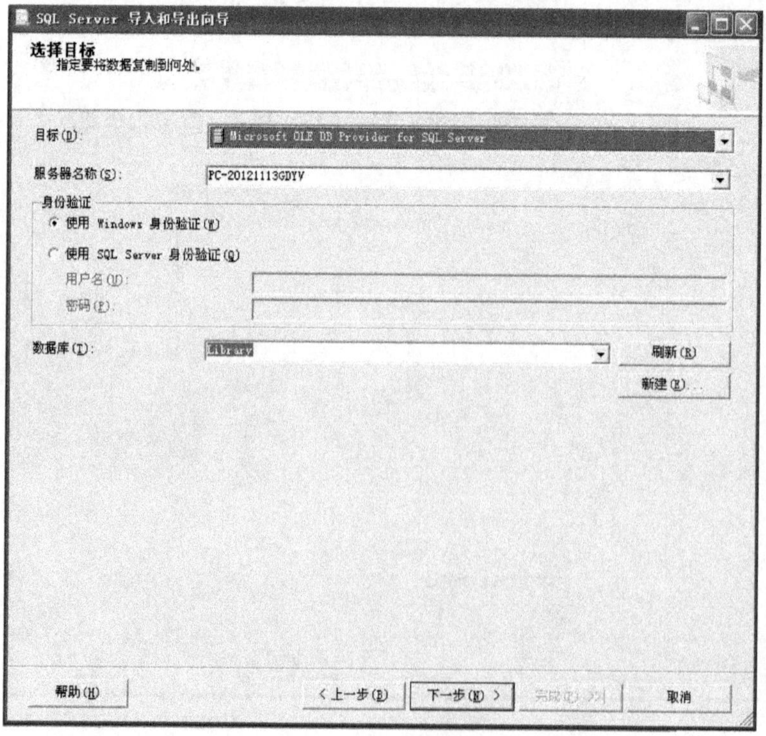

图 12-24　选择目标

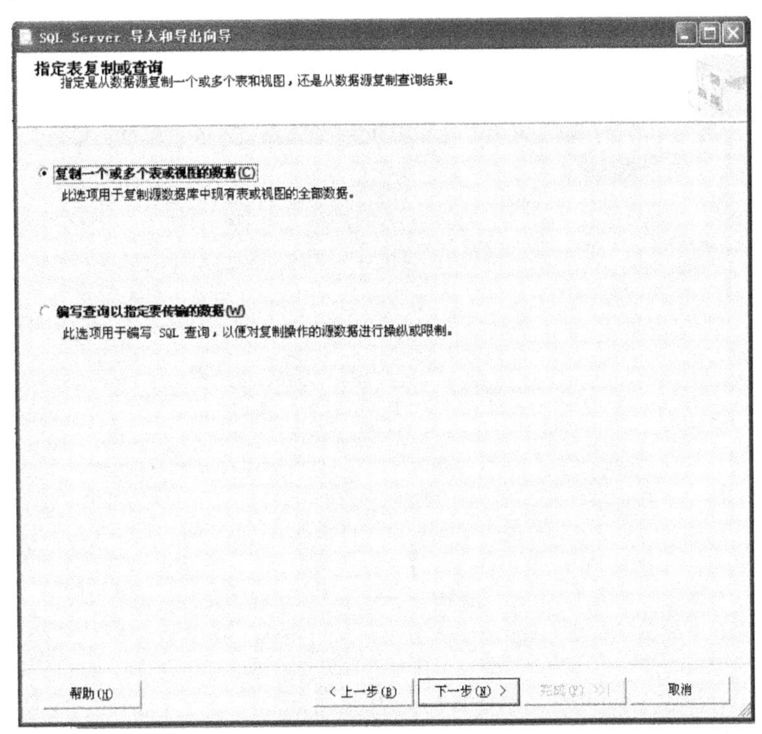

图 12－25　“导入和导出向导一复制一个或多个表或视图的数据”窗口

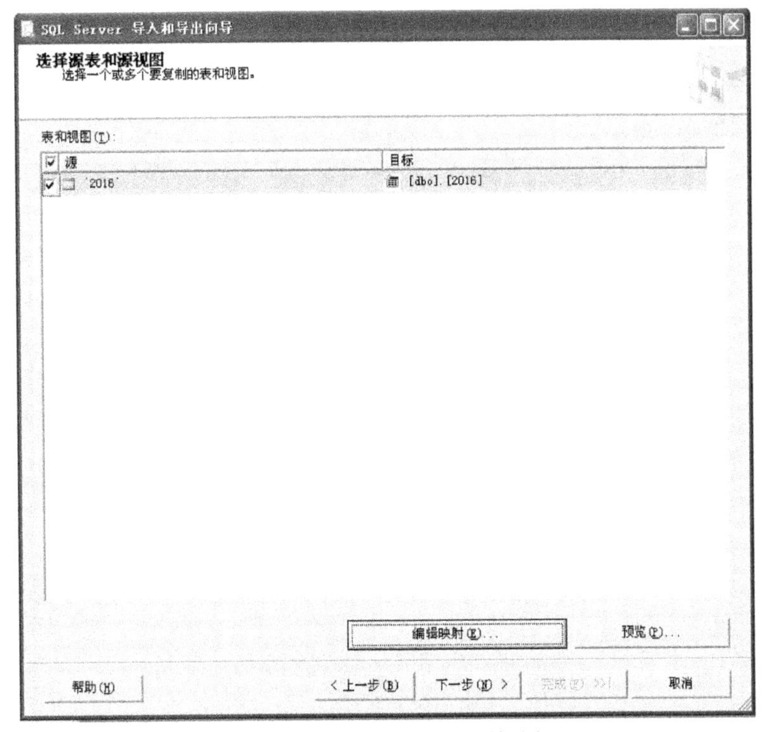

图 12－26　选择源表和源视图

⑥单击【下一步】按钮，打开“指定表复制或查询”对话框。选择整个表或部分数据进行复制。若要把整个源表全部复制到目标数据库中，选择“从源数据库复制表和视图”选项；若只想

使用一个查询将制定数据复制到目标数据库中,选择“用一条查询指定要传输的数据”选项。

⑦单击【下一步】按钮,打开“保存并执行包”对话框,选择“立即执行”复选框。

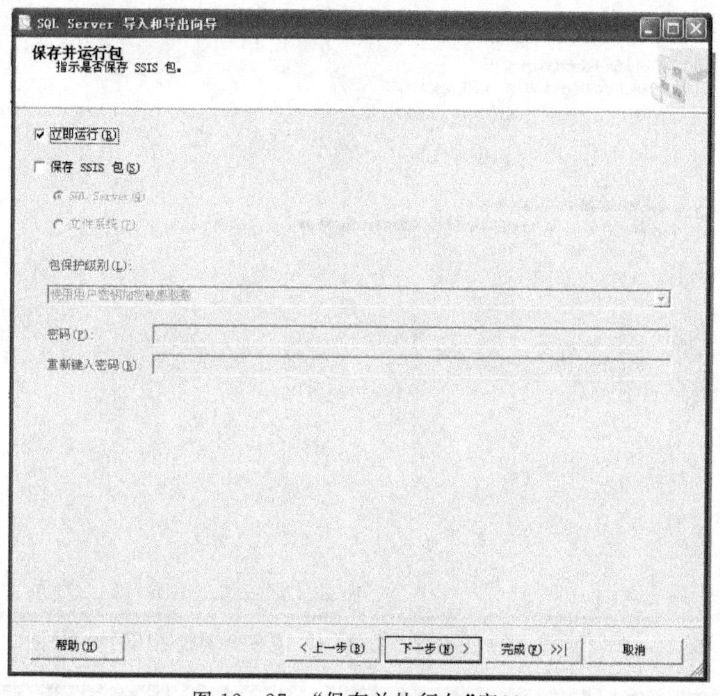

图 12-27 “保存并执行包”窗口

⑧单击【下一步】按钮,打开“完成该向导”对话框,单击【完成】按钮,执行数据库导出操作,如图 12-28 和 12-29 所示。

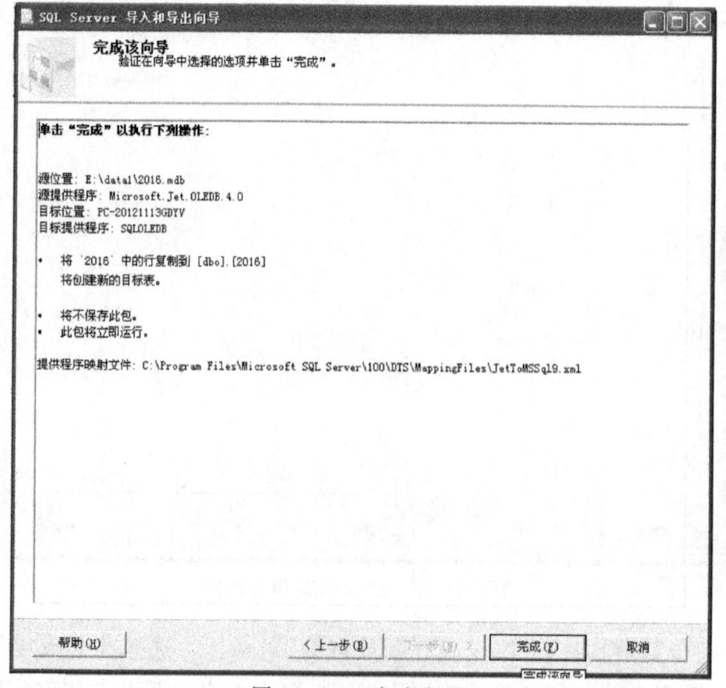

图 12-28 完成向导

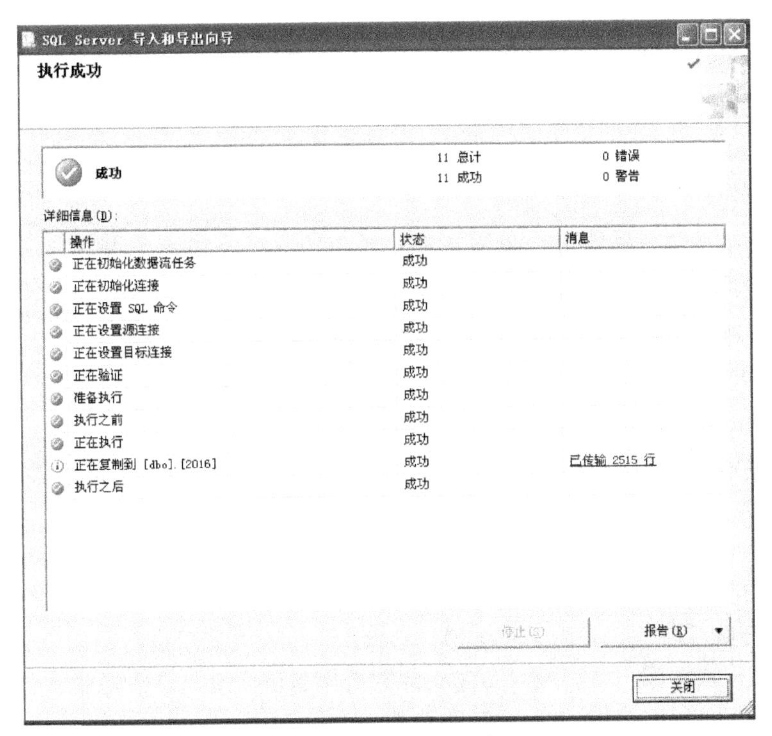

图 12-29　执行成功

小　结

本章主要介绍了数据库的备份和恢复。数据的安全性和完整性对于数据库来说是至关重要的，数据的损坏或丢失往往会带来严重的不良后果。因此，在实际应用中往往需要根据实际情况对数据库进行备份，当数据损坏或丢失时，再根据备份的数据对数据库进行恢复。在进行数据库备份时，应首先制定备份策略，然后创建或指定备份设备，最后再对数据库进行备份。SQL Server 2008 提供了完全数据库备份、差异备份、事务日志备份和数据库文件和文件组备份四种备份方式。在实际应用中，往往是将上述备份方式组合起来使用。

在 SQL Server 中，可以使用三种方法来备份数据库：一是使用使用 SQL Server Management Studio 进行备份；二是使用备份向导进行备份；三是使用 T-SQL 语句进行备份。恢复数据库可以使用 SQL Server Management Studio 进行恢复，也可以使用 T-SQL 语句进行恢复。

实　训

1. 实训目的

(1)理解数据备份和恢复的意义。

(2)理解数据导入和导出的作用。

(3)学会在 SQL Server2008 中分离和附加数据库。

(4)学会数据库的备份和还原操作。

(5)学会将数据导入 SQL Server2008 数据库,以及从 SQL Server2008 数据库中导出数据。

2. 实训要求

(1)分离学生选课数据库 XK,再将其附加到 SQL Server2008 服务器。

(2)正确备份并还原学生选课数据库 XK。

(3)将学生选课数据库 XK 数据导入到 Access 数据库中。

(4)将 Excel 表格导入学生选课数据库 XK 中。

3. 实训内容与步骤

(1)分别使用 SQL Server Management Studio 和查询分析器为学生选课数据库 XK 进行一次完全数据库备份。

(2)为学生选课数据库 XK 进行完全备份后,在数据库 XK 中建立两个新表(new1 和 new2),然后利用 SQL Server Management Studio 先后进行差异备份,接着向两个表(new1 和 new2)中输入数据,再利用 SQL Server Management Studio 先后进行两次日志备份。

(3)删除 XK 数据库,利用步骤(2)建立的数据库备份恢复 XK 数据库。

(4)分离 XK 数据库,再将其附加到服务器上。

(5)再次删除 XK 数据库,把步骤(2)的数据库备份附加到服务器上。

(6)使用导入和导出向导,将 XK 数据库中的 Student 表导出 Access 数据库文件(说明:应该先建立一个名为 Student 的 Access 类型的文件)。

(7)建立一个 Excel 文件,内容是某几门课程的信息,然后将这些数据导入数据库 XK 中。

参 考 文 献

[1] 罗辉军,李湘林.数据库应用技术案例教程.北京:电子工业出版社,2011.
[2] 张建伟,梁树军.数据库技术与应用- SQL Server 2008. 2 版. 北京:人民邮电出版社,2012.
[3] 王德永,张佰慧.数据库原理与应用- SQL Serve 版(项目式).北京:人民邮电出版社,2012.
[4] 刘志成,宁云智.SQL Serve 实例教程(2008 版).北京:电子工业出版社,2012.
[5] 徐人凤,曾建华.SQL Serve 2008 数据库及应用.(第 4 版).北京:高等教育出版社,2014.
[6] 于斌,丁怡心.SQL Serve 2008 数据库案例教程.北京:机械工业出版社,2013.